Ekkehart Bethge

Risikoberechnung zum Schadstoffeintrag aus Hochwasserretentionsräumen in einen Grundwasserleiter

Dissertationsreihe am Institut für Hydromechanik
der Universität Karlsruhe (TH)
Heft 2009/1

Risikoberechnung zum Schadstoffeintrag aus Hochwasserretentionsräumen in einen Grundwasserleiter

von
Ekkehart Bethge

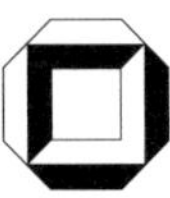

universitätsverlag karlsruhe

Dissertation, genehmigt von der
Fakultät für Bauingenieur-, Geo- und Umweltwissenschaften
der Universität Fridericiana zu Karlsruhe (TH), 2009
Referenten: PD Dr. Ulf Mohrlok, Prof. Dr. Bernd Huwe

Impressum

Universitätsverlag Karlsruhe
c/o Universitätsbibliothek
Straße am Forum 2
D-76131 Karlsruhe
www.uvka.de

Universitätsverlag Karlsruhe 2009
Print on Demand

ISSN: 1439-4111
ISBN: 978-3-86644-426-3

Risikoberechnung zum Schadstoffeintrag aus Hochwasserretentionsräumen in einen Grundwasserleiter

Zur Erlangung des akademischen Grades eines

DOKTOR-INGENIEURS

an der Fakultät für Bauingenieur-, Geo- und Umweltwissenschaften

der Universität Fridericiana zu Karlsruhe (TH)

genehmigte

DISSERTATION

von

Dipl.-Geoökol. Ekkehart Bethge

aus Münster

Tag der mündlichen Prüfung: 22. Juli 2009

Hauptreferent: PD Dr. Ulf Mohrlok
Korreferent: Prof. Dr. Bernd Huwe

Karlsruhe 2009

Risikoberechnung zum Schadstoffeintrag aus Hochwasserretentionsräumen in einen Grundwasserleiter

Kurzfassung

Im Rahmen der vorliegenden Arbeit wird eine Methodik beschrieben, mit deren Hilfe das Risiko eines Schadstoffeintrags über die Bodenzone eines Hochwasserretentionsraums in den Grundwasserleiter berechnet werden kann. Grundlage hierfür ist die Entwicklung des Transportmodells FWInf, mit dessen Hilfe die Schadstoffmassenflüsse und -konzentrationsverteilungen in der Deckschicht während eines Flutungsereignisses berechnet werden können.

Zunächst wird der Aufbau und der Stoffhaushalt der Böden in Hochwasserretentionsräumen beschrieben. Während eines Flutungsereignisses findet die Bodenwasserströmung in drei zeitlich aufeinander folgenden Phasen statt: der Bodenaufsättigung, der Strömung unter wassergesättigten Verhältnissen und der Bodendrainage. Danach werden Grundlagen der Strömung und des Stofftransports in der Bodenzone und im Grundwasser dargelegt. Im Anschluss erfolgt eine Darstellung der Methoden zur Beschreibung von Unsicherheiten und zur Risikoberechnung. Zur Berechnung des Risikos eines Schadstoffeintrags über die Bodenzone in den Grundwasserleiter wird ein Konzept zur Berücksichtigung der räumlichen Variabilität der Bodeneigenschaften sowie der hydraulischen Randbedingungen während eines Flutungsereignisses beschrieben. Unter Verwendung von analytischen Lösungen und durch Schematisierung der Bodenwasserströmung in die drei Strömungsphasen erfolgt die Entwicklung des Transportmodells FWInf. Mit Hilfe dieses Modells kann die vertikal eindimensionale Schadstoffverlagerung während eines Flutungsereignisses innerhalb eines mehrschichtigen und makroporösen Bodens berechnet werden. Vergleiche mit dem etablierten numerischen Modell HYDRUS1D ergeben eine gute Übereinstimmung bei den berechneten Massenflüssen und Konzentrationsverteilungen. Durch die Verwendung effizienter Methoden zur Strömungsberechnung im Modell FWInf kann die Rechenzeit im Vergleich zum Modell HYDRUS1D um mindestens zwei Größenordnungen reduziert werden, wodurch der Einsatz des Modells für stochastische Transportsimulationen während der Risikoberechnung sowie der Transportberechnung auf regionalem Maßstab ermöglicht wird.

Während der Gefährdungsanalyse werden die wesentlichen Bodenparameter für eine Schadstoffverlagerung über die Bodenzone in den Grundwasserleiter identifiziert. Einen großen Einfluss zeigt hierbei die Lage eines Bodenprofils innerhalb des Retentionsraums. Mit zunehmender Nähe zum landseitigen Deich vergrößert sich durch die Wirkung der landseitigen Wasserhaltungsmaßnahmen (Drainagegräben etc.) der hydraulische Gradient zwischen Oberflächen- und Grundwasser. Hierdurch treten insbesondere während der Strömungsphase unter wassergesättigten Bedingungen die größten Infiltrationsflüsse entlang des landseitigen Deichs auf. Neben den deichnahen Flächen sind auch Bereiche mit geringer Deckschichtmächtigkeit und hoher Makroporenporosität hinsichtlich einer Schadstoffverlagerung über die Bodenzone besonders gefährdet.

Als Anwendungsbeispiel für das Modell FWInf wurde das Gebiet eines geplanten Hochwasserretentionsraum am Rhein südwestlich von Karlsruhe verwendet. Hierfür wurden die verfügbaren Informationen über den Bodenaufbau um eigene Feld- und Laboruntersuchungen ergänzt. Unter Berücksichtigung der Unsicherheiten der Bodeneigenschaften konnte für ein gegebenes Flutungsszenario sowie für ausgewählte Schadstoffe das Risiko eines Schadstoffeintrags in den Aquifer in räumlicher Auflösung berechnet werden. Für einen konservativen und für einen schwach sorbierenden Stoff wird in weiten Bereichen des Retentionsraums ein hohes Risiko für eine Schadstoffverlagerung ermittelt. Für einen stark sorbierenden Stoff liegt das Risiko eines Schadstoffeintrags deutlich niedriger. Ein geringes Risiko für eine Schadstoffverlagerung in den Aquifer wird für diesen Stoff nur für Bereiche innerhalb von tief liegenden Rinnen entlang des landseitigen Deichs berechnet.

Risk quantification for a contaminant seepage from flood water retention areas into the aquifer

Abstract

With the presented work a methodology is given to calculate the risk for a contaminant seepage from flood water retention areas into the aquifer. The risk quantification is based on the development of the transport model FWInf that can be used to determine the contaminant mass flux and concentration distribution within the soil zone due to flood water infiltration.

First a brief introduction is given to the structure and to the flow and mass budgets of the soil zones within flood water retention areas. Here three flow phases for soil water movement are identified, first the infiltration under unsaturated conditions, then the infiltration into the water saturated soil and last the soil water drainage. Then a detailed overview of the theory of flow and transport in the soil zone is presented followed by a compilation of techniques for risk calculation and the description of uncertainty of soil parameters. For the risk calculation a methodology is outlined taking into account the spatial variability of soil properties and hydraulic conditions within the flood water retention area. Next the flow and transport processes used by the model FWinf are described. The comparison of the model results to the well established numerical model HYDRUS1D showed a good agreement. By using the model FWInf the computing time could be significantly decreased (factor 10-100) so the FWInf is suitable for application within the stochastic transport simulation and calculation of transport processes on a regional scale.

By sensitivity analyses the controlling soil parameters for an contaminant mass flux to the aquifer could be identified. With decreasing distance of a soil profile to the inland embankment the influence of the measures to control the groundwater level (drainage ditches etc.) lead to an increasing hydraulic gradient between surface water level and groundwater hydraulic head. Therefore high infiltration fluxes can take place next to the inland embankment. Also areas with small thickness of the soil zone (low lying areas) and high macropore porosity show high vulnerability to contaminant seepage to the aquifer.

The application of the model FWInf was demonstrated for a planned flood water retention area at the River Rhine southwest of the city of Karlsruhe. Using the uncertainty of the soil parameters the risk for a contamination of the aquifer was calculated for a theoretical flooding scenario. For a conservative contaminant and one with low sorptivity the risk for a contaminant seepage was high on many areas within the retention area. For a high sorptiv contaminant the risk was considerable reduced. Only on low lying areas in direct vicinity to the inland embankment a small risk for a contamination of the aquifer was calculated.

Danke

Die vorliegende Arbeit entstand während meiner Zeit als wissenschaftlicher Mitarbeiter in der Abteilung Grundwasser des Instituts für Hydromechanik an der Universität Karlsruhe vom März 2005 bis Juni 2009.

An erster Stelle möchte ich mich bei Herrn PD Dr. Ulf Mohrlok für die vielfältigen wissenschaftlichen Anregungen und Diskussionen bedanken, ohne die die Arbeit in ihrer jetzigen Form nicht möglich gewesen wäre. Die kollegiale Arbeitsatmosphäre lieferte zudem einen angenehmen Rahmen für die Bearbeitung des Dissertationsthemas. Herrn Prof. Dr. Bernd Huwe von der Abteilung Bodenphysik der Universität Bayreuth danke ich sehr für die Übernahme des Koreferats. Bei Herrn Prof. Gerhard Jirka, Ph.D., möchte ich mich für die Annahme als Doktorand am Institut für Hydromechanik bedanken.

Meinen Kollegen am Institut für Hydromechanik gilt mein Dank für die Unterstützung, die mir während der Jahre dort gegeben wurde. Insbesondere nennen möchte ich hier Dax Cahyadi, Helmut Oppmann und Cornelia Lang. Für die technische Hilfestellungen gilt mein Dank Herrn Manfred Schröder. Für ihre Mitarbeit in diesem Forschungsprojekt möchte ich mich herzlich bei meinen ehemaligen Diplomanden Martin Wäsch und Zsuzsa Fekete bedanken.

Ein ganz besonderer Dank gilt meinen Eltern, die immer an mich glauben und mich stets auf meinem Weg unterstützen. Meiner Freundin Astrid Bögelein möchte herzlich danken für den unermüdlichen Rückhalt und ihre Geduld mit mir während der Fertigstellung der vorliegenden Arbeit.

Finanziell gefördert und damit ermöglicht wurde die Arbeit durch das DFG-Graduiertenkolleg „Naturkatastrophen".

Inhaltsverzeichnis

Abbildungsverzeichnis

Tabellenverzeichnis

Symbolverzeichnis

Abkürzungen

A,B	Reaktionskomponenten
BE	Bodeneinheit
E	Ereignis
EW	Erwartungswert
F1-7	Schadstofffahnen
FB	Flutungsbereich
FP1-3	Strömungsphasen während der Flutungsphase
GP1-GPn	Strömungsphasen während der Grundwasserneubildungsphase
NV	Normalverteilung
OB	Oberboden
P	Wahrscheinlichkeit
PAK	Polycyclische Aromatische Kohlenwasserstoffe
rHf	relative Häufigkeit
Ri	Risiko
S	Schaden
SE	Simulationseinheit
SP	Strömungsphase
SZ_{ob1-6}, SZ_{ub1-7}	Strömungszonen im Ober- und Unterboden
TM_{1-3}	Mikrotensiometer
UB	Unterboden

Lateinische Buchstaben

a	$[-]$	Molekülanzahl
a_{koc}	$[-]$	Regressionsparameter
b	$[-]$	Molekülanzahl
b_{koc}	$[-]$	Regressionsparameter
a_{corg}	$[L^{-1}]$	Parameter der Tiefenverteilung des organischen Kohlenstoffs
A_0	$[ML^{-3}]$	Ausgangskonzentration des Stoffes A
A	$[L^2]$	Fläche
$A(FB)$	$[L^2]$	Fläche des Flutungsbereichs
$A_{mp,mantel}$	$[L^2]$	Mantelfläche der Makroporen
B_{i-4}	$[L]$	instationärer Anteil der Druckhöhe nach WORKMAN ET AL. (1997)
B_s	$[L]$	stationärer Anteil der Druckhöhe nach WORKMAN ET AL. (1997)
C_0	$[ML^{-3}]$	Zuflusskonzentration während des Infiltrationsexperiments
C_2	$[ML^{-3}]$	Ausflusskonzentration während des Infiltrationsexperiments
C_f	$[ML^{-3}]$	Konzentration im Flutungswasser
C_l	$[ML^{-3}]$	Konzentration in der Flüssigphase
C_{grenz}	$[ML^{-3}]$	Grenzkonzentration für Risikoberechnung
C_{org}	$[-]$	Anteil des organischem Kohlenstoffs im Boden
$C_{org,0}$	$[-]$	Anteil des organischem Kohlenstoffs an der Geländeoberkante
$C_{org,min}$	$[-]$	Mindestanteil des organischem Kohlenstoffs im Boden
C_s	$[-]$	Konzentration an der Festphase
$C_{s,0}$	$[-]$	Ausgangskonzentration an der Festphase
$C_{s,gg}$	$[-]$	Konzentration an der Festphase unter Gleichgewichtsbedingungen
d	$[L]$	Korndurchmesser
D_a	$[L^2T^{-1}]$	scheinbarer Diffusionskoeffizient
D_{aqu}	$[L^2T^{-1}]$	Diffusionskoeffizient in Wasser
D_d	$[L^2T^{-1}]$	Diffusionskoeffizient
D_d^*	$[L^2T^{-1}]$	effektiver Diffusionskoeffizient
D_l, D_t	$[L^2T^{-1}]$	longitudinaler und transversaler Dispersionskoeffizient
dt_{gp}	$[T]$	zeitlicher Abstand zwischen Grundwasserneubildungsereignissen
dz_f	$[L]$	Verlagerungsstrecke der Schadstofffahne
g	$[LT^{-2}]$	Gravitationskonstante
h	$[L]$	hydraulische Druckhöhe
$h_{f,fp1}$	$[L]$	Überstauhöhe (FP1)
H	$[L]$	hydraulisches Potential, Grundwasserdruckhöhe
H_{gw}	$[L]$	Grundwasserdruckhöhe
$H_{gw,0}$	$[L]$	Grundwasserdruckhöhe zu Beginn des Hochwasserereignisses
$H_{gw,drain}$	$[L]$	Grundwasserdruckhöhe am landseitigen Deich
$H_{gw,fp2}$	$[L]$	Grundwasserdruckhöhe (FP2)

$H_{gw,sp}$	$[L]$	Grundwasserdruckhöhe während der Strömungsphasen
H_f	$[L]$	Flusswasserstand
$H_{f,0}$	$[L]$	Flusswasserstand zu Beginn des Hochwasserereignisses
$H_{f,max}$	$[L]$	maximaler Flusswasserstand während des Hochwasserereignisses
$H_{f,sp}$	$[L]$	Flusswasserstand während der Strömungsphasen
$H_{f,fp2}$	$[L]$	Flusswasserstand (FP2)
$H_{f,fp2}(FB)$	$[L]$	Flusswasserstand im Flutungsbereich (FP2)
i	$[-]$	Zählindex
j	$[MT^{-1}L^{-2}]$	spezifischer Massenfluss
j_a	$[MT^{-1}L^{-2}]$	spezifischer Massenfluss durch Advektion
j_{aqu}	$[MT^{-1}L^{-2}]$	spezifischer Massenfluss in den Aquifer
j_d	$[MT^{-1}L^{-2}]$	spezifischer Massenfluss durch Diffusion
j_f	$[MT^{-1}L^{-2}]$	spezifischer Massenfluss der Schadstofffahne
j_{inf}	$[MT^{-1}L^{-2}]$	spezifischer Massenfluss in die Sedimente
j_{mp2-3}	$[MT^{-1}L^{-2}]$	spezifischer Massenfluss Makroporen $\rightarrow$ Unterboden (FP1b,FP2)
$j_{mp,ob}$	$[MT^{-1}L^{-2}]$	spezifischer Massenfluss Makroporen $\rightarrow$ Oberboden
$j_{mp,ub}$	$[MT^{-1}L^{-2}]$	spezifischer Massenfluss Makroporen $\rightarrow$ Unterboden
$j_{mp1,ob}$	$[MT^{-1}L^{-2}]$	spezifischer Massenfluss Makroporen $\rightarrow$ Oberboden (FP1a)
$j_{mp1,ub}$	$[MT^{-1}L^{-2}]$	spezifischer Massenfluss Makroporen $\rightarrow$ Unterboden (FP1a)
j_{sed}	$[MT^{-1}L^{-2}]$	spezifischer Massenfluss Sedimente $\rightarrow$ Deckschicht
$j_{sed,fp1-3}$	$[MT^{-1}L^{-2}]$	spezifischer Massenfluss Sedimente $\rightarrow$ Deckschicht (FP1-3)
$j_{sed,m}$	$[MT^{-1}L^{-2}]$	spezifischer Massenfluss Sedimente $\rightarrow$ Bodenmatrix
$j_{sed,m1-4}$	$[MT^{-1}L^{-2}]$	spezifischer Massenfluss Sedimente $\rightarrow$ Bodenmatrix (FP1-2,GP)
$j_{sed,mp}$	$[MT^{-1}L^{-2}]$	spezifischer Massenfluss Sedimente $\rightarrow$ Makroporen
$j_{sed,mp1-3}$	$[MT^{-1}L^{-2}]$	spezifischer Massenfluss Sedimente $\rightarrow$ Makroporen (FP1-2)
k	$[LT^{-1}]$	hydraulische Leitfähigkeit
k_0	$[L^2T^{-1}]$	Permeabilität
k_{ds}	$[LT^{-1}]$	hydraulische Leitfähigkeit der Deckschicht
k_{eff}	$[LT^{-1}]$	effektive Leitfähigkeit
$k_{eff,ob}$	$[LT^{-1}]$	effektive Leitfähigkeit des Oberbodens
$k_{eff,ds}$	$[LT^{-1}]$	effektive Leitfähigkeit der Deckschicht (mit Makroporen)
$k_{eff,ds}$	$[LT^{-1}]$	effektive Leitfähigkeit der Deckschicht (ohne Makroporen)
$k^*_{eff,ds}(FB)$	$[LT^{-1}]$	effektive Leitfähigkeit der Deckschicht im Flutungsbereich
k_l	$[LT^{-1}]$	Leitfähigkeit der Leakage-Schicht
k_{mp}	$[LT^{-1}]$	Leitfähigkeit der Makroporen
k_s	$[LT^{-1}]$	wassergesättigte Leitfähigkeit
k_{s1-2}	$[LT^{-1}]$	wassergesättigte Leitfähigkeit des Ober- und Unterbodens
K_d	$[L^3M^{-1}]$	Verteilungskoeffizient
K_{d1-2}	$[L^3M^{-1}]$	Verteilungskoeffizient des Ober- und Unterbodens
$K_{d,ms}$	$[L^3M^{-1}]$	Verteilungskoeffizient des Massenspeichers

$K_{d,sed}$	$[L^3 M^{-1}]$	Verteilungskoeffizient des Sedimentmaterials
K_{oc}	$[L^3 M^{-1}]$	Verteilungskoeffizient zwischen Wasser und organischem Material
K_{ow}	$[L^3 M^{-1}]$	Oktanol - Wasser Verteilungskoeffizient
L_{aqu}	$[L]$	Höhenlage der Aquiferoberkante
L_{gok}	$[L]$	Höhenlage der Geländeoberkante
$L_{gok}(FB)$	$[L]$	mittlere Lage der Geländeoberkante im Flutungsbereich
m	$[L]$	Mächtigkeit
m_{1-2}	$[L]$	Mächtigkeit des Ober- und Unterbodens
m_{1-2}^*	$[L]$	Mächtigkeit des ungesättigten Bereichs im Ober- und Unterboden
m_{aqu}	$[L]$	Mächtigkeit des wassererfüllten Aquifers
m_{ds}	$[L]$	Deckschichtmächtigkeit
$m_{ds}(FB)$	$[L]$	mittlere Deckschichtmächtigkeit im Flutungsbereich
m_f	$[L]$	vertikale Erstreckung der Schadstofffahne
m_{ges}	$[L]$	Gesamtmächtigkeit eines Bodenabschnitts
m_l	$[L]$	Mächtigkeit der Leakage-Schicht
m_{sz}	$[L]$	vertikale Erstreckung der Strömungszonen
m_{ton}	$[L]$	Mächtigkeit einer Tonschicht
m_{vg}	$[-]$	Van Genuchten Parameter
M	$[M]$	Masse
M_0	$[MT^{-1}]$	Quell- und Senkenterm (Masse)
M_{1-2}	$[M]$	Masseneintrag und -austrag während des Infiltrationsexperiments
M_{aqu}	$[ML^{-2}]$	spezifischer Masseneintrag in den Aquifer
M_{ds}	$[ML^{-2}]$	spezifische Masse in der Deckschicht
M_f	$[ML^{-2}]$	spezifische Masse in der Schadstofffahne
$M_{fp,mp}$	$[ML^{-2}]$	Masse der Festphase im Makroporenspeicher
$M_{fp,ms}$	$[ML^{-2}]$	Masse der Festphase im Massenspeicher
$M_{fp,sed}$	$[ML^{-2}]$	Sedimentmasse je Einheitsfläche
M_{inf}	$[ML^{-2}]$	spezifischer Masseneintrag in die Deckschicht
M_{ss}	$[ML^{-2}]$	spezifische aktuelle Schadstoffmasse in Massenspeicher
$M_{ss,ab}$	$[ML^{-2}]$	spezifischer Massenabstrom aus Massenspeicher
$M_{ss,max}$	$[ML^{-2}]$	spezifische maximale Massenspeicherung in Massenspeicher
$M_{ss,zu}$	$[ML^{-2}]$	spezifischer Massenzustrom in Massenspeicher
$M_{s,gg}$	$[M]$	sorbierte Schadstoffmasse unter Gleichgewichtsbedingungen
M_t	$[M]$	Gesamtschadstoffmasse im Boden
n	$[-]$	Porosität
n_{ds}	$[-]$	mittlere Porosität der Deckschicht
n_{eff}	$[-]$	effektive Porosität
$n_{eff,i}$	$[-]$	effektive innere Porosität
n_{mp}	$[-]$	Makroporenporosität
n_{vg}	$[-]$	Van Genuchten Parameter

N	$[-]$	Anzahl, Stichprobenumfang
N_0	$[-]$	Stichprobenumfang der a priori Verteilung
N_1	$[-]$	Stichprobenumfang der a posteriori Verteilung
N_{gp}	$[-]$	Anzahl der Grundwasserneubildungsereignisse
N_{mp}	$[-]$	Anzahl der Makroporen
$N_{se}(FB)$	$[-]$	Anzahl der Simulationseinheiten
p	$[-]$	Reaktionsordnung
P	$[-]$	Wahrscheinlichkeit
P_{min}	$[-]$	Grenzwahrscheinlichkeit
q	$[-]$	Reaktionsordnung
q	$[LT^{-1}]$	spezifischer Fluss
q_{1-2}	$[LT^{-1}]$	spezifische Zu-und Ausflüsse während des Infiltrationsexperiments
q_{aqu}	$[LT^{-1}]$	spezifischer Zufluss in den Aquifer
$q_{fp3a,b}$	$[LT^{-1}]$	spezifische Flussrate in der Deckschicht (FP3a und FP3b)
$q_{inf,gp}$	$[LT^{-1}]$	spezifische Flussrate in die Deckschicht (GP)
q_{gwn}	$[LT^{-1}]$	Grundwasserneubildungsrate
q_m	$[LT^{-1}]$	spezifische Infiltrationsrate in die Bodenmatrix
q_{m1-3}	$[LT^{-1}]$	spezifische Infiltrationsrate in die Bodenmatrix (FP1-FP2)
q_{mp}	$[LT^{-1}]$	spezifische Infiltrationsrate in die Makroporen
q_{mp1-3}	$[LT^{-1}]$	spezifische Infiltrationsrate in die Makroporen (FP1-FP2)
$q_{mp,ob}$	$[LT^{-1}]$	spezifische Infiltrationsrate Makroporen $\rightarrow$ Oberboden
$q_{mp1,ob}$	$[LT^{-1}]$	spezifische Infiltrationsrate Makroporen $\rightarrow$ Oberboden (FP1a)
$q_{mp,ub}$	$[LT^{-1}]$	spezifische Infiltrationsrate Makroporen $\rightarrow$ Unterboden
$q_{mp1,ub}$	$[LT^{-1}]$	spezifische Infiltrationsrate Makroporen $\rightarrow$ Unterboden (FP1a)
Q_A	$[L]$	in Hochwasserrückhalteraum zufließende Hochwasserwelle
Q_Z	$[L]$	aus Hochwasserrückhalteraum abfließende Hochwasserwelle
r	$[L]$	Porenradius
r_{mp}	$[L]$	mittlerer Makroporenradius
$r_{mp,min}$	$[L]$	minimaler Makroporenradius
$r_{mp,max}$	$[L]$	maximaler Makroporenradius
$r_{mp,median}$	$[L]$	Median der Makroporenradienverteilung
R	$[-]$	Retardationskoeffizient
R_{sz}	$[-]$	Retardationskoeffizient der Strömungszonen
R_{ob1-6}	$[-]$	Retardationskoeffizient der Strömungszonen im Oberboden
R_{ub1-7}	$[-]$	Retardationskoeffizient der Strömungszonen im Unterboden
Re	$[-]$	Reynoldszahl
R_h	$[L]$	hydraulischer Radius
R_i	$[-]$	innerer Retardationskoeffizient
S_{aqu}	$[-]$	Speicherkoeffizient des Aquifers
S_0	$[LT^{-1}]$	spezifischer Quell-Senkenterm

S_0'	$[T^{-1}]$	Quell-Senkenterm
S_s	$[-]$	Speicherkoeffizient
S_s'	$[L^{-1}]$	spezifischer Speicherkoeffizient
sa	$var.$	Standardabweichung der Felddatenverteilung
SI	$[-]$	Sensitivitätsindex
t	$[T]$	Zeit
t_f	$[T]$	Zeitpunkt des Anstiegs des Flusswasserspiegels
t_{fp1-3}	$[T]$	Zeitpunkt des Beginns der Strömungsphasen (FP1-3)
$t_{fp1-3}(FB)$	$[T]$	Zeitpunkt des Beginns der Strömungsphasen für Flutungsbereich
$t_{f,max}$	$[T]$	Zeitpunkt des maximalen Flusswasserstands
$t_{f,ende}$	$[T]$	Zeitpunkt des Endes des Hochwasserereignisses
t_{gp}	$[T]$	Zeitpunkt des Beginns der Strömungsphasen (GP)
T	$[T]$	Zeitdauer
$T_{a,ms}$	$[T]$	hydraulische Aufenthaltszeit im Massenspeicher
$T_{a,t}$	$[T]$	Schadstoffaufenthaltszeit in der Deckschicht
$T_{a,sz}$	$[T]$	hydraulische Aufenthaltszeit der Strömungszonen
$T_{a,ob1-6}$	$[T]$	hydraulische Aufenthaltszeit der Strömungszonen im Oberboden
$T_{a,ub1-7}$	$[T]$	hydraulische Aufenthaltszeit der Strömungszonen im Unterboden
T_{aqu}	$[L^2]$	Transmissivität des Aquifers
T_{fp1-3}	$[T]$	Dauer der Strömungsphasen (FP1-FP3)
T_{fp1}^*	$[T]$	geschätzte Aufsättigungszeit der Deckschicht
$T_{fp1}^*(FB)$	$[T]$	geschätzte Aufsättigungszeit des Flutungsbereichs
T_{gp}	$[T]$	Dauer der Strömungsphasen (GP)
T_{sp}	$[T]$	Dauer einer Strömungsphase
T_f	$[T]$	Verlagerungszeit der Schadstofffahne
T_{sat}	$[T]$	Aufsättigungszeit während des Infiltrationsexperiments
$T_{0.5 \cdot c0}$	$[T]$	mittlere Traceraufenthaltszeit während des Infiltrationsexperiments
$T_{0.5,sorb}$	$[T]$	Halbwertzeit der kinetischen Sorption
$v_{gw,fp1}$	$[LT^{-1}]$	Anstiegsgeschwindigkeit des Grundwasserspiegels (FP1)
$v_{gw,fp3}$	$[LT^{-1}]$	Sinkgeschwindigkeit des Grundwasserspiegels (FP3)
$v_{gw-h,fp1}$	$[LT^{-1}]$	Anstiegsgeschwindigkeit der Grundwasserdruckhöhe (FP1)
$v_{gw-h,fp3}$	$[LT^{-1}]$	Sinkgeschwindigkeit der Grundwasserdruckhöhe (FP3)
v_{sw}	$[LT^{-1}]$	Sickerwassergeschwindigkeit
$v_{sw,sz}$	$[LT^{-1}]$	Sickerwassergeschwindigkeit der Strömungszonen
$v_{sw,ob1-6}$	$[LT^{-1}$	Sickerwassergeschwindigkeit der Strömungszonen im Oberboden
$v_{sw,ub1-7}$	$[LT^{-1}]$	Sickerwassergeschwindigkeit der Strömungszonen im Unterboden
v_{ss}	$[LT^{-1}]$	Transportgeschwindigkeit
$v_{ss,sz}$	$[LT^{-1}]$	Transportgeschwindigkeit der Strömungszonen
$v_{ss,ob1-6}$	$[LT^{-1}]$	Transportgeschwindigkeit der Strömungszonen im Oberboden
$v_{ss,ub1-7}$	$[LT^{-1}]$	Transportgeschwindigkeit der Strömungszonen im Unterboden

V_1	$[L^3]$	Infiltrationsvolumen während des Infiltrationsexperiments
V_2	$[L^3]$	Ausflussvolumen während des Infiltrationsexperiments
V_{aqu}	$[L]$	spezifisches Infiltrationsvolumen in den Aquifer
V_{ds}	$[L]$	spezifisches Bodenwasservolumen
V_{gwn}	$[L]$	spezifisches Grundwasserneubildungsvolumen
V_{inf}	$[L]$	spezifisches Infiltrationsvolumen in die Deckschicht
$V_{inf,fp1-2}$	$[L]$	spezifisches Infiltrationsvolumen in die Deckschicht (FP1-2)
V_{m1-3}	$[L]$	spezifisches Infiltrationsvolumen in die Bodenmatrix (FP1-2)
V_{mol}	$[L^3 Mol^{-1}]$	molares Stoffvolumen
V_{mp1-3}	$[L]$	spezifisches Infiltrationsvolumen Makroporen $\rightarrow$ Unterboden (FP1-2)
$V_{mp1,ob}$	$[L]$	spezifisches Infiltrationsvolumen Makroporen $\rightarrow$ Oberboden (FP1)
$V_{mp1,ub}$	$[L]$	spezifisches Infiltrationsvolumen Makroporen $\rightarrow$ Unterboden (FP1)
V_p	$[L^3]$	Porenvolumen
V_R	$[L^3]$	Speichervolumen eines Hochwasserrückhalteraums
V_s	$[L^3]$	Substanzvolumen
V_t	$[L^3]$	Gesamtbodenvolumen
x	var.	allgemeine Variablenbezeichnung, Modelleingangsgröße
$\bar{x}$	var.	Mittelwert, Mittelwert der Felddatenverteilung
x_{deich}	$[L]$	Entfernung zum landseitigen Deich
$x_{deich,0.1}$	$[L]$	Entfernung zum Deich (dH>0.1)
x_{fluss}	$[L]$	Entfernung zum Fluss
x_{max}	var.	maximaler Parameterwert
X	var.	Zufallsvariable
y	var.	Modellausgabegröße
z	$[L]$	Tiefe unterhalb der Bodenoberfläche
z_1	$[L]$	Entfernung zwischen Geländeoberkante und Oberkante des Unterbodens
z_2	$[L]$	Entfernung zwischen Geländeoberkante und Aquiferoberkante
z_{if}	$[L]$	Entfernung zwischen Geländeoberkante und Infiltrationsfront

Griechische Buchstaben

α_l, α_t	$[L]$	longitudinale und transversale Dispersivität
α_{vg}	$[L^{-1}]$	Van Genuchten Parameter
γ	$[-]$	Korrekturfaktor für Sorptionsrate
γ_{vg}	$[-]$	Mualem-Van Genuchten Parameter
η_0	$[-]$	Anzahl der Freiheitsgrade der χ^{-2}-Verteilung (a priori Verteilung)
η_1	$[-]$	Anzahl der Freiheitsgrade der χ^{-2}-Verteilung (a posteriori Verteilung)

Symbolverzeichnis

λ_{abb}	$[T^{-1}]$	Abbaurate
λ_{aqu}	$[L^2]$	Leakage-Parameter
λ_{sorb}	$[T^{-1}]$	Sorptionsrate
$\lambda_{sorb,ms}$	$[T^{-1}]$	Sorptionsrate des Massenspeichers
ϕ	$var.$	Integrationsvariable
φ	$[L]$	Matrixpotential
φ_{if}	$[L]$	Matrixpotential vor der Infiltrationsfront
μ_0	$var.$	Mittelwert der a priori Verteilung
μ_1	$var.$	Mittelwert der a posteriori Verteilung
μ_{mp}	$[L]$	Mittelwert der Makroporenradienverteilung
ν	$[ML^{-2}T^{-2}]$	kinematische Viskosität
ρ_w	$[ML^{-3}]$	Dichte von Wasser
ρ_b	$[ML^{-3}]$	Lagerungsdichte
ρ_{b1-2}	$[ML^{-3}]$	Lagerungsdichte des Ober- und Unterbodens
ρ_s	$[ML^{-3}]$	Korndichte
σ_{mp}	$[L]$	Standardabweichung der Makroporenradienverteilung
σ, σ_1	$var.$	Standardabweichung
σ_1	$var.$	Standardabweichung der a posteriori Verteilung
Σ	$[-]$	Skalierungsparameter der χ^{-2}-Verteilung
Σ_0	$[-]$	Skalierungsparameter der χ^{-2}-Verteilung (a priori Verteilung)
Σ_1	$[-]$	Skalierungsparameter der χ^{-2}-Verteilung (a posteriori Verteilung)
τ	$var.$	Integrationsvariable
τ_i	$[-]$	innerere Tortuosität
τ_{mp}	$[-]$	Tortuosität der Makroporen
θ	$[-]$	volumetrischer Wassergehalt
θ_0	$[-]$	Anfangswassergehalt
θ_r	$[-]$	Residualwassergehalt
θ_s	$[-]$	Sättigungswassergehalt
θ_{s1-2}	$[-]$	Sättigungswassergehalt im Ober- und Unterboden
θ_{sz}	$[-]$	Wassergehalt in den Strömungszonen
θ_{gp1-2}	$[-]$	Bodenwassergehalt im Ober- und Unterboden (GP)
θ_i	$[-]$	innere Porosität
θ_{i1-2}	$[-]$	innere Porosität des Ober- und Unterbodenmaterials
$\theta_{i,sed}$	$[-]$	innere Porosität des Sedimentes
ζ	$var.$	Integrationsvariable

1. Einleitung

Die Bedrohung durch Hochwasserereignisse stellt seit Jahrhunderten eine große Herausforderung für die Gesellschaft dar. Laut MÜNCHENER RÜCK (2005) treten Überschwemmungen unter den Naturkatastrophen am häufigsten auf und sind neben Stürmen die häufigste Ursache für Schäden aus Naturereignissen. Sowohl bei den Hochwasserereignissen als auch bei den hierbei hervorgerufenen Schäden ist zudem über die letzten Jahrzehnte eine stetige Zunahme zu beobachten. Als Ursache für den Anstieg der Häufigkeit von Hochwasser wird u.a. ein möglicher Klimawandel benannt. Der Anstieg der Schäden ist jedoch auch die Folge der Zunahme von Schadenspotentialen in hochwassergefährdeten Gebieten.

Im Mittelpunkt der Aufmerksamkeit stehen bisher die Schäden, die durch die quantitativen Eigenschaften eines Hochwassers hervorgerufen werden. Hierzu zählen die Folgen für Menschenleben und Sachgüter, die durch Anhebung des Wasserstands im Fluss hervorgerufen werden. Diese decken den weitaus größten Bereich der Schäden ab. Daneben können jedoch auch die mit der Hochwasserwelle transportierten gelösten Stoffe und Schwebstoffe eine qualitative Beeinträchtigung der betroffenen Bereiche verursachen. Durch die Infiltration von Flusswasser in die angrenzenden Aquifer kommt es hierbei entweder direkt mit dem Hochwasser oder durch Remobilisierung (Überlastung der Kanalisation, hydraulischer Anschluss von Altlastenflächen etc.) zu einem Schadstoffeintrag in das Grundwasser (SOMMER, 2004). Nach dem Hochwasser an der Elbe im August 2002 waren insbesondere die Überschwemmungsflächen durch die Sedimentation von belasteten Schwebstoffen sowie durch die Infiltration von Flusswasser nachhaltig belastet (REINCKE & SPOTT, 2000).

Die Zunahme der Häufigkeit und der maximalen Pegelstände von Hochwasserereignissen haben dazu geführt, dass in jüngster Zeit vermehrt natürliche Überschwemmungsflächen entlang der Flüsse zum Bau von Hochwasserretentionsräumen (auch Hochwasserrückhalteräume genannt) reaktiviert werden. Der große wasserwirtschaftliche Nutzen dieser Anlagen (Reduzierung der Hochwasserscheitelhöhe) wird begleitet von der Frage, inwieweit Schadstoffe über diese Flächen in das Grundwasser eingetragen werden.

Die Forschung im Zusammenhang mit dem Einfluss von Hochwasserereignissen auf das Grundwasser bezieht sich bisher fast ausschließlich auf die quantitative Beeinflussung durch Änderung der Grundwasserdruckhöhen und -wasserstände in den angrenzenden Grundwasserleitern. Zur qualitativen Wechselwirkung zwischen Fluss und Grundwasser wurden einige Arbeiten im Zusammenhang mit der Trinkwassergewinnung durch Uferfiltration durchgeführt (MASSMANN ET AL., 2008; HOLZBECHER, 2006). Hierbei steht der Schadstoffeintrag über die Flussbettsohle in den Aquifer im Fokus der Betrachtung. Im Überschwemmungsfall kann jedoch der Schadstoffeintrag über die Böden der Hochwasserretentionsräume überwiegen, da durch die Bodenoberfläche eine größere Infiltrationsfläche zur Verfügung gestellt wird als durch die eigentliche Flussbettsohle.

Bei der Berechnung von Schadstofftransportprozessen in der Bodenzone stellt die große räumliche Variabilität des Bodenaufbaus die wesentliche Herausforderung dar. Durch Ab- und Umlagerungsprozesse in den Überschwemmungsgebieten ist die Heterogenität in diesen Bereichen oft besonders ausgeprägt. Eine exakte Abbildung des Bodenaufbaus ist daher nicht möglich. Die Unsicherheit der Bodeneigenschaften stellt daher eine wesentliche Randbedingung dar, die bei der Berechnung der Strömungs- und Transportprozesse in der Bodenzone berücksichtigt werden muss. Für die vorliegende Arbeit ergeben sich aus dieser Problemstellung folgende Zielsetzungen:

- Beschreibung der Strömungs- und Transportprozesse in der Bodenzone eines Hochwasserrückhalteraums.

- Entwicklung eines Konzepts zur Risikoberechnung eines Schadstoffeintrags über die Deckschicht unter Berücksichtigung der Unsicherheit und räumlichen Variabilität der Bodeneigenschaften.

- Entwicklung eines auf die Anforderung der Risikoberechnung angepassten Transportmodells zur Bestimmung der Schadstoffverlagerung in den Aquifer.

- Exemplarische Anwendung des Konzepts zur Risikoberechnung auf einen geplanten Hochwasserrückhalteraum.

In der Risikoberechnung sollen die Auswirkungen einer einmaligen Flutung mit extremen Wasserständen im Mittelpunkt der Betrachtung stehen, wobei insbesondere der Eintrag von organischen Schadstoffen berücksichtigt werden soll. Bei der Auswahl des Transportmodells muss neben diesen Anforderungen auch die Variabilität des Bodenaufbaus und die Unsicherheit der Bodenparameter berücksichtigt werden. In der Arbeit wird daher detailliert auf die Entwicklung eines geeigneten Simulationswerkzeugs zur Berechnung der Schadstoffverlagerung über die Bodenzone eingegangen.

In Kapitel 2 wird der Landschaftsraum der Flussauen als häufiger Standort von Hochwasserretentionsräumen dargestellt. Hierbei werden neben den Bodeneigenschaften und der Funktionsweise von Hochwasserretentionsräumen insbesondere die Bodenwasserströmung während eines Flutungsereignisses schematisch dargestellt. In Kapitel 3 werden neben den Grundlagen der Strömungs- und des Transportprozesse in der Bodenzone und im Grundwasser die jeweiligen Methoden zur Beschreibung dieser Prozesse während eines Flutungsereignisses zusammengefasst. Kapitel 4 gibt eine Übersicht über Verfahren zur Risikoberechnung und zur Beschreibung von Unsicherheiten. In Kapitel 5 wird das Konzept zur Berechung der Schadstoffverlagerung und des Risikos einer Grundwassergefährdung dargestellt. In Kapitel 6 wird das entwickelte Modell zur Berechnung der Schadstoffverlagerung über die Bodenzone beschrieben. In Kapitel 7 wird unter Verwendung des entwickelten Transportmodells eine Sensitivitätsanalyse für eine Schadstoffverlagerung über die Bodenzone durchgeführt, in dessen Rahmen die relevanten Parameter und Prozesse für die Schadstoffverlagerung identifiziert werden. Im anschließenden Kapitel 8 wird die Anwendung der entwickelten Methodik der Risikoberechnung für einen geplanten Hochwasserrückhalteraum beschrieben. Den Abschluss der Arbeit bildet Kapitel 9 mit der Zusammenfassung.

2. Charakterisierung von Hochwasserretionsräumen in Flussauen

2.1. Beschreibung von Flussauen

Als Standorte für Hochwasserretentionsräume werden häufig ehemalige Überflutungsflächen genutzt, auf denen aufgrund von Eindeichungsmaßnahmen keine regelmäßigen Überflutungen mehr stattfinden. Diese Gebiete werden zumeist durch die Landschaftseinheit der Flussauen geprägt, deren Entwicklung über Jahrtausende der Flussgenese stattfand und erst seit einem relativ kurzen Zeitraum durch menschliche Eingriffe beeinflusst wurde. Nach MIEHLICH (2000) umfassen die Bereiche der Flussauen insgesamt 6.8% der Fläche Deutschlands, von denen durch flussbauliche Maßnahmen jedoch nur noch ein geringer Anteil regelmäßig überschwemmt wird. Wesentlich für die Flussaue in ihrer ursprünglichen Form sowie reaktiviert als Hochwasserretentionsraum ist die Wechselwirkung mit dem Abflussgeschehen im angeschlossenen Gewässer (DIESTER, 2000):

> *"Flussauen stehen wie kaum ein anderer Ökosystemtyp in permanentem stofflichen Austausch mit ihrer Umgebung. Sie verfügen nämlich über ein außerordentlich effektives Transportsystem - das Wasser -, das Stoffe in fester und gelöster Form nach allen Richtungen des Raumes verteilt. Oberflächenwasser schafft die Verbindung in der Längsrichtung des Flusstals, sorgt aber auch für die quer gerichteten Austauschprozesse in die Aue hinein und von dort in den Fluss zurück."*

Diese Austauschvorgänge finden zu einem wesentlichen Teil über die Deckschicht der Flussauen statt (synonym wird im weiteren auch der Begriff Bodenzone verwendet), die sich zwischen Geländeoberkante und der Oberkante des sie unterlagernden gröberen Materials des Grundwasserleiters erstreckt. Der Aufbau des Bodens in den Flussauen ist ein Produkt der Ablagerungs- und Erosionsprozesse, die während der flussgeschichtlichen Entwicklung am Standort stattfanden. Hierbei wurden während Hochwasserereignissen Flusssedimente abgelagert oder umgelagert, auf denen während der Phasen mit niedrigerem Flusswasserstand bodenbildene Prozesse stattfinden konnten. Die Art des Bodensubstrats ist somit abhängig von dem zuvor im Flusseinzugsgebiet erodierten Material, dass sich von Flussabschnitt zu Flussabschnitt aber auch von Hochwasserereignis zu Hochwasserereignis unterscheiden kann. Die Struktur der Flussauen wurde durch die häufig Jahrtausende überdauernde Flussgenese geprägt und kann großskalige Elemente wie eiszeitliche Hoch- und Niederterrassen aufweisen. Auf der rezenten Niederterrasse entstand durch die jüngeren Sedimentations- und Erosionsvorgänge ein aus Abflussrinnen, Uferwällen und Hochflächen aufgebautes Kleinrelief, dessen Einheiten auf Grund der lokalen Fließ- und Sedimentationsverhältnisse in seinem Bodensubstrat und -aufbau große Unterschiede aufweist. Auf den tiefer liegenden Standorten, die zumeist aus ehemaligen Abflussrinnen der angeschlossenen Gewässer bestehen, lagern sich feinkörnige Substrate ab. Grobkörnige Materialien finden sich hingegen meist auf den selten überfluteten hoch liegenden Bereichen. Ein Wesen der Auen stellen die durch Hochwasserereignisse hervorgerufenen Umlagerungsprozesse dar, durch die das vorhandene Relief einem stetigen Wandel unterworfen wird. Diese Dynamik sowie die Variabilität der Sedimentfracht der Flüsse führt zu einer Vielzahl von unterschiedlichen Bodenstandorten, die z.T. einen komplexen, mehrfach geschichteten Aufbau aufweisen.

Mit der Variabilität des Bodensubstrates sowie der Relief- und Bewuchseigenschaften treten auch sehr unterschiedliche Bodentypen in den Flussauen auf. Die wesentlichen Unterscheidungsmerkmale bilden hierbei der Grad der Akkumulation von organischem Substrat sowie der Umfang der Grundwasserbeeinflussung. Auf grundwasserfernen Standorten bilden sich Auenböden, die weiter in Rambla, Paternia, Vega und Tschernitza unterschieden werden, wobei jeweils eine Zunahme in der Mächtigkeit der humosen oberen Bodenhorizonte beobachtet wird. Werden die Standorte entweder durch ihre Höhenlage oder durch Ausdeichungsmaßnahmen von regelmäßigen Überflutungen abgeschnitten, kann durch Verbraunungs- (Eisenoxidbildung) sowie Verlehmungsprozesse (Tonmineralbildung) eine Entwicklung zur Braunerde eintreten. Auf den grundwassernahen Standorten tritt der Bodentyp der Gleye auf, beim dem im Übergangsbereich zwischen ungesättigter Bodenzone und Grundwasserbereich eine charakteristische Fleckung durch Ausfällung von Eisen- und Manganmineralien auftritt. Zwischen all diesen Bodentypen können Übergangsformen auftreten (z.B. Gley-Vega) (SCHEFFER & SCHACHTSCHABEL, 1998).

Die Dynamik der Umlagerungsprozesse sowie die Variabilität der Bodenstandorte steht im Zusammenhang mit der Dynamik des Wasser- und Stoffhaushalts in den Flussauen. Durch das Kleinrelief innerhalb der Auen ist auch die Häufigkeit, Dauer und Intensität von Hochwasserereignissen auf den einzelnen Standorten unterschiedlich ausgeprägt. Hierdurch wird die Entwicklung der Böden sowie die Besiedlung mit Organismen beeinflusst. So entwickeln sich unter natürlichen Bedingungen auf den häufiger überfluteten Bereichen ein Bestand mit feuchteresistenten Pflanzen (Weichholzaue). Weniger feuchtetolerante Pflanzen besiedeln die höher gelegenen Bereiche (Hartholzaue) (KLIMO & HAGER, 2001).

Neben der Dynamik im Oberflächenwasserstand wird der Wasserhaushalt der Bodenstandorte durch einen Wechsel in der Grundwasserdruckhöhe beeinflusst. Im Grundwasserleiter der Flussauen können je nach Wasserstand und Durchlässigkeit der Deckschicht gespannte oder halbgespannte Verhältnisse vorliegen. Unter mittleren Wasserständen im Gewässer findet zumeist eine Grundwasserbewegung vom Flussvorland in den Fluss oder parallel zum Fluss statt, so dass ein zum Fluss abfallendes oder weitestgehend ebenes Grundwasserdruckhöheprofil in der Aue auftritt. Bei ansteigendem Flusswasserstand wird die Grundwasserdruckhöhe in den Flussauen angehoben, wodurch auch der Grundwasserstand in der Deckschicht ansteigt. Bei fallendem Wasserstand im Gewässer kehrt sich dieser Prozess wieder um. Die Dynamik des Grundwasserstands ist in Flussnähe am größten und nimmt mit zunehmender Entfernung zum Gewässer sowie bei geringer durchlässigen Deckschicht ab (MOHRLOK, 2001; MONTENEGRO ET AL., 2000).

Durch den Wechsel im Fluss- und Grundwasserstand werden auch die Stoffströme in den Flussauen beeinflusst. Der Stoffeintrag in die Auen kann zum einen sedimentgebunden oder in gelöster Form mit dem Flusswasser erfolgen. Für die Sedimente sowohl wie für die an sie gebundenen geringlöslichen Stoffe stellen die Auen häufig eine Stoffsenke dar. Für löslichere Stoffe kann auch ein Austrag über das Sicker- und Grundwasser in den angrenzenden Fluss erfolgen (MIEHLICH, 2000). Durch die Änderungen im Oberflächen- und Grundwasserstand in den Flussauen werden auch die Stoffumsetzungsprozesse beeinflusst. Durch Verringerung der Sauerstoffnachlieferung während der Überflutungsereignisse kommt es zu einem Wechsel von oxidierenden zu reduzierenden Verhältnissen im Boden, wodurch die Löslichkeit von einigen Metallen erhöht werden kann, die dann mit dem Sicker- und Grundwasser verlagert werden. Diese Verlagerungsprozesse sind u.a. Ursache für die Rostfärbung der Gley-Böden (FITTSCHEN & GRÖNGRÖFT, 2000).

Der hier für naturnahe Auensysteme beschriebene Aufbau und Stoffhaushalt wurde durch menschliche Eingriffe seit mindestens dem 16. Jahrhundert mehr oder minder stark beeinflusst. Die seit dem 19. Jahrhundert erfolgten Maßnahmen zur Flussbegradigung, zum Uferverbau sowie der Buhnen- und Staustufenbau führten zu einer starken Reduzierung der noch regelmäßig überfluteten Flussauen. Die nährstoffreichen Böden der eingedeichten Flächen wurden häufig forst- oder landwirtschaftlich genutzt, wodurch der ursprüngliche Bewuchs und Bodenaufbau verändert wurde. Durch die Eindeichungsmaßnahmen sowie weiterer Entwässerungsmaßnahmen auf landwirtschaftlich genutzten Flächen wurde insbesondere die Dynamik des Bodenwasserhaushalts der Standorte z.T. deutlich verringert. Darüber hinaus wurde das mittlere Niveau des Grundwasserstands im Flussvorland durch zunehmende Eintiefung abgesenkt. Neben der forst- und landwirtschaftlichen Nutzung findet in den Flussauen auch häufig ein Abbau der dort abgelagerten Kiese und Sande statt, so dass der Anteil an offenen Gewässern (Baggerseen) erhöht wurde.

Auf den noch rezent überfluteten Bereichen wird heute durch die Reduzierung der Fließgeschwindigkeiten in den Gewässern vorwiegend feinkörniges Material abgelagert. Infolge der Belastung der Flüsse mit vom Menschen freigesetzten Schadstoffen (siehe auch Abschnitt 2.4) weisen diese Sedimente z.T. erhebliche Schadstoffkonzentrationen auf (REINCKE & SPOTT, 2000; WINDE, 2000), deren langfristige Auswirkung und Remobilisierungspotential Gegenstand der Forschung sind (WITTER ET AL., 1998; SCHULZ ET AL., 2000). Durch die Eindeichung sind die Flussauen weitestgehend von einer Nährstoffnachlieferung durch die Flusssedimente abgeschnitten. Auf diesen Flächen findet neben atmosphärischen Eintrag ein Stoffeintrag vorwiegend durch Dünge- und Pflanzenschutzmittel aus der Forst- und Landwirtschaft statt.

2.2. Hochwasserretentionsräume

Hochwasserretentionsräume sind Anlagen, die zur vorübergehenden Rückhaltung von Volumenanteilen des Hochwasserabflusses dienen. Als Stauraum werden in der Regel geeignete Bereiche des Flussvorlandes oder des Gerinnebettes durch Baumaßnahmen (Deiche, Dämme) eingefasst. Außerhalb des Einstauzeitraums werden die Bereiche z.T. einer anderen Nutzung zugeführt (Forst- und Landwirtschaft, Naherholung etc.).

Die Hochwasserrückhalteräume sind häufig Teil eines umfassenden Hochwasserschutzes aus weiteren Maßnahmen (z.B. mobile Hochwasserschutzsysteme) und werden insbesondere an größeren Flüssen im Verbund von mehreren Hochwasserrückhaltemaßnahmen betrieben. Ziel aller dieser Maßnahmen ist es, den Hochwasserschutz vor Ort oder für abstromig gelegene Schutzgüter zu verbessern. Gegenüber anderen Maßnahmen (wie dem Ausbau der Deichhöhe), die z.T. die Hochwassersituation für die Unterlieger verschärfen können, bieten Hochwasserretentionsräume die Möglichkeit, die Scheitelhöhe von Hochwasserereignissen durch Wasserspeicherung zu reduzieren. Die Art und Weise wie dies erfolgt ist abhängig von dem Betrieb des Hochwasserrückhalteraumes. Die in der DIN 19700 (2005) für allgemeine Stauanlagen formulierten Betriebsweisen lassen sich auch auf Hochwasserrückhalteräumen übertragen. Nach DIN 19700 (2005) kann unterschieden werden zwischen ungesteuerten Rückhalteräumen, Rückhalteräumen mit konstanter Abgabe und Rückhalteräumen mit adaptiver Steuerung. Bei der ungesteuerten Variante entspricht der Wasserstand im Fluss weitestgehend dem Wasserstand im Retentionsraum. Der Retentionsraum wird bei dieser Variante bereits bei ansteigendem Flusswasserstand aufgefüllt. Bei der gesteuerten Variante kann der Zeitpunkt der Flutung auf die jeweilige Hochwassersituation angepasst werden, um eine optimale Speicherwirkung zu erzielen. Bei der adaptiven Variante kann zudem der Umfang des Zuflusses in den Rückhalteraum entsprechend dem prognostizierten weiteren Hochwasserverlauf gewählt werden. In Abbildung 2.1 ist die theoretische Wirkung eines Hochwasserrückhalteraums auf die Hochwasserganglinie skizziert (VISCHER & HUBER, 1993). Durch die Flusswasserspeicherung V_R liegt der Scheitelpunkt der aus dem Hochwasserrückhalteraum abfließenden Hochwasserwelle Q_A niedriger als in der zufließenden Hochwasserganglinie Q_Z.

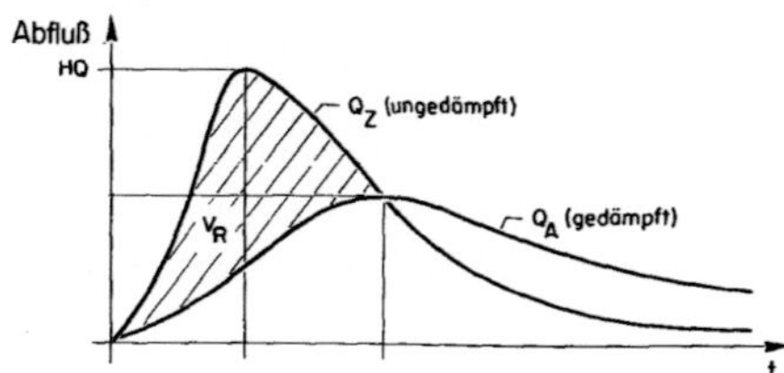

Abbildung 2.1.: Dämpfung der Hochwasserwelle durch einen Hochwasserrückhalteraum (nach VISCHER & HUBER (1993))

Entlang des Oberrheins zwischen Basel und Mannheim entstehen im Rahmen des "Integrierten Rheinprogrammes" eine Reihe von Hochwasserrückhaltemaßnahmen. Ziel der Maßnahmen, die sowohl auf deutscher als auch auf französischer Seite durchgeführt werden, ist der Schutz vor einem Hochwasser mit 200 jährlicher Auftrittswahrscheinlichkeit. Hierzu werden allein auf baden-württembergischer Seite insgesamt 13 Maßnahmen, wie Deichrückverlegungen und Errichtung von Hochwasserrückhalteräumen durchgeführt, wodurch in der Summe ein zusätzliches Hochwasserrückhaltevolumen von ca. 170 Millionen m^3 geschaffen werden soll. Der Bau sowie die Entscheidungen zur Betriebsweise der Anlagen wurden z.T. bereits abgeschlossen oder finden sich noch in der Planungsphase. Neben dem Hochwasserschutz soll auch die Wiederherstellung der durch den Flussausbau am Oberrhein verlorengegangenen Flussauen angestrebt werden. Hierfür werden u.a. sogenannte "ökologische Flutungen" vorgeschlagen, die eine Anpassung der Flora und Fauna in den Flussauen durch regelmäßige Flutungen ermöglichen soll.

2.3. Bodenwasserströmung im Hochwasserretentionsraum

Die Bodenwasserströmungsprozesse in einem Hochwasserretentionsraum während eines Überflutungszeitraums (Flutungsphase) unterscheiden sich von der Strömung ohne Überflutung (Grundwasserneubildungsphase). Die Strömung des Bodenwassers während eines Überflutungsereignisses wird neben den Bodeneigenschaften durch das hydraulische Potential des Überflutungswassers und des Grundwassers festgelegt und folgt überwiegend einer abwärtsgerichteten Strömungsrichtung. Daneben treten weitere hydraulische Randbedingungen im Boden durch die Transpirationsleistung der Pflanzen auf. Diese sind jedoch örtlich auf die direkte Umgebung der Wurzeln im Boden beschränkt und können in ihrem Einfluss auf die Bodenwasserbewegung während des Überflutungszeitraums vernachlässigt werden. Die Dynamik des Flutungswasserspiegels sowie der Grundwasserdruckhöhe ist von Flutungs- zu Flutungsereignis unterschiedlich und zudem stark von den lokalen Oberflächenwasser- und Grundwasserströmungsverhältnissen abhängig.

Zur Formulierung allgemeingültigerer Aussagen bezüglich der Schadstoffverlagerung über die Deckschicht muss daher eine Schematisierung der Strömungs- und Transportprozesse vorgenommen werden. In Abhängigkeit der Änderung der hydraulischen Randbedingungen können drei Phasen der Bodenwasserströmung während eines Flutungsereignisses unterschieden werden (Abb. 2.2):

1. Strömungsphase 1 (FP1): Infiltration von Oberflächenwasser in die (wasser-)ungesättigte Deckschicht

2. Strömungsphase 2 (FP2): Infiltration von Oberflächenwasser in die (wasser-)gesättigte Deckschicht

3. Strömungsphase 3 (FP3): Drainage von Bodenwasser nach Beendigung der Flutung des Retentionsraums

Während der Auffüllung und Entleerung des Hochwasserrückhalteraums können in Bereichen mit großen topographischen Unterschieden auch laterale Fließbewegungen stattfinden. Unter der Annahme, dass die hierfür zur Verfügung stehenden Zeiträume zu kurz sind, um nennenswerte Infiltrationsflüsse zu ermöglichen, können die lateralen Strömungsvorgänge in der Deckschicht vernachlässigt werden.

Die zeitliche Einordnung der Strömungsphasen während eines Hochwasserereignisses ist abhängig von der Dynamik des Flusswasserspiegels und des Grundwasserspiegels im Retentionsraum. Zur Beschreibung der Strömungsphasen wird nur der Fall eines ungesteuerten, durchströmten Polders betrachtet, bei dem der Wasserspiegel im Retentionsraum dem Flusswasserspiegel entspricht. In Abbildung 2.3a ist der zeitliche Verlauf der Lage des Wasserspiegels im Retentionsraum für ein Flutungsereignis skizziert: Zu Beginn des

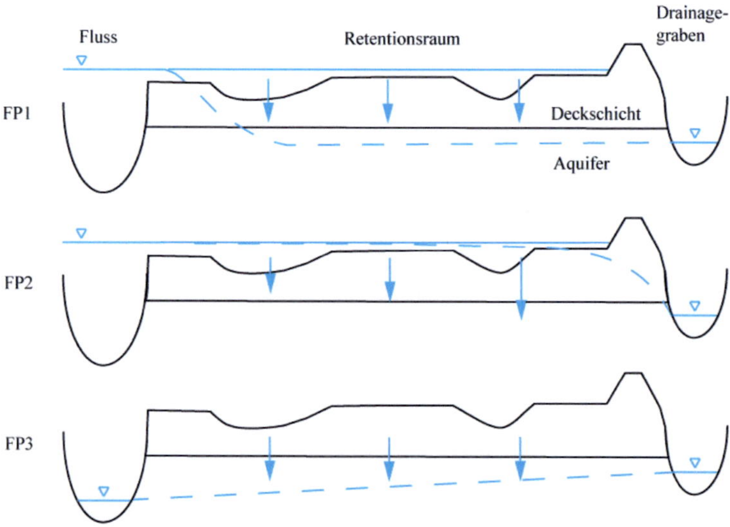

Abbildung 2.2.: Lage des Oberflächenwasserspiegels und der Grundwasserdruckhöhe während der Strömungsphase FP1-FP3

Flutungsereignisses t_f steigt der Wasserspiegel von seinem Ausgangsniveau $H_{f,0}$ auf einen maximalen Wasserstand $H_{f,max}$. Nach Erreichen des Scheitelpunktes fällt der Wasserstand bis zum Zeitpunkt $t_{f,ende}$ wieder auf sein Ausgangsniveau zurück. Der schematische Verlauf der Grundwasserdruckhöhe im Retentionsraum ist darunter dargestellt (Abb. 2.3b). Die Grundwasserdruckhöhe folgt der Wasserstandsganglinie gedämpft. Sie steigt von ihrem Ausgangsniveau $H_{gw,0}$ im Vorland auf eine maximale Druckhöhe $H_{gw,max}$ und fällt dann mit dem sinkenden Flusswasserspiegel wieder auf ihr Ausgangsniveau zurück.

Die Bodenwasserströmung während der Strömungsphase FP1 wird durch die Überstauhöhe an der Bodenoberfläche bestimmt, während die Lage des Grundwasserspiegels die untere Begrenzung des ungesättigten Bereichs der Deckschicht darstellt. Der Beginn der Strömungsphase FP1 (t_{fp1}) tritt ein, wenn während der Auffüllung des Retentionsraums der Wasserspiegel die Geländeoberkante erreicht. Das Ende der Strömungsphase FP1 (t_{fp2}) wird erreicht, wenn der luftgefüllte Porenraum in der Deckschicht durch die Infiltrationsflüsse aufgesättigt wurde. Die Aufsättigungszeit hängt ab von den Infiltrationsraten sowie dem Umfang des auffüllbaren Porenvolumens in der Deckschicht.

Nach Aufsättigung des Porenraums in den Deckschichten des Retentionsraums wird in der Strömungsphase FP2 die Bodenwasserbewegung durch den hydraulischen Gradienten zwischen Oberflächenwasser und Grundwasser gesteuert. Das Ende der Strömungsphase FP2 (t_{fp3}) wird erreicht, wenn der Wasserspiegel im Retentionsraum unter die Höhe der Geländeoberkante fällt.

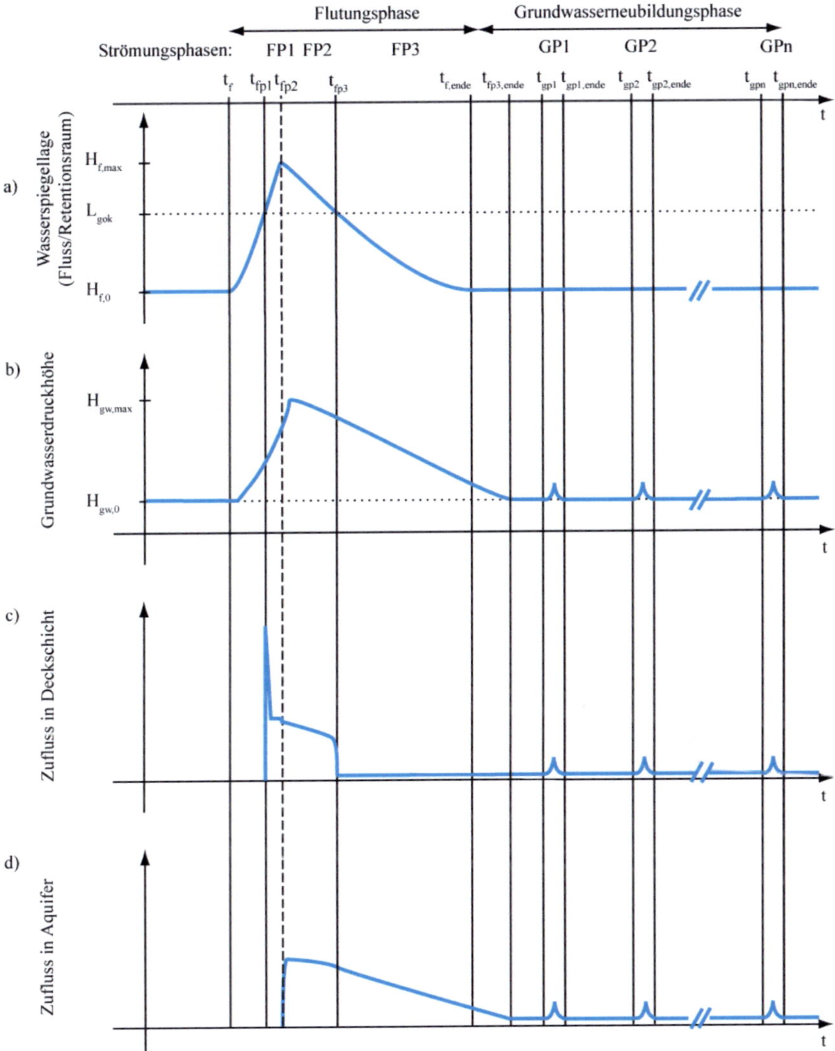

Abbildung 2.3.: Übersicht über den Verlauf der Grundwasserdruckhöhe sowie der Zuflussraten in die Deckschicht und in den Aquifer während eines Hochwasserereignisses (FP) und anschließender Grundwasserneubildungsphase (GP)

In der Strömungsphase FP3 sinkt nach der oberirdischen Entleerung des Retentionsraums mit weiter fallendem Flusswasserspiegel auch der Grundwasserspiegel. Dies führt zu einer Entwässerung des Porenraums in der Deckschicht. Der Beginn der Strömungsphase FP3 entspricht dem Zeitpunkt t_{fp3}. Das Ende der Strömungsphase t_{gp} ist erreicht, wenn der Grundwasserspiegel sein Ausgangsniveau zum Zeitpunkt t_0 ($H_{gw,0}$) wieder erreicht hat.

Im Anschluss an ein Flutungsereignis wird die Bodenwasserströmung durch den Niederschlag, die Evapotranspiration des Bodenwassers sowie die Grundwasserdynamik bestimmt. Die sich hierdurch ergebene mittlere Sickerrate ins Grundwasser wird als Grundwasserneubildung bezeichnet. Ein Nettofluss ins Grundwasser tritt zumeist nur während einzelner größerer Niederschlagsereignisse (GP1 - GPn) auf, so dass das gesamte Grundwasserneubildungsvolumen sich auf einige wenige Zeiträume im Jahr mit erhöhter Sickerrate aufteilt.

Aus dem dargestellten Konzept der Strömungsphasen ergeben sich Konsequenzen für die prognostizierten Volumenflüsse in die Deckschichten und in den Aquifer. Infiltration von Oberflächenwasser findet nur während der Phasen FP1 und FP2 statt. Exfiltration von Bodenwasser in den Aquifer erfolgt nur in der Phase FP2 und FP3 (siehe Abb. 2.3c und d). Durch die dargelegten Strömungsphasen kann eine zeitliche Beschreibung der hydraulischen Randbedingungen innerhalb des Retentionsraum erfolgen. Die hydraulischen Randbedingungen während eines Flutungsereignisses sind jedoch nicht einheitlich innerhalb des Retentionsraums. Hierbei treten Unterschiede im Flusswasserspiegel und der Grundwasserdruckhöhe sowohl in Abhängigkeit von der Höhenlage als auch von der Position innerhalb des Retentionsraums auf:

1. Durch die unterschiedliche Höhenlage variieren die Überstauhöhen und damit das hydraulische Potential an der Bodenoberfläche während der Strömungsphase FP1.

2. Bei durchströmten Retentionsräumen nimmt die Höhe des Flusswasserspiegels in Strömungsrichtung ab.

3. Während der Strömungsphase FP2 ist der Einfluss von Grundwasserhaltungsmaßnahmen am landseitigen Deich (z.B. Drainagegräben) direkt am Deich größer als in deichfernen Bereichen.

4. Während der Strömungsphase FP3 tritt durch Unterschiede in der Lage des Ausgangsgrundwasserspiegels eine stärkere Entwässerung in flussnahen Bereichen als entfernt vom Deich auf.

2.4. Schadstoffbelastung der Gewässer

Das Flusswasser weist je nach Herkunft und Abflusssituation unterschiedliche Gehalte an gelösten und an Schwebstoffen gebundenen Stoffen auf. Diese können natürlichen Ursprungs sein und durch Erosions- und Auswaschungsprozesse über den Niederschlag sowie den ober- und unterirdischen Abfluss in die Flüsse gelangen. Auf der anderen Seite werden durch den Menschen Stoffe in den Wasserkreislauf eingebracht. Die Einträge können eher punktuell erfolgen (z.B. industrielle Einleitungen) oder durch flächenhafte Verwendung

Tabelle 2.1.: Übersicht über die im Jahr 2003 durch die IKSR gemessene Schadstoffbelastung im Rhein an der Station Lauterbourg

Stoff [Einheit]	Lauterbourg	Zielvorgabe IKSR
Blei $[mg\ kg^{-1}]$	36.19	100.00
Cadmium $[mg\ kg^{-1}]$	0.40	1.00
Kupfer $[mg\ kg^{-1}]$	40.75	50.00
Zink $[mg\ kg^{-1}]$	165.31	100.00
Benzo(a)pyren $[\mu g\ l^{-1}]$	< 0.01	0.1
Diuron $[\mu g\ l^{-1}]$	0.02	0.006
γ-HCH $[\mu g\ l^{-1}]$	<0.01	0.002
Isoproturon $[\mu g\ l^{-1}]$	0.02	0.1

der Stoffe zu diffusen Einträgen in die Gewässer führen (z.B. aus der Landwirtschaft). Die Gruppe der anthropogen eingetragenen Stoffe beinhaltet eine unüberschaubare Anzahl von Substanzen, die jeweils entsprechend ihrer Verbreitung und Anwendungsmenge in sehr unterschiedlichen Konzentrationen vorliegen. Einige dieser Stoffe werden durch die Art oder Konzentration des Stoffes als besonders gefährlich für den Menschen oder die Umwelt angesehen und als Schadstoff bezeichnet. Schadstoffe könne aus den unterschiedlichsten Stoffgruppen auftreten. Als Beispiel seien hier die Schwermetalle, chlorierten Kohlenwasserstoffe (CKW) oder polyzyklischen aromatischen Kohlenwasserstoffe (PAK) genannt. In jüngster Zeit rücken zudem auch immer mehr Pharmazeutika in den Mittelpunkt des Interesses, die über das Abwasser in die Umwelt eingebracht werden. Durch die Freisetzung dieser Stoffe kann die Umwelt auf verschiedene Art beeinflusst werden. Die Beeinflussung reicht von der Veränderung der Reproduzierbarkeit einzelner Organismen bis zur Veränderung des ökologischen Gleichgewichts in den Gewässern. Die Wirkung der Schadstoffe auf die Umwelt ist neben der Schadstoffkonzentration von den jeweiligen Stoffeigenschaften abhängig. Eine Gliederung der Stoffeigenschaften ist u.a. hinsichtlich ihrer Bioverfügbarkeit, (öko)toxikologischen Wirkung oder ihres Transportverhaltens in der Umwelt möglich. Wesentlich für die Bewertung der Schadstoffverlagerung innerhalb eines Hochwasserretentionsraums ist das Transportverhalten der Stoffe, dass wesentlich durch ihre Wasserlöslichkeit und Abbaubarkeit beschrieben werden kann.

Zum Schutz des Menschen und der Umwelt wurden durch den Gesetzgeber Grenzwerte für die Schadstoffbelastung in der Umwelt formuliert sowie Maßnahmen initiiert, um die Belastung zu reduzieren. Als Beispiel sei hier die von der Europäischen Gemeinschaft verabschiedete Wasserrahmenrichtlinie genannt (WRRL, 2000), die für alle Oberflächen- und Grundwasserresourcen das Erreichen eines guten ökologischen Gewässerzustands bis zum Jahr 2015 vorschreibt. Durch die Initiativen zum Schutz der Gewässer wurde die Wasserqualität in den deutschen Oberflächengewässern deutlich verbessert. Seit den 70er Jahren wurde durch den Ausbau der Abwasseraufbereitung sowie der Anwendung des Stands der Technik beim Umgang mit wassergefährdenden Stoffen die Gewässerbelastung deutlich reduziert. Durch die Umstellung der Produktionsmethoden der chemischen Industrie in den neuen Bundesländern zu Beginn der 90er Jahre verringerte sich an den Industriestandorten die Schadstoffimmission insbesondere in die Elbe und ihrer Zuflüsse.

Für den Rhein werden durch die Internationale Kommission zum Schutz des Rheins (IKRS) regelmäßig Bestandsaufnahmen der Gewässerqualität im Rhein durchgeführt und eine Liste prioritärer Stoffe veröffentlicht, denen auf Grund ihrer anhaltend hohen Konzentrationen oder ihres Gefährdungspotentials eine besondere Bedeutung zugemessen wird. Diese prioritären Stoffe umfassen u.a. Schwermetalle (Cadmium, Kupfer, Zink, Blei u.a.), Pflanzenschutzmittel (γ-HCH, Isoproturon, Diuron u.a.) und PAK (Benzo(a)pyren) (Tab. 2.1). Je nach Stoffeigenschaften liegen die Schadstoffe vorwiegend gelöst in der Wasserphase oder gebunden an den Schwebstoffen vor. Insbesondere die Gewässersedimente stellen ein Depot für einige schwer lösliche Schadstoffe dar, die vor Jahrzehnten in die Gewässer eingetragen wurden.

Die Veränderung der Schadstoffbelastung während eines Hochwasserereignisses kann vielfältig ausfallen. Durch die verstärkte Wasserführung der Gewässer kann u.a. eine Verdünnung der Schadstoffkonzentration erfolgen. Durch erhöhte Erosion sowie Oberflächenabspülungen nimmt in der Regel jedoch die Schwebstoffkonzentration zu. Des Weiteren können Schwebstoffe auch über die Remobilisierung von Gewässersedimenten verlagert werden. Zusätzliche Schadstoffeinträge können durch Unfälle infolge von Überflutungen, durch Hochwasserentlastung von Regen- und Abwasserrückhaltebecken oder durch den hydraulischen Anschluss von kontaminierten Bereichen im Untergrund erfolgen. Einige Untersuchungen belegen, dass insbesondere in der ansteigenden Hochwasserwelle durch die einsetzende Mobilisierung eine erhöhte Schadstoffbelastung der Gewässer auftritt, die mit fortschreitender Dauer des Hochwasserereignisses durch die Verdünnungseffekte abnimmt. Welche der Aspekte jedoch überwiegen, hängt von der Charakteristik des jeweiligen Einzugsgebietes sowie des jeweiligen Hochwasserereignisses ab.

3. Strömungs- und Transportprozesse in der Bodenzone

3.1. Grundlagen der Bodenwasserströmung

3.1.1. Boden als poröses Medium

Die Bewegung und Speicherung von Wasser im Boden findet ausschließlich im Porenraum statt. Alle hydraulischen Eigenschaften werden durch die Geometrie des Porenraums festgelegt. Das Volumen des Porenraums wird durch die Bodenporosität n als Verhältnis zwischen Volumen der Poren V_p $[L^3]$ und dem Gesamtvolumen des Bodens V_t $[L^3]$ beschrieben, wobei V_t sich aus V_p und dem Volumen der Bodenpartikel V_s $[L^3]$ zusammensetzt.

$$n = \frac{V_p}{V_t} = \frac{V_p}{V_s + V_p} \tag{3.1}$$

Die Porosität eines Bodens hängt von der Dichte des Bodenmaterials, der Form sowie der Korngrößenverteilung der Bodenpartikel ab. Die Kompaktion wird über die Lagerungsdichte ρ_b $[ML^{-3}]$ des Bodens als Quotient zwischen der Bodenmasse M_b [M] und dem Gesamtvolumen des Bodens V_t beschrieben.

$$\rho_b = \frac{M_b}{V_t} \tag{3.2}$$

Die Porosität eines Bodens kann auch aus der Lagerungsdichte ρ_b und der Dichte der Festphase des Bodens, der Korndichte ρ_s $[ML^{-3}]$, berechnet werden:

$$n = 1 - \frac{\rho_b}{\rho_s} \tag{3.3}$$

Die Größe der Bodenpartikel kann je nach Sortierung der Bodenkörner zu einer Vergrösserung oder zu einer Abnahme der Porosität führen. Unter der Annahme, dass die Bodenkörner ähnliche Durchmesser aufweisen, nimmt mit steigender Sortierung die Porosität ab. Der Großteil der in natürlichen Böden vorgefundenen Porositäten liegt im Bereich zwischen 40 und 60% (Kutílek & Nielsen, 1994). Im Mittel nimmt mit abnehmendem mittleren Kornradius die Gesamtporosität zu, während gleichzeitig der mittlere Porenradius abnimmt. Je nach Verbindung oder Konnektivität der Poren kann zudem nur ein Teil des Porenraums, die effektive Porosität n_{eff}, vom Bodenwasser durchflossen werden. Das Verhältnis zwischen der Porenlänge und der durch eine Pore überwundenen Distanz in eine Raumrichtung wird als Tortuosität bezeichnet τ $[-]$.

In der Bodenkunde unterscheidet man je nach Entstehung des Porenraums zwischen primärer und sekundärer Porosität. Die primäre Porosität wird durch die Hohlräume zwischen den Bodenpartikeln gebildet. Die sekundäre Porosität, auch Makroporen genannt, kann zum einen durch biologische Aktivität (ehemalige Wurzelgänge und Wurmröhren etc.) zum anderen durch Schwell- und Schrumpfvorgänge als Grenzflächen zwischen Bodenaggregaten entstehen. Die Durchmesser der Hohlräume der sekundären Porosität sind in der Regel deutlich größer. Ihr Anteil an der Porosität ist jedoch zumeist geringer als bei der primären Porosität. Die Porengrößenverteilung eines Bodens beschreibt die Wahrscheinlichkeitsverteilung der Porenradien in einem Boden. Ohne sekundäre Porosität ist diese Verteilung unimodal, d.h. die Verteilungsfunktion weist nur ein Maximum auf. Mit dem Auftreten von sekundärer Porosität wird häufig eine zwei- oder mehrgipfelige Porengrößenverteilung angetroffen mit weiteren Maxima im Bereich der sekundären Porosität.

Je nach Wahl des Betrachtungsauschnitts des Bodengefüges können sehr unterschiedliche Porositäten vorgefunden werden. Zur Beschreibung der Wasserströmung in diesem porösen Medium muss die Skala auf der die Strömung beschrieben wird mit der Skala, auf der die Porosität bestimmt wurde, übereinstimmen. Nach BEAR (1979) nimmt die Schwankungsbreite der Porosität mit zunehmender Betrachtungsskala ab. Das Volumen, ab dem sich eine konstante Porosität einstellt, wird als repräsentatives Elementarvolumen (REV) bezeichnet.

Die primären Bodenpartikel können hinsichtlich ihrer Korndurchmesser d $[L]$ klassifiziert werden. In der Klassifikation nach DIN 4220 (2005) erfolgt die Einteilung der Bodenart nach Tonen ($< 2\mu m$), Schluffen (2-63 μm) und Sanden (63-2000 μm). Bodenpartikel größer 2000 μm werden als Bodenskelett bezeichnet. Die weitverbreitete amerikanische Klassifikation (USDA, 1998) verwendet eine sehr ähnliche Einteilung (clay, silt, sand). Die Unterscheidung zwischen Ton (clay) und Schluff (silt) wird hier bei 50 μm gezogen.

Natürliche Böden sind meist eine Mischung aus den genannten Kornfraktionen. Im Klassifikationsystem der Bodenkartieranleitung (AG BODEN, 2005) werden je nach Ton-, Schluff- und Sandanteil insgesamt 31 Texturklassen unterschieden (Abb. 3.1), die jeweils einer von 4 Bodenartenhauptgruppen (Tone, Lehme, Schluffe und Sande) zugeordnet werden. Die Bodenart Reinsand (SS) kann zudem weiter in Fein- bis Grobsand (fS-gS) sowie Kiese (G) unterteilt werden. Im amerikanischen Klassifikationssystem werden 12 Texturklassen aufgeführt.

Eine Zuordnung der einzelnen Bodenarten zwischen den beiden Klassifikationssystemen kann nicht immer eindeutig erfolgen. In Anhang A (Tab. A.1) wurden den einzelnen Bodenarten des Klassifikationssystem nach AG BODEN (2005) die USDA-Texturklassen zugeordnet, die die größte Überschneidung der Texturanteile aufweist.

Der Wassergehalt θ $[-]$ eines Bodens wird zumeist als Anteil des Bodenwasservolumens an V_t beschrieben (volumetrischer Wassergehalt).

$$\theta = \frac{V_w}{V_t} \tag{3.4}$$

Neben dem volumetrischen Wassergehalt kann der Wassergehalt auch als Anteil des Bodenwassergewichts am Gesamtgewicht des Bodens berechnet werden (gravimetrischer Wassergehalt). Im Folgenden wird θ mit dem volumetrischen Wassergehalt gleichgesetzt.

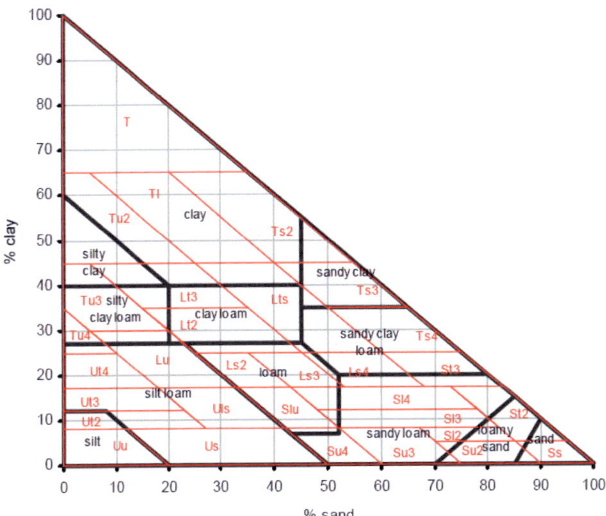

Abbildung 3.1.: Vergleich der Texturklassen nach DIN 4220 (2005) (rot) und USDA Nomenklatur (schwarz) (KROISS ET AL., 2006)

3.1.2. Strömung unter wassergesättigten Bedingungen

Um die Wasserbewegung in jeder einzelnen Pore beschreiben zu können, fehlt im Allgemeinen die detaillierte Kenntnis der Porenraumgeometrie. Ersatzweise wird die makroskopische Strömung über den gesamten Strömungsquerschnitt eines REV berechnet. Nach DARCY (1856) besteht hierbei ein linearer Zusammenhang zwischen dem auf den Strömungsquerschnitt bezogenen spezifischen Durchfluss durch ein poröses Medium q $[LT^{-1}]$ und der Änderung (Gradient) des hydraulischen Potentials in Fließrichtung ∇H $[-]$.

$$q \propto \nabla H \tag{3.5}$$

$q = (q_x, q_y, q_z)$ ist der Vektor des spezifischen Flusses in die drei Raumrichtungen. ∇H entspricht der räumlichen Änderung $(\partial H/\partial x, \partial H/\partial y, \partial H/\partial z)$ des hydraulischen Potentials. Das hydraulische Potential H $[L]$ beschreibt den Energiezustand des Wassers an einem Ort im durchströmten Medium. Es stellt die Summe aller Teilpotentiale dar, die durch die Kräfte im Boden auf das Wasser wirken. Unter Vernachlässigung des kinetischen Potentials des strömenden Wassers und anderer schwacher Teilpotentiale kann das Gesamtpotential im Boden durch das Gravitationspotential z $[L]$ und das Druckpotential h $[L]$ beschrieben werden. Potentiale besitzen die Dimension einer Energie. In der Hydromechanik wird der Energiezustand der Potentiale im Allgemeinen auf das spezifische Gewicht des Wassers

$\rho_w g\ [ML^{-2}T^{-2}]$ bezogen, wodurch sich die Dimension einer Länge ergibt.

$$H = \frac{p}{\rho_w g} + \frac{\rho_w g z}{\rho_w g} = h + z \tag{3.6}$$

Für den dreidimensionalen Fall folgt mit dem Gesetz nach DARCY (1856) für den spezifischen Fluss:

$$\boldsymbol{q} = -\boldsymbol{k}\nabla H \tag{3.7}$$

Die Proportionalitätskonstante in dieser Beziehung ist die hydraulische Leitfähigkeit $\boldsymbol{k}$ $[LT^{-1}]$ des Bodens. Im dreidimensionalen Fall ist $\boldsymbol{k}$ ein Tensor zur Berücksichtigung von Anisotropien der hydraulischen Leitfähigkeit in die drei Raumrichtungen. Im Boden ist durch den Einfluss der Gravitation die Bodenwasserbewegung überwiegend vertikal, so dass die Strömungsvorgänge vereinfacht in der eindimensionalen Betrachtungsweise dargestellt werden können. Hierbei sind der spezifische Fluss q sowie die hydraulische Leitfähigkeit k skalare Größen.

$$q = -k\frac{\partial H}{\partial z} \tag{3.8}$$

Mit Zunahme des spezifischen Durchflusses weicht die Beziehung zwischen q und $\partial H/\partial z$ von dem in Gleichung 3.8 beschriebenen Zusammenhang ab. Die Gültigkeit des Darcy-Gesetzes hängt somit vom Fließregime ab. Zur Definition des Strömungszustands wird die Reynoldszahl Re verwendet, die das Verhältnis zwischen Trägheits- und Reibungskräften darstellt:

$$Re = \frac{q4R_h}{\nu} \tag{3.9}$$

$R_h\ [L]$ ist der hydraulische Radius, der als Quotient zwischen Fläche und Umfang des durchströmten Querschnitts definiert ist. Bei niedrigen Reynoldszahlen dominieren die Reibungskräfte gegenüber den Trägheitskräften. Dieses Regime wird als laminare Strömung bezeichnet. Mit steigender spezifischer Flussrate können die Trägheitskräfte überwiegen, womit sich ein turbulentes Fließregime einstellt. Die Gültigkeit des Darcy-Gesetzes ist auf die laminare Strömung beschränkt, die im Allgemeinen bis zu einer Reynoldszahl von Re=10 angenommen wird (BEAR, 1979).

Zur Berechnung der Porenwassergeschwindigkeit v_{sw}, mit der das Wasser sich im Porenraum bewegt, wird der spezifische Fluss q durch die wassergefüllte Porosität (entspricht dem Wassergehalt θ) geteilt.

$$v_{sw} = \frac{q}{\theta} \tag{3.10}$$

Zur Beschreibung der eindimensionalen Strömungsgeschwindigkeit $v_{sw}\ [LT^{-1}]$ z.B. in vertikale Richtung (z-Achse) in einer Bodenpore kann die Gleichung nach Hagen-Poiseuille verwendet werden:

$$v_{sw} = \frac{gr^2}{8\nu}\frac{\partial H}{\partial z} \tag{3.11}$$

Hierbei ist $r\ [L]$ der Porenradius, $g\ [LT^{-2}]$ die Erdbeschleunigung und $\nu\ [ML^{-2}T^{-2}]$ die kinematische Viskosität des Wassers. In Gleichung 3.7 wurde die hydraulische Leitfähigkeit als Proportionalitätskonstante zwischen dem spezifischen Durchfluss und dem hydraulischen Gradienten eingeführt. Durch Vergleich zwischen dem Darcy-Gesetz und dem Gesetz nach Hagen-Poiseuille (Gl. 3.11) folgt für die hydraulische Leitfähigkeit in einer Bodenpore:

$$k = \frac{gr^2}{8\nu} \tag{3.12}$$

In der hydraulischen Leitfähigkeit sind demnach sowohl die hydraulischen Eigenschaften des Bodens als auch die Eigenschaften des den Boden durchströmenden Fluids und der Gravitation zusammengefasst. Die hydraulische Leitfähigkeit des Bodens setzt sich aus der Permeabilität k_0 $[L^2]$ zur Beschreibung der hydraulischen Eigenschaften des Bodens, sowie der hydraulischen Eigenschaft des Fluids zusammen, die durch ihre kinematische Viskosität charakterisiert wird.

$$k = k_0 \frac{g}{\nu} \tag{3.13}$$

Zur Beschreibung der mittleren Leitfähigkeitseigenschaften von durchströmten geschichteten Böden kann eine effektive Leitfähigkeit k_{eff} verwendet werden. Bei horizontaler Lagerung von N Bodenhorizonten ergibt sich k_{eff} aus dem mit der Horizontmächtigkeit m_i gewichteten harmonischen Mittelwert der Einzelleitfähigkeiten k_i der N Bodenhorizonte:

$$k_{eff} = \frac{\sum\limits_{i=1}^{i=N} m_i}{\sum\limits_{i=1}^{i=N} \frac{m_i}{k_i}} \tag{3.14}$$

Liegen N Bereiche mit unterschiedlicher Leitfähigkeit in einem Bodenprofil senkrecht nebeneinander, ergibt sich die effektive Gesamtleitfähigkeit aus dem nach der Querschnittsfläche A_i gewichteten arithmetischen Mittelwert der Einzelleitfähigkeiten:

$$k_{eff} = \sum\limits_{i=1}^{i=N} A_i k_i \tag{3.15}$$

Neben den Fließgesetzen wird zur Beschreibung der Wasserbewegung im porösen Medium die Kontinuitätsgleichung benötigt, um das Prinzip der Massenerhaltung zu berücksichtigen. Unter der Annahme, dass das Fluid als inkompressibel angesehen werden kann, entspricht die Massenerhaltung der Volumenerhaltung, so dass die Massenbilanz für den Wassergehalt aufgestellt werden kann.

$$\frac{\partial \theta}{\partial t} = -\frac{\partial q}{\partial z} + S_0' \tag{3.16}$$

Hierbei entspricht die Änderung des Wassergehalts mit der Zeit im betrachteten Kontrollvolumen der Divergenz der Flüsse über die Ränder des Kontrollvolumens zuzüglich eines Terms zur Berücksichtigung der Quellen- oder Senken im Kontrollvolumen S_0' $[T^{-1}]$. Im wassergesättigten Bereich erfolgt die Speicheränderung durch Änderung des Speichervolumens insbesondere durch Änderung der wassererfüllten Mächtigkeit eines Grundwasserleiters (ungespannter Aquifer). Die auf der linken Seite der Gleichung 3.16 dargestellte Speicheränderung kann auch in Abhängigkeit einer Potentialänderung beschrieben werden. Hierbei wird ein spezifischer Speicherkoeffizient $S_s'(H)$ $[L^{-1}]$ eingeführt, der die Änderung des Speichervolumens pro Änderung der hydraulischen Druckhöhe beschreibt.

$$S_s'(H)\frac{\partial}{\partial t}(h + z) = -\frac{\partial q}{\partial z} + S_0' \tag{3.17}$$

Im Grundwasser überwiegt im Gegensatz zur Bodenzone die Strömung in horizontale (x) Richtung. Zur Beschreibung der Grundwasserströmung kann Gleichung 3.17 vereinfacht werden. Häufig wird hierbei die Annahme getroffen, dass die vertikale Strömung im Aquifer gegenüber der horizontalen Strömung vernachlässigbar ist, und das Grundwasserdruckhöhenunterschiede im Aquifer gering sind im Vergleich zur wassererfüllten Mächtigkeit m_{aqu} (Dupuit-Annahmen). Unter Verwendung der Transmissivität $T_{aqu}\,[L^2T^{-1}]$ als Produkt der wassererfüllten Mächtigkeit und der hydraulischen Leitfähigkeit folgt damit die sogenannte Boussinesq-Gleichung:

$$S_s\frac{\partial H}{\partial t} = \frac{\partial}{\partial x}\left(T_{aqu}\frac{\partial H}{\partial x}\right) + S_0 \qquad (3.18)$$

$S_s\,[-]$ ist hierbei der Speicherkoeffizient des Aquifers. Der spezifische Quell- und Senkenterm $S_0\,[LT^{-1}]$ kann hierbei z.B. den Zufluss in das Grundwasser aus Niederschlag beschreiben.

Die Berechnung von Strömungsprozessen im Boden kann zum einen durch direkte Lösung der jeweiligen Differentialgleichungen oder durch numerische Verfahren (Finite Differenzen, Finite Elemente u.a.) erfolgen. Für beide Methoden müssen Randbedingungen zur Lösung der Differentialgleichungen angegeben werden. Drei Typen von Randbedingungen können hierbei unterschieden werden. Über eine Randbedingung der 1. Art (Dirichlet-Randbedingung) wird eine der unbekannten Variablen (z.B. das hydraulische Potential) auf einem Randabschnitt vorgegeben. Bei der Randbedingung der 2. Art (Neumann-Randbedingung) wird für einen Randabschnitt die räumliche Ableitung (z.B. hydraulischer Gradient) einer unbekannten Variablen vorgegeben. Bei der Randbedingung der 3. Art (Cauchy-Randbedingung) wird sowohl der Wert als auch die Ableitung einer unbekannten Variablen vorgegeben. Zur Beschreibung instationärer Strömungsvorgänge (d.h. die unbekannte Variable ändert sich über die Zeit) muss neben einer Randbedingung auch der Anfangszustand der unbekannten Größe beschrieben sein.

Für einfache Strömungsverhältnisse können analytische Lösungen für die zugrundeliegenden Differentialgleichungen gefunden werden. Diese bieten den Vorteil, dass die Lösungen kontinuierlich über die Zeit sowie in Strömungsrichtung vorliegen. Der Berechnungsvorgang der gesuchten Größe erfolgt zudem meist schneller und ist nicht den Instabilitäten unterworfen, die bei numerischen Verfahren auftreten können. Den numerischen Verfahren liegt die räumliche Diskretisierung des Modellgebiets und die Diskretisierung der Simulationszeit zugrunde. Die räumlichen Einheiten werden als Kontrollvolumen verwendet, über die für jeden Zeitschritt die Massenflüsse bilanziert werden. Die gesuchten Größen für jedes Kontrollvolumen werden durch iterative Lösung der Gleichungssysteme bestimmt. Durch dieses Vorgehen kann ein breites Spektrum von Strömungsproblemen gelöst werden, wobei mit steigender Komplexität auch die Berechnungsdauer zunimmt und die Berechnungsverfahren in der Regel instabiler werden.

Je nach Anwendungsfall wurden für Gleichung 3.18 unterschiedliche analytische Lösungen entwickelt. Von WORKMAN ET AL. (1997) und SERRANO & WORKMAN (1998) wurde ein Verfahren vorgestellt, um die instationäre Grundwasserdruckhöhenverteilung im Flussvorland in Abhängigkeit des Flusswasserstands zu beschreiben (Abb. 3.2). Die linke Randbedingung stellt die Flusswasserspiegellage H_f dar. Die rechte Randbedingung in der

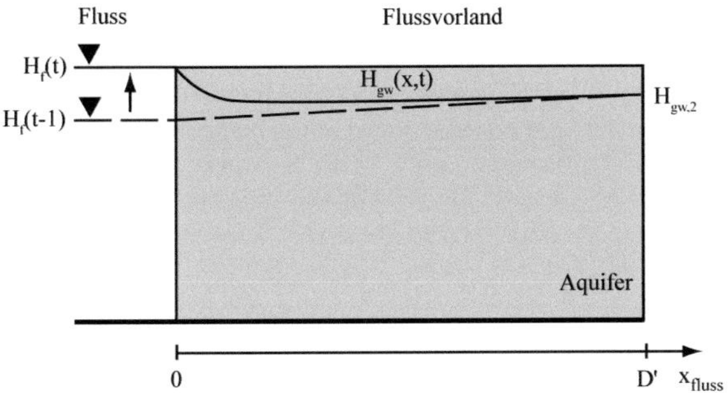

Abbildung 3.2.: Randbedingungen für analytische Lösung nach WORKMAN ET AL. (1997)

Entfernung D' zum Fluss wird durch die Grundwasserdrucköhe $H_{gw,2}$ gebildet. Während H_f sich über die Berechnungszeit ändert, wird $H_{gw,2}$ konstant gehalten. Zur Berechnung der Grundwasserdruckhöhe $H_{gw}(x,t)$ wird diese in einen stationären $B_s(x,t)$ $[L]$ und instationären Anteil $B_i(x,t)$ $[L]$ für den jeweiligen Zeitschritt aufgeteilt. $B_s(x,t)$ stellt die mit Hilfe des Flusswasserspiegels aus dem vorherigen Zeitschritt berechnete stationäre Lösung dar und wird unter Berücksichtigung der Grundwasserneubildung q_{gwn} $[LT^{-1}]$ sowie der Aquifertransmissivität T_{aqu} für eine gegebene Entfernung zum Fluss x_{fluss} berechnet (Gl. 3.19). Der instationäre Anteil $B_i(x,t)$ kann weiter in die Anteile $B_{i1}(x,t)$ $[L]$, $B_{i2}(x,t)$ $[L]$ und $B_{i3}(x,t)$ $[L]$ aufgeteilt werden, die unter Verwendung des Speicherkoeffizienten des Aquifers S_{aqu} berechnet werden (Gl. 3.19).

$$B_s(x,t) = -\frac{q_{gwn}}{2T_{aqu}}x_{fluss}^2 + \frac{q_{gwn}D'}{2T_{aqu}}x_{fluss} + \frac{H_{gw,2} - H_f(t-1)}{D'}x_{fluss} + H_f(t-1)$$

$$B_{i1}(x,t) = (H_f(t) - H_f(t-1))\frac{D' - x_{fluss}}{D'}$$

$$B_{i2}(x,t) = \sum_{i=0}^{\infty}\left[\frac{2}{D'}\int_0^D (H_f(\zeta, t-1) - B_s(\zeta,t))sin\left(\frac{i\pi}{D'}\zeta\right)d\zeta\right] \qquad (3.19)$$

$$\cdot sin\left(\frac{i\pi}{D'}x_{fluss}\right)e^{-\frac{i^2\pi^2 T_{aqu}}{D'^2 S_{aqu}}}$$

$$B_{i3}(x,t) = \sum_{i=1}^{\infty}\frac{2S_{aqu}(H_f(t) - H_f(t-1))^2}{T_{aqu}i^3\pi^3}sin\left(\frac{i\pi x_{fluss}}{D'}\right)\left(e^{-\frac{i^2\pi^2 T_{aqu}}{D'^2 S_{aqu}}} - 1\right)$$

Zur Lösung der Integrale in Gleichung 3.19 können wie auch für folgende Integrale numerisch Verfahren verwendet werden (MEYBERG & VACHENAUER, 1999). Die Grundwasserdruckhöhe zum Zeitpunkt t berechnet sich durch Addition der einzelnen Terme:

$$H_{gw}(x,t) = B_s(x,t) + B_{i1}(x,t) + B_{i2}(x,t) + B_{i3}(x,t) \qquad (3.20)$$

In Abbildung 3.3 sind für einen Flusswasseranstieg von 5 m in 5 Tagen zu verschiedenen Zeitpunkten die mit den Gleichungen 3.19 berechneten Grundwasserprofile im Vorland des Flusses dargestellt. Die Reaktion der Grundwasserdruckhöhe ändert sich mit der Entfernung zum Vorfluter. Mit zunehmendem Abstand zum Vorfluter verzögert sich der Anstieg der Grundwasserdruckhöhe. Zum Vergleich wurde die Veränderung der Grundwasserdruckhöhe auch mit dem numerischen Grundwassermodell MODFLOW berechnet (HARBAUGH ET AL., 2000). Bis auf geringe Abweichungen, die z.T. durch die räumliche Diskretisierung hervorgerufen wurden, sind die berechneten Druckhöhen identisch.

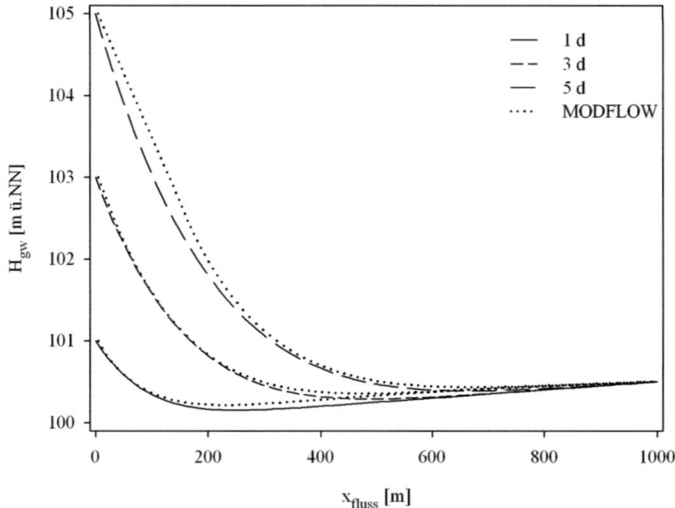

Abbildung 3.3.: Berechnete Grundwasserdruckhöhen für ein Hochwasserereignis nach WORKMAN ET AL. (1997): $H_f(t = 0) = 100\ m$, $H_f(t = 5d) = 105\ m$, $H_{gw,2} = 100.5\ m$, $D' = 1000m$ und $q_{gwn} = 50\ m^3 m^{-2} a^{-1}$, Aquiferparameter: $T_{aqu} = 0.03\ m^2 s^{-1}$, $S_{aqu} = 5 \cdot 10^{-4}\ s^{-1}$

Mit Hilfe der Gleichungen 3.19 kann auch die Änderung der Druckhöhe im Aquifer bei fallendem Flusswasserstand berechnet werden. In Abbildung 3.4 ist die Zeitreihe der Grundwasserdruckhöhe im Aquifer für drei verschiedene Entfernungen zum Fluss dargestellt. Hierbei wurde angenommen, dass der Flusswasserspiegel von $H_f = 101\ m$ auf $H_f = 100\ m$ innerhalb von 30 Tagen absinkt. Die Druckhöhe $H_{gw,2}$ entspricht dem Wert aus dem obigen Beispiel (Abb. 3.3). Die Kurven verlaufen weitestgehend linear, so dass von einer gleichmäßigen Sinkgeschwindigkeit des Grundwassers ausgegangen werden kann. In der Nähe der rechten Randbedingung ($x_{fluss} = 750\ m$) wird durch den größeren Gradienten zwischen Grundwasserdruckhöhe im Retentionsraum H_f und $H_{gw,2}$ kurzzeitig eine höhere

Absinkgeschwindigkeit erreicht. Im weiteren Verlauf stellt sich jedoch auch in diesem Bereich eine weitestgehend lineare Abnahme der Grundwasserdruckhöhe ein.

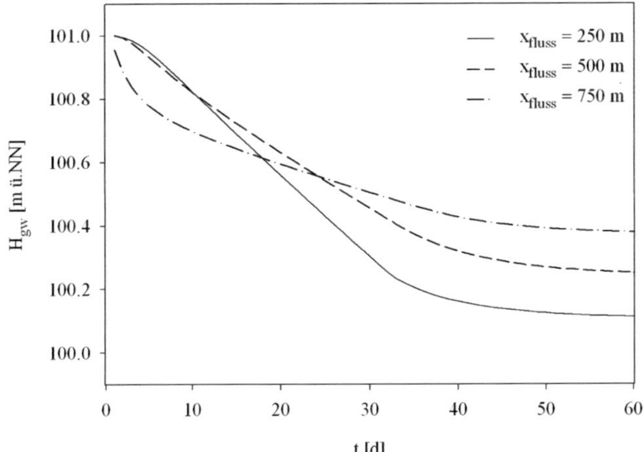

Abbildung 3.4.: Änderung der Grundwasserdruckhöhe mit sinkendem Flusswasserstand für verschiedene Entfernungen zum Fluss (nach WORKMAN ET AL. (1997))

Eine weitere Anwendung der Boussinesq Gleichung (Gl. 3.18) stellt die Beschreibung der Strömung in einem gespannten Aquifer dar, der durch eine gering durchlässige Schicht von einem darüberliegenden gefluteten Hochwasserretentionsraum getrennt ist (Abb. 3.5). Hierbei ist H_f die Wasserspiegellage im gefluteten Retentionsraum. $H_{gw,drain}$ ist die Grundwasserdruckhöhe, die während der Flutung des Retentionsraum bei $x_{fluss} = D$ auftritt. Unter Berücksichtigung des vertikalen Zuflusses über die Leakage-Schicht in den Grundwasserleiter sowie der Annahme von stationären Randbedingungen für H_f und $H_{gw,drain}$ folgt für die Druckhöhenverteilung in Abhängigkeit von der Entfernung zum landseitigen Deich x_{deich}:

$$\frac{\partial^2 H_{gw}}{\partial x_{deich}^2} + \frac{H_f - H_{gw}}{\lambda_{aqu}^2} = 0 \qquad (3.21)$$

Der Parameter λ_{aqu} $[L]$ wird als Leakage-Parameter bezeichnet. Er ist eine Kenngröße des Grundwasserleiters und setzt die Eigenschaften der teildurchlässigen Schicht (Leakage-Schicht) in Relation zu den Eigenschaften des Aquifers.

$$\lambda_{aqu} = \sqrt{\frac{k_{aqu} m_{aqu} m_{ds}}{k_{ds}}} \qquad (3.22)$$

Hierbei ist m_{ds} und k_{ds} die Mächtigkeit und hydraulische Leitfähigkeit der Deckschicht.

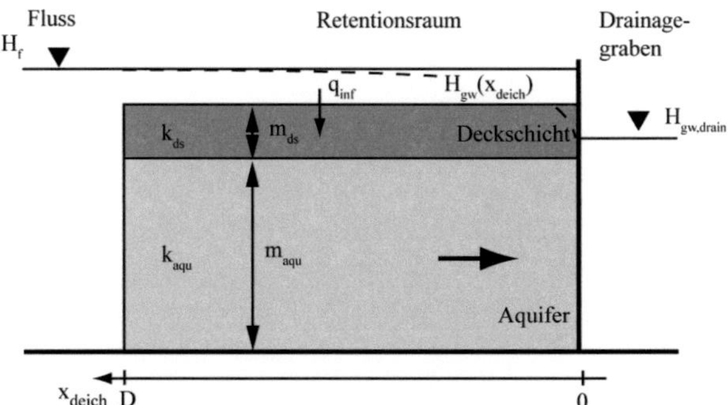

Abbildung 3.5.: Randbedingungen und Untergrundparameter zur Berechnung der Infiltrationsrate in die Deckschicht ($q_{inf,fp2}$) mit dem Leaky-Aquifer Ansatz

Die Lösung der Differentialgleichung 3.21 mit den in Abbildung 3.5 dargestellten Randbedingungen lautet:

$$H_{gw}(x_{deich}) = H_f + (H_{gw,drain} - H_f)\frac{sinh\left(\dfrac{D - x_{deich}}{\lambda_{aqu}}\right)}{sinh\left(\dfrac{D}{\lambda_{aqu}}\right)} \qquad (3.23)$$

Für die Annahme, dass die Breite des Retentionsraums so groß ist, dass lokal der Einfluss der linken Randbedingung vernachlässigt werden kann ($D \rightarrow \infty$) vereinfacht sich
Gleichung 3.23:

$$H_{gw}(x_{deich}) = H_f + (H_{gw,drain} - H_f)e^{\frac{x_{deich}}{\lambda_{aqu}}} \qquad (3.24)$$

In Abbildung 3.6 sind für unterschiedliche Werte von λ_{aqu} die berechneten Grundwasserprofile $H_{gw}(x)$ in einem Retentionsraum dargestellt. Hierbei liegt die landseitige Begrenzung des Retentionsraum bei $x_{deich} = 0\ m$. Der Fluss liegt in der Entfernung $x_{deich} =$
D vom landseitigen Deich. Die Druckhöhe nimmt annähernd exponentiell von $H_{gw} =$
$H_{gw,drain}$ am landseitigen Deich auf $H_{gw} = H_f$ am Fluss zu. Mit größeren Werten von
λ_{aqu} (z.B. kleinere Werte von k_{ds}) werden niedrigere Druckhöhen im Aquifer innerhalb
des Retentionsraums berechnet. Zudem ist der Verlauf des Druckhöhenprofils im Aquifer
innerhalb des Retentionsraum flacher, womit die Reichweite der Druckabnahme vergrößert
wird. Die mit dem Modell MODFLOW berechneten Druckhöhenprofile zeigen einen sehr
ähnlichen Verlauf. Mit größeren Werte für λ_{aqu} nehmen die Unterschiede zwischen den
analytisch und numerisch berechneten Druckhöhen zu. Dies kann zum einen auf dem Einfluss der Diskretisierung beim numerischen Modell als auch auf der Unterschätzung der
lateralen Fließkomponente bei der analytischen Lösung beruhen.

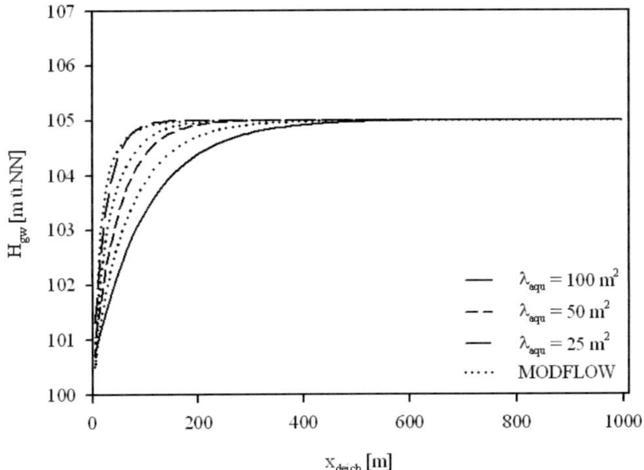

Abbildung 3.6.: Vergleich des analytisch und numerisch berechneten Grundwasser-druckhöhenprofils $H_{gw}(x)$ in Abhängigkeit von der Deckschichtleitfähigkeit (k_{ds}) $(m_{ds}=3.00$ m, $k_{aqu} = 5.00 \cdot 10^{-4}$ ms^{-1}, $m_{aqu}=50$ m, $H_{gw,drain}=105.50$ m ü.NN, $H_f=105.00$ m ü.NN)

3.1.3. Strömung unter variabel gesättigten Bedingungen

Unter wasserungesättigten Bedingungen tritt neben der Wasser- und Festphase die Gasphase der Bodenluft im Boden auf. Der Begriff des hydraulischen Potentials für die Wasserströmung im ungesättigten Boden wurde zuerst von BUCKINGHAM (1907) eingeführt. Das Druckpotential h (Gl. 3.6) weist durch die Kapillarkräfte in den Bodenporen negative Drücke auf. In diesem Fall wird das Druckpotential als Matrixpotential φ $[L]$ bezeichnet. Es umfasst die Kapillar- und Adsorptionskräfte, die von der Festsubstanz auf das Wasser im Boden ausgeübt werden. Der Betrag des Matrixpotentials wird auch als Saugspannung bezeichnet. Die Kapillarkräfte treten durch die Wechselwirkungen an den Grenzflächen zwischen Flüssig-, Fest- und Gasphase im Boden auf und führen zur Bildung von konkav gekrümmten Menisken zwischen Wasser- und Gasphase. Die Adsorptionskräfte entstehen durch elektrostatische Kräfte zwischen den Wassermolekülen und der Bodenoberfläche. Die Reichweite dieser Kräfte ist auf einen dünnen Wasserfilm an der Kornoberfläche beschränkt, so dass für die durchschnittliche Porenweite im Boden der Einfluss der Kapillarkräfte auf das Matrixpotential überwiegt.

Wird vereinfacht der Porenraum im Boden durch ein System unverbundener, zylindrischer Hohlräume beschrieben, ist das Matrixpotential umgekehrt proportional zum Äquivalentradius dieser Hohlräume, das heißt, die Kapillarkräfte nehmen im Boden mit abnehmendem Porenradius zu. Der Boden kann gegen äußere Einflüsse (z.B. die Schwerkraft) das Porenwasser nur bis zur Kapillarkraft in den jeweiligen Bodenporen halten, so dass der Wassergehalt im Boden mit Zunahme der von außen auf den Boden wirkenden Kräfte abnimmt. Durch die ungleichmäßige Verteilung der Porenradien im Boden entsteht ein nichtlinearer Zusammenhang $\varphi(\theta)$ zwischen Wassergehalt θ und den Druckverhältnissen im Porenwasser φ, der als Retentionsbeziehung des Bodens bezeichnet wird. In der Vergangenheit wurden eine Reihe von Beschreibungen der Retentionsfunktionen entwickelt (BUCKINGHAM, 1907; BROOKS & COREY, 1964; VAN GENUCHTEN, 1980). Besondere Verbreitung hat bis heute das in VAN GENUCHTEN (1980) beschriebene Modell der Retentionsbeziehung:

$$\theta = \theta_r + \frac{(\theta_s - \theta_r)}{[1 + (\alpha_{vg}|\varphi|)^{n_{vg}}]^{m_{vg}}} \tag{3.25}$$

θ_r ist der Residualwassergehalt im Boden, der durch Verringerung des Matrixpotentials nicht weiter reduziert werden kann, da das Wasser in Form von Adsorptionswasser oder isolierten Tropfen vorliegt. θ_s stellt den Sättigungswassergehalt dar und wird daher zumeist mit der Porosität des Bodens gleichgesetzt. Die Parameter α_{vg} $[L^{-1}]$, n_{vg} $[-]$ und m_{vg} $[-]$ werden als Van Genuchten Parameter bezeichnet und sind charakteristische Eigenschaften der Porengrößenverteilung eines Bodens. α_{vg} entspricht der Lage des Maximums der Porengrößenverteilung. Der Kehrwert von α_{vg} entspricht in etwa dem Matrixpotential beim Lufteintrittspunkt des Bodens, also dem Matrixpotential, bis zu dem der Boden wassergesättigt bleibt. Die Parameter n_{vg} und m_{vg} charakterisieren die Weite der Porengrößenverteilung. n_{vg} und m_{vg} werden zumeist durch folgende Gleichung in Beziehung gesetzt:

$$m_{vg} = 1 - \frac{1}{n_{vg}} \tag{3.26}$$

Häufig wird bei der Messung der Retentionsbeziehung ein Unterschied festgestellt, je nachdem, ob eine Be- oder Entwässerung des Bodens erfolgt (Hysterese). Die Beschreibung dieses Verhaltens erfolgt zumeist über unterschiedliche Parameter der Retentionsbeziehung für den Be- und Entwässerungsvorgang.

Mit abnehmendem Wassergehalt im Boden nimmt auch die hydraulische Leitfähigkeit ab, da der für die Strömung zur Verfügung stehende Querschnitt reduziert wird und die Radien der noch wassergesättigten Bodenporen abnehmen. MUALEM (1976) entwickelte unter Verwendung des Matrixpotentials φ eine Funktion zur Beschreibung der Matrixpotential-Leitfähigkeitsbeziehung $k(\varphi)$ bei bekannter Retentionsbeziehung des Bodens. Aufbauend auf dieser Beziehung und unter Verwendung der Gleichung 3.25 und 3.26 entwickelte VAN GENUCHTEN (1980) eine Beschreibung der hydraulischen Leitfähigkeit von Böden unter wasserungesättigten Verhältnissen:

$$k(\varphi) = k_s \left[(1 + |\alpha_{vg}\varphi|^{n_{vg}})^{-m_{vg}\gamma_{vg}} \right] \cdot \left\{ 1 - \left[1 - (1 + |\alpha_{vg}\varphi|^{n_{vg}})^{-1} \right]^{m_{vg}} \right\}^2 \tag{3.27}$$

Der Parameter k_s beschreibt die hydraulische Leitfähigkeit bei Wassersättigung. Der dimensionslose Parameter γ_{vg} $[-]$ beschreibt die Abweichung vom idealen Porensystems (senkrecht verlaufende zylindrische Poren) durch Krümmung (Tortuosität) und Vernetzung (Konnektivität) der Bodenporen. MUALEM (1976) schlug für γ_{vg} einen konstanten Wert von 0.5 vor.

Die Bestimmung der hydraulischen Eigenschaften von Böden kann direkt durch Feldmessungen oder an Bodenproben im Labor erfolgen. KLUTE (1986) gibt einen umfassenden Überblick über gängige Labor- und Freilandmethoden. Der Literatur können Zusammenstellungen von hydraulischen Parametern für verschiedene Bodenarten entnommen werden, die auf der Basis von experimentell erhobenen Daten erstellt wurden. Zum einen sind Regressionsgleichungen („Pedotransferfunktionen") verfügbar, um schwer zugängliche Bodenparameter aus Größen abzuleiten, die mit geringerem Aufwand bestimmt werden können (z.B. Textur, Lagerungsdichte etc.). Einen Überblick über die Pedotransferfunktionen gibt SCHÄFER (1999). Darüber hinaus können der Literatur Tabellen entnommen werden, in denen je Bodenart hydraulische Parameter angegeben werden (CARSEL & PARRISH, 1988). CARSEL & PARRISH (1988) haben für die 12 USDA Texturklassen die hydraulische Leitfähigkeit sowie die Parameter der Van Genuchten Retentionsbeziehung zusammengestellt. Für die Parameter werden sowohl Mittelwerte als auch Standardabweichungen angegeben (siehe Anhang B, Tab. B.1).

Unter Verwendung der Daten von CARSEL & PARRISH (1988) sind in Abbildung 3.7 für verschiedene Bodenartenhauptgruppen Wasserspannungskurven dargestellt. Für Sande erfolgt die Entwässerung des Porenraums schon bei geringen Matrixspannungen. Für die feineren Texturklassen ist der Verlauf der Retentionskurven gleichmäßiger.

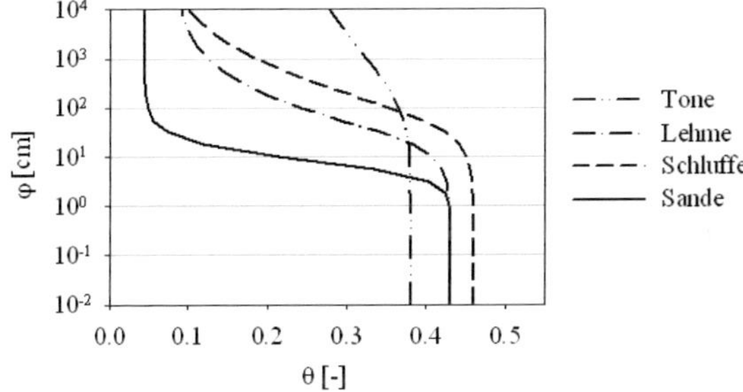

Abbildung 3.7.: Bodenwasserretentionskurven nach VAN GENUCHTEN (1980) für verschiedene Bodenartgruppen (Daten nach CARSEL & PARRISH (1988))

In Tabelle 3.1 ist für die vier Bodenartenhauptgruppen nach AG BODEN (2005) die jeweilige mittlere gesättigte hydraulische Leitfähigkeit k_s nach CARSEL & PARRISH (1988) aufgeführt (Anhang B, Tab. B.1). Die hydraulischen Leitfähigkeiten varrieren je nach mittleren Durchmesser der Bodenpartikel um mehrere Größenordnungen.

Unter Berücksichtigung von variabel gesättigten Verhältnissen muss die hydraulische Leitfähigkeit k in Gleichung 3.8 durch den wassergehaltsabhängigen Ausdruck $k(\varphi)$ ersetzt werden. Zur Beschreibung der Strömung unter wasserungesättigten Bedingungen wird Gleichung 3.17 mit Gleichung 3.8 kombiniert. Hierbei erhält man die Richards-Gleichung zur Beschreibung der instationären eindimensionalen Wasserbewegung im Boden unter

Tabelle 3.1.: Mittlere Werte der gesättigten hydraulischen Leitfähigkeit (k_s) nach CARSEL & PARRISH (1988) für die Bodenartenhauptgruppen

Bodenartenhauptgruppe	k_s
	$[ms^{-1}]$
Tone	$2.99 \cdot 10^{-7}$
Lehme	$2.67 \cdot 10^{-6}$
Schluffe	$1.17 \cdot 10^{-6}$
Sande	$5.44 \cdot 10^{-5}$

wassergesättigten und -ungesättigten Bedingungen (RICHARDS, 1931).

$$S_s'(\varphi)\frac{\partial(\varphi + z)}{\partial t} = \frac{\partial}{\partial z}\left(k(\varphi)\frac{\partial}{\partial z}(\varphi + z)\right) + S_0' \tag{3.28}$$

Der Speicherkoeffizient $S_s'(\varphi)$ entspricht hierbei der Ableitung der Wasserretentionsbeziehung $d\theta/d\varphi$ und wird auch als Bodenwasserkapazität bezeichnet.

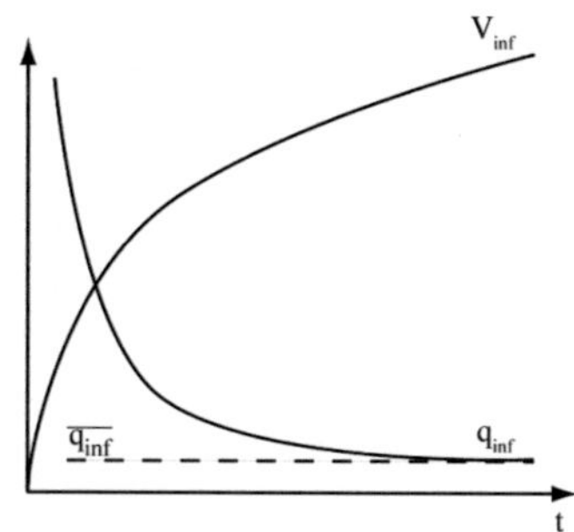

Abbildung 3.8.: Verlauf der Infiltrationsrate q_{inf} und des kumulativen Infiltrationsvolumens V_{inf}

Ein spezieller Fall der Strömung unter teilgesättigten Bedingungen stellt die Infiltration von Oberflächenwasser in einen wasserungesättigten Boden dar. In Abbildung 3.8 ist der zeitliche Verlauf der Infiltrationsrate q_{inf} und des kumulativen Infiltrationsvolumens V_{inf} für die Infiltration in einen wasserungesättigten homogenen Boden dargestellt. In der frühen Phase eines Infiltrationsereignisses treten auf Grund des hohen Potentialgradienten zwischen hydraulischem Potential an der Bodenoberfläche und dem Matrixpotential im Boden große Infiltrationsraten auf. Mit fortschreitender Infiltrationsdauer nimmt die Infiltrationsrate ab und nähert sich einem Wert $\overline{q_{inf}}$ an. Unter der Annahme von wassergesättigten Bedingungen oberhalb der Infiltrationsfront und einem über die Tiefe konstantem Matrixpotential (Einheitsgradient) unterhalb der Infiltrationsfront entspricht

$\overline{q_{inf}}$ der gesättigten hydraulischen Leitfähigkeit des Bodens. Der zeitliche Verlauf der Infiltrationsraten ist abhängig von den hydraulischen Eigenschaften des Bodens sowie der Überstauhöhe und des Anfangswassergehalts bzw. Anfangsmatrixpotentials im Boden (θ_0, φ_0). Im Boden bewegt sich die Infiltrationsfront mit der Zeit von der Bodenoberfläche in die Tiefe fort. In sandigen und homogenen Böden bilden sich hierbei scharfe Infiltrationsfronten aus. Je feiner die Textur des Bodens ist, desto flacher ist der Frontverlauf.

Zur Beschreibung der Wasserinfiltration in eine homogene ungesättigte Bodenzone unter Überstaubedingungen (Dirichlet-Randbedingung) wurden eine Reihe von Verfahren entwickelt, die von rein empirischen Ansätzen (HORTON, 1940), über vereinfachte analytische Lösungen (GREEN & AMPT, 1911) bis zu analytischen Lösungen auf Basis der Richards-Gleichung (PHILIP, 1957; HAVERKAMP ET AL., 1990) reichen. Ein sehr häufig verwendetes Verfahren zur Beschreibung der Infiltration in die ungesättigte Bodenzone ist der Ansatz nach GREEN & AMPT (1911). Hierbei wird angenommen, dass die Infiltrationsfront als rechteckige Feuchtefront von der Oberfläche in die Tiefe verlagert wird und für jeden Bodenhorizont ein konstantes Matrixpotential φ und eine einheitliche Leitfähigkeit k_s über die Horizontmächtigkeit m vorliegt. Mit h_f als hydraulischem Druck an der Bodenoberfläche, z_{if} [L] der Entfernung zwischen Bodenoberfläche und Infiltrationsfront sowie der Druckhöhe an der Infiltrationsfront φ_{if} [L] kann die Infiltrationsrate q_{inf} mit Hilfe des Darcy-Gesetzes berechnet werden:

$$q_{inf} = -k_s \frac{dh}{dz} = -k_s \frac{(h_{if} + z_{if}) - h_f}{z_{if}} \tag{3.29}$$

Die negative Druckhöhe an der Infiltrationsfront φ_{if} kann nach NEUMAN (1976) aus der Matrixpotential-Leitfähigkeitsbeziehung $k(\varphi)$ und aus dem Matrixpotential vor der Infiltrationsfront φ_0 berechnet werden:

$$\varphi_{if} = \frac{\int_{\phi=0}^{\phi=|\varphi_0|} k(\phi)d\phi}{k_s} \tag{3.30}$$

Auf der Basis der Infiltrationsbeschreibung nach GREEN & AMPT (1911) entwickelte FLERCHINGER ET AL. (1988) ein Verfahren zur Berechnung der vertikalen Infiltrationsraten in geschichtete Böden. Bei diesem Verfahren wird das kumulative Infiltrationsvolumen $V_{inf}(t')$ und die Infiltrationsrate $q_{inf}(t')$ getrennt für jeden Bodenhorizont berechnet. Die Zeit t' ist hierbei die Zeit, seitdem die Infiltrationsfront die Oberkante des entsprechenden Horizonts passiert hat (Abb. 3.9).

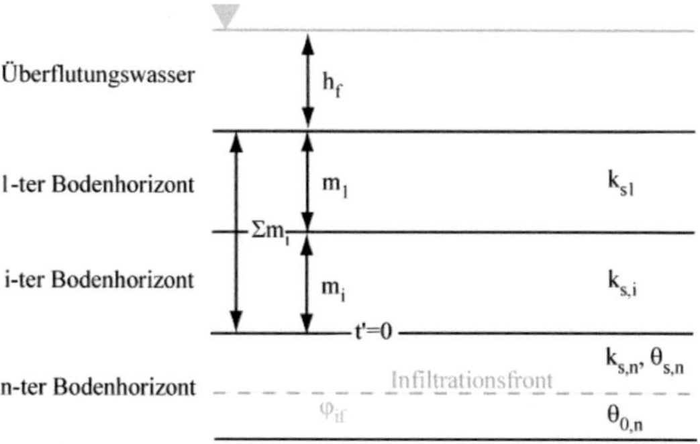

Abbildung 3.9.: Verfahren zur Berechnung der Infiltration in geschichtete Böden nach FLER-CHINGER ET AL. (1988)

Zur Berechnung von $V(t')$ und $q_{inf}(t')$ werden die folgenden dimensionslosen Variablen für jeden Horizont i verwendet (N=Anzahl der Horizonte):

$$
\begin{aligned}
V^* &= \frac{V_{inf}}{(\theta_{s,i} - \theta_{0,i})(h_f + \varphi_{if} + \sum\limits_{i=1}^{i=N} m_i)} \\[2ex]
t^* &= \frac{k_i t'}{(\theta_{s,i} - \theta_{0,i})(h_f + \varphi_{if} + \sum\limits_{i=1}^{i=N} m_i)} \\[2ex]
m^* &= \frac{k_i}{h_f + \varphi_{if} + \sum\limits_{i=1}^{i=N} m_i} \sum\limits_{i=1}^{i=N} \frac{m_i}{k_i} \\[2ex]
q^* &= \frac{dV^*}{dt^*} = \frac{V^* + 1}{V^* + m^*}
\end{aligned}
\tag{3.31}
$$

Für die dimensionslose kumulative Infiltrationsvolumen V^* wird aus einer Reihenentwicklung eine Näherungen V_0^* berechnet:

$$
V_0^*(t) = 0.5 \left[t^* - 2m^* + \sqrt{(t^* - 2m^*)^2 + 8t^*} \right]
\tag{3.32}
$$

Durch Rücktransformation kann das kumulative Infiltrationsvolumen $V_{inf}(t')$ sowie die Infiltrationsrate für die einzelnen Horizonte $q_{inf}(t')$ berechnet werden.

In Abbildung 3.10 ist die unter Verwendung des Verfahrens nach FLERCHINGER ET AL. (1988) berechnete Infiltration in einen zweischichtigen Boden dargestellt. Die gesättigte hydraulische Leitfähigkeit des oberen Bodenhorizonts beträgt in diesem Beispiel $k_{s1} = 5 \cdot 10^{-6} ms^{-1}$. Für den unteren Bodenhorizont wurden die Leitfähigkeiten variiert. Als Überstauhöhe wurde ein Wert von $h_f = 1m$ gewählt.

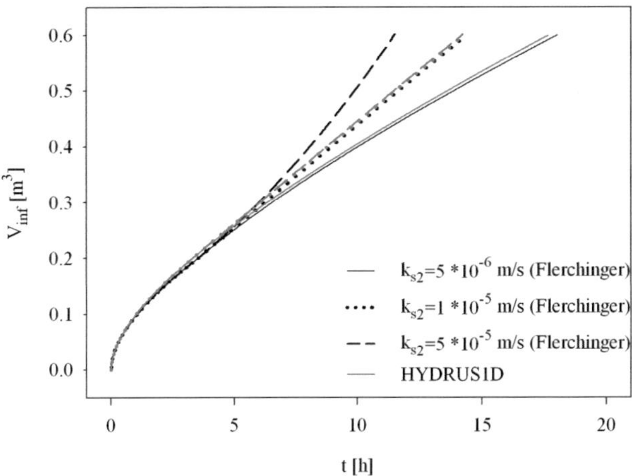

Abbildung 3.10.: Vergleich der analytisch und numerisch berechneten kumulativen Infiltrationsrate V_{inf} für verschiedene Unterbodenleitfähigkeit k_{s2} ($k_{s1} = 5 \cdot 10^{-6}\ ms^{-1}$, $\theta_0 = 0.2$, $\theta_s = 0.4$, $\varphi_{if} = -0.07\ m$, $h_f = 1\ m$)

Die Infiltration in den zweiten Bodenhorizont (bei $V_{inf} = 0.2\ m^3$) nimmt mit steigender Leitfähigkeit k_{s2} des zweiten Horizonts zu, so dass sich die Aufsättigungszeit des gesamten Profils (bei $V_{inf} = 0.6\ m^3$) für das gewählte Beispiel bei Erhöhung des Wertes von k_{s2} um eine Größenordnung halbiert. Der Vergleich mit den numerisch berechneten Infiltrationsraten (HYDRUS1D, SIMUNEK ET AL. (2005)) zeigt eine gute Übereinstimmung für die beiden niedrigen hydraulischen Leitfähigkeiten des unteren Bodenhorizonts. Bei dem Wert $k_s = 5 \cdot 10^{-5}\ ms^{-1}$ weichen die Werte zwischen der analytischen und numerischen Berechnung jedoch deutlich von einander ab. FLERCHINGER ET AL. (1988) gibt als Grenzen für die Anwendbarkeit der Gleichungen 3.31 und 3.32 an, dass die Infiltrationsraten größer sind als die gesättigte Leitfähigkeit der jeweiligen Horizonte. Dies ist der Fall, wenn der dimensionslose Tiefenparameter klein genug ist ($m^* \leq 1$). Liegt die Infiltrationsrate beim Übergang der Infiltrationsfront von einem Horizont in den darunter liegenden unterhalb der gesättigten Leitfähigkeit des unteren Bodenhorizonts, wird dieser während der Infiltration nicht vollständig aufgesättigt. In Abbildung 3.11 ist dieser Zusammenhang skizziert. Bei einem zweischichtigen Boden erreicht die Infiltrationsfront den Übergang zwischen dem 1. und 2. Bodenhorizont, wenn das kumulierte Infiltrationsvolumen dem freie Porenvolumen im ersten Bodenhorizont entspricht (A). Die zu diesem Zeitpunkt auftretende Infiltrationsrate (B) kann nun mit der Wassergehalts-Leitfähigkeits-Beziehung des zweiten Bodenhorizonts verglichen werden. Liegt die Infiltrationsrate unterhalb der gesättigten Leitfähigkeit des zweiten Bodenhorizonts erfolgt die Infiltration in den zweiten

Horizont mit einem Wassergehalt, der unterhalb des Sättigungswassergehalts des Unterbodens liegt. Die Infiltrationsrate in den Boden bleibt für die Dauer der Aufsättigung des zweiten Bodenhorizonts konstant. Beim Durchgang der Infiltrationsfront wird der zweite Bodenhorizont nicht vollständig aufgesättigt (C).

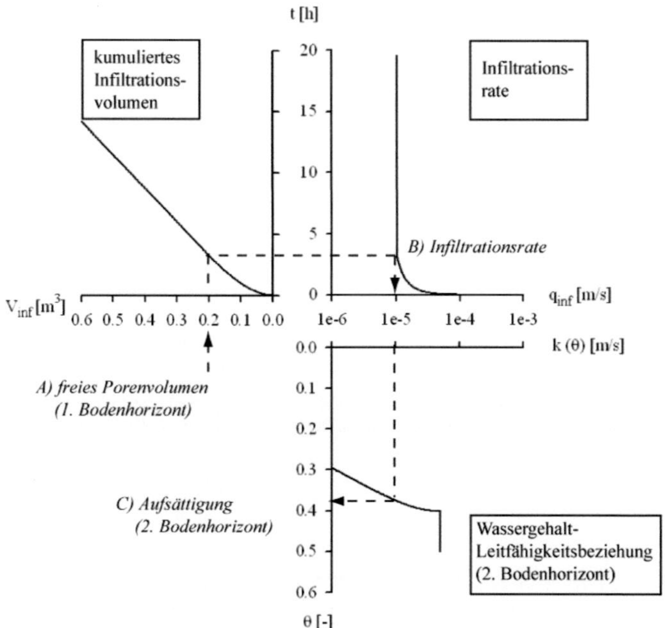

Abbildung 3.11.: Zusammenhang zwischen der Wassergehalts-Leitfähigkeitsbeziehung der Infiltrationsrate in einen mehrschichtigen Boden

Im Boden können z.B. durch Infiltration über Makroporen in die umgebene Bodenmatrix auch horizontale Infiltrationsvorgänge auftreten. Zur Berechnung der horizontalen Infiltration in einen homogenen Boden nach GREEN & AMPT (1911) wird in KUTÍLEK & NIELSEN (1994) eine Lösung der Gleichung 3.29 beschrieben. Mit dem Anfangswassergehalt θ_0 und dem Sättigungswassergehalt θ_s berechnet sich die horizontale Infiltrationsrate $q_{inf}(t)$ und das kumulative Infiltrationsvolumen $V_{inf}(t)$ folgendermaßen:

$$q_{inf}(t) = 0.5\sqrt{2k_s(h_f - \varphi_{if})(\theta_s - \theta_0)}\sqrt{\frac{1}{t}}$$

$$V_{inf}(t) = \sqrt{2k_s(h_f - \varphi_{if})(\theta_s - \theta_0)}\sqrt{t} \tag{3.33}$$

In Abbildung 3.12 ist der Verlauf des kumulativen Infiltrationsvolumens bei horizontaler

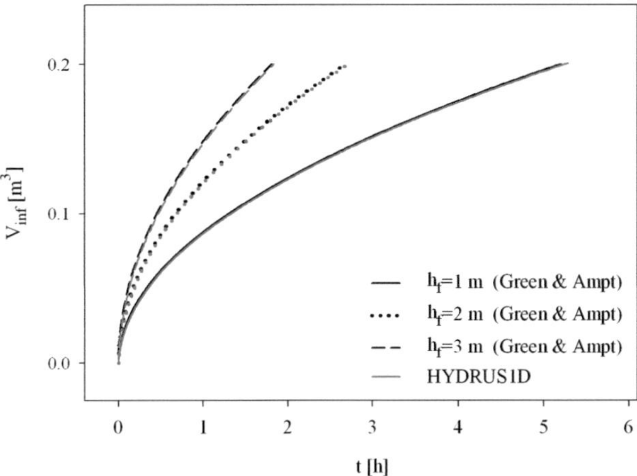

Abbildung 3.12.: Vergleich des analytisch und numerisch berechneten kumulativen Infiltrationsvolumens V_{inf} für verschiedene Überstauhöhe h_f bei horizontaler Infiltration

Infiltration nach Gleichung 3.33 für verschiedene Druckhöhen an der lateralen Bodenbegrenzung dargestellt. Die Werte von θ_0, θ_s und φ_{if} wurden entsprechend dem Beispiel in Abbildung 3.10 gewählt. Die gesättigte hydraulische Leitfähigkeit entsprach einem Wert von $k_s = 5 \cdot 10^{-5}\ ms^{-1}$. Mit Erhöhung der Druckhöhe h_f nimmt erwartungsgemäß auch die Infiltration in den Boden zu. Zum Vergleich wurde die kumulative Infiltrationsrate mit dem numerischen Modell HYDRUS1D berechnet (SIMUNEK ET AL., 2005). Die Ergebnisse der beiden Berechnungsverfahren zeigen eine sehr gute Übereinstimmung.

Die bisher dargestellte Beschreibung der Wasserströmung bezogen sich auf Böden mit unimodaler Porengrößenverteilung. Einen Überblick über die Beschreibung der Strömungsvorgänge in makroporösen Böden findet sich in SIMUNEK ET AL. (2003). Die gängigen Verfahren können in "dual-porosity" Modelle (Wasserbewegung nur in der Makroporosität) und "dual-permeability" Modelle (Wasserbewegung sowohl in der Makroporosität als auch in der Bodenmatrix) gegliedert werden. Die Ansätze beruhen zum Teil auf mehrmodalen Beschreibungen der $\theta(\varphi)$ und $k(\varphi)$ Beziehungen (DURNER, 1994; WILSON ET AL., 1991; GERKE & VAN GENUCHTEN, 1993). Die Beschreibung der Strömung in den Makroporen selbst erfolgt z.B. auf der Grundlage der Gleichung nach Hagen-Poiseuille (AHUJA & HEBSON, 1992), von Infiltrationsgleichungen (CHEN & WAGENET, 1992), einer kinematischer Welle (LARSBO & JARVIS, 2003) oder der Richards-Gleichung (GERKE & VAN GENUCHTEN, 1993).

Die Rolle von Makroporen auf Strömungsvorgänge im Boden wird von zahlreichen Autoren hervorgehoben (BEVEN & GERMANN, 1982; LI & GHODRATI, 1997; BRONSTERT, 1999). Zur Visualisierung der Fließpfade in natürlichen makroporösen Böden wurden häufig Farbtracer eingesetzt (BOUMA & DEKKER, 1978; FLURY ET AL., 1994; WEILER & NAEF, 2003). Bilanzmodelle zur Beschreibung der Infiltration in makroporöse Böden unter Flussrandbedingungen (Neumann-Randbedingung) wurden von CHEN & WAGE-NET (1992) und WEILER (2005) auf der Basis von Infiltrationsgleichungen entwickelt. Die Initialisierung der Makroporen während eines Infiltrationsereignisses stellt eine entscheidende Größe für die Bedeutung des Makroporenflusses dar (FLÜHLER ET AL., 1996; KATZENMAIER ET AL., 2000). Hierbei wird die Initialisierung von der Bodenoberfläche sowie von wassergesättigten Bereichen in der Bodenmatrix unterschieden (LI & GHO-DRATI, 1997; RUAN & ILLANGASEKARE, 1998; LEONARD ET AL., 1999). Mit Hilfe von Beregnungsexperimenten konnte beobachtet werden, dass die Art der Initialisierung vom Verhältnis zwischen Beregnungsintensität und Infiltrationsrate der Bodenmatrix abhängt (WEILER & NAEF, 2003). Übertrifft die Beregnungsrate die mögliche Infiltrationsra-te, tritt Makroporenströmung auch bei nicht gesättigter Bodenmatrix auf. Unter diesen Umständen spielt die laterale Infiltration von Makroporen in die umgebende Bodenmatrix eine entscheidende Rolle bei der Infiltration in die Bodenzone (BEVEN & CLARKE, 1986; LOGSDON ET AL., 1996).

3.2. Grundlagen des Stofftransports in porösen Medien

Der Massenfluss j $[ML^{-2}T^{-1}])$ beschreibt die Verlagerung einer Stoffmasse M pro Zeit über eine Kontrollfläche A. Ohne Beeinflussung durch Strömungsprozesse findet ein Stoff-fluss (j_d) auf Grund von Diffusionsprozessen in Richtung des Stoffkonzentrationsgradienten statt (Fick'sches 1. Diffusionsgesetz).

$$j_d = -D_d \nabla C \tag{3.34}$$

$j_d = (j_{d,x}, j_{d,y}, j_{d,z})$ ist der Vektor des diffusiven Massenflusses. ∇C ist der Konzen-trationsgradient in die drei Raumrichtungen $(\partial C/\partial x, \partial C/\partial y, \partial C/\partial z)$. Die Proportiona-litätskonstante in Gleichung 3.34 ist der molekulare Diffusionskoeffizient D_d $[L^2 T^{-1}]$. Im eindimensionalen vertikalen Fall und unter Annahme, dass der Diffusionskoeffizient räumlich konstant ist ergibt sich:

$$j_d = -D_d \frac{\partial C}{\partial z} \tag{3.35}$$

Die Verlagerung durch Diffusion erfolgt durch die zufällige Bewegung der Stoffmoleküle (Brown'sche Bewegung). Hierbei entstehen unscharfe Konzentrationsfronten. Mit zuneh-mender Diffusionsstrecke nimmt durch Verdünnungseffekte die Stoffkonzentration ab. In porösen Medien sind die Bahnlinien von Stoffen gewunden. Um die Verlängerung der Bahnlinien zu berücksichtigen kann mit Hilfe der Tortuosität τ des Bodens ein effekti-ver Diffusionskoeffizient D^* eingeführt werden. Da mit abnehmendem Bodenwassergehalt auch die Bahnlinien eines Stoffes im Boden beeinflusst werden, ist der Diffusionskoeffizient zudem abhängig vom Wassergehalt.

$$D_d^* = \frac{D_d}{\tau\theta} \tag{3.36}$$

Bei Anwesenheit einer Strömungsrate q findet eine advektive Stoffverlagerung j_a mit dieser statt:

$$j_a = qC \tag{3.37}$$

Eine Verlagerung durch Advektion hat scharfen Konzentrationsfronten zur Folge (Piston-Flow). Mit der Verlagerung durch die Strömung findet somit keine Konzentrationsänderung statt. Beim Piston-Flow verdrängt das in einen Bereich eines porösen Mediums zuströmende belastete Fluid das darin befindliche Fluid, wobei keine Durchmischung stattfindet. Die infolge eines Schadstoffmassenflusses über die Fläche A verlagerte Schadstoffmasse berechnet sich aus dem Schadstoffmassenfluss und der Strömungsdauer T:

$$M = jTA \tag{3.38}$$

Die Strömungsgeschwindigkeiten im Porenwassers sind auch in einem homogenen porösen Medium nicht einheitlich. Die Ursachen hierfür liegen in den Geschwindigkeitsunterschieden innerhalb einer Pore, zwischen engen und weiteren Poren sowie den unterschiedlich langen Strömungsbahnen, die im porösen Medium vorliegen. Auf Grund dieser Geschwindigkeitsunterschiede benötigen die mit der Strömung bewegten Stoffpartikel unterschiedlich lange für denselben effektiven Abstand. Für die flussgemittelte Konzentration ergeben sich hierdurch wie bei der Diffusion unscharfe Konzentrationsfronten (mechanische Dispersion). Für die mechanische Dispersion wird angenommen, dass sie sich auch über das 1. Fick'sche Gesetz beschreiben lässt. Die mechanische Dispersion wird mit der Diffusion zur hydrodynamischen Dispersion zusammengefasst. Für die hydrodynamische Dispersion unterscheidet man eine Durchmischung in Strömungsrichtung (longitudinale Dispersion) und quer zur Strömungsrichtung (transversale Dispersion), deren Dispersionskoeffizienten D_l und D_t sich aus dem Diffusionskoeffizienten und einem Anteil der mechanischen Dispersion zusammensetzen. Der Anteil der mechanischen Dispersion wird wiederum durch die mittlere Porenwassergeschwindigkeit v_{sw} sowie die Dispersivitäten des porösen Mediums α_l, α_t beschrieben.

$$\begin{aligned} D_l &= \alpha_l v_{sw} + D_d^*(\theta) \\ D_t &= \alpha_t v_{sw} + D_d^*(\theta) \end{aligned} \tag{3.39}$$

Stoffe, die mit dem Bodenwasser bewegt werden, können durch Sorptionsprozesse an die Oberfläche der Bodenpartikel gebunden werden. Hierbei kann der Stoff sich auf Grund schwacher physikalischer Wechselwirkungen an die Partikeloberfläche anlagen (Adsorption), durch chemische Reaktionen in das Partikelmaterial eingebaut werden (chemische Sorption), durch elektrostatische Wechselwirkungen an geladenen Partikeloberflächen gebunden werden (Ionenaustausch) oder durch Diffusion in den Bodenpartikel verlagert werden und dort an der inneren Oberfläche des Bodenpartikels gebunden werden (Absorption) (FETTER, 1993).

Die beschriebenen Phänomene werden im folgenden unter dem Begriff Sorption zusammengefasst. Eine experimentelle Bestimmung der Sorption erfolgt durch Messung des Anteils sorbierter Masse an der Gesamtmasse in einem Bodenvolumen. Die Funktion, die bei konstanter Temperatur die Änderung der sorbierten Konzentration C_s $[MM^{-1}]$ bei Änderung der gelösten Konzentration C_l $[ML^{-3}]$ beschreibt, wird Sorptionsisotherme genannt. Unter

Annahme einer linearen Beziehung zwischen gelöster und sorbierter Konzentration eines Stoffes im Boden ergibt sich die lineare Sorptionsisotherme:

$$C_s = K_d C_l \tag{3.40}$$

Der Koeffizient K_d $[L^3 M^{-1}]$ wird als Verteilungskoeffizient bezeichnet. Die Sorption an die Bodenoberfläche erfolgt hierbei ohne Verzögerung (instantan) und ist reversibel. Sinkt die Konzentration in der Bodenlösung unter den ursprünglichen Wert, wird ein bereits gebundener Stoff desorbiert, bis die Konzentrationen wieder im Gleichgewicht liegen. Neben dem linearen Zusammenhang zwischen C_l und C_s wurden auch Sorptionsisotherme beschrieben, die nichtlineare Beziehungen berücksichtigen, wie sie durch die Begrenzung der verfügbaren Sorptionsplätze an den Bodenpartikeln entstehen können (Freundlich-Isotherme, Langmuir-Isotherme). Diese nichtlinearen Effekte treten insbesondere bei hohen Stoffkonzentrationen im Boden auf.

Bei allen bisher dargestellten Sorptionsisothermen wird angenommen, dass die Rate, mit der die Stoffe zwischen gelöstem und gebundenem Zustand wechseln, wesentlich größer ist, als die Raten anderer Prozesse, die die Stoffkonzentration in der Bodenlösung beeinflussen. Ist dies nicht der Fall (z.B. bei hohen Bodenwasserströmungsraten) ist der Massentransfer wesentlich durch die Kinetik der Sorption beeinflusst. Unter Verwendung einer (De-)Sorptionsrate (λ_{sorb} $[T^{-1}]$) folgt für eine lineare reversibel Sorption 1. Ordnung:

$$\frac{\partial C_s}{\partial t} = \lambda_{sorb}(C_l - C_s) \tag{3.41}$$

Gleichung 3.41 kann leicht variiert werden, um die Situation zu beschreiben, bei der eine reversible lineare Sorption durch eine Kinetik 1. Ordnung gehemmt wird (NIELSEN ET AL., 1986):

$$\frac{\partial C_s}{\partial t} = \lambda_{sorb}(K_d C_l - C_s) \tag{3.42}$$

Darüber hinaus wurden Sorptionsmodelle für unterschiedliche Sorptions- und Desorptionsraten sowie unter Verwendung nichtlinearer oder gemischt linearer/nichtlinearer Modelle („two-side"Modelle) entwickelt (VAN GENUCHTEN ET AL., 1974; FISKELL ET AL., 1979).

Für die Klasse der organischen Schadstoffe findet eine Sorption vorwiegend an den organischen Kohlenstoffverbindungen im Boden statt. Eine Abschätzung des linearen Verteilungskoeffizienten K_d für diese Stoffe kann daher über die Bestimmung des stoffspezifischen Verteilungskoeffizienten für das organische Bodenmaterial K_{oc} $[L^3 M^{-1}]$ und des Anteils an organischem Kohlenstoff im Boden C_{org} $[-]$ erfolgen.

$$K_d = K_{oc} C_{org} \tag{3.43}$$

Der K_{oc} Wert kann aus dem Octanol-Wasser-Verteilungskoeffizienten K_{ow} $[L^3 M^{-1}]$ eines Stoffes abgeleitet werden. Hierfür liegen eine Reihe von Untersuchungen vor, in denen zum Teil allgemeine aber auch stoffklassenspezifische Herleitungen des K_{oc} Wertes durchgeführt wurden. Zur Beschreibung des Zusammenhangs zwischen den Größen wird zumeist eine lineare Regressionsgleichung verwendet.

$$K_{oc} = a_{koc} \cdot log(K_{ow}) + b_{koc} \tag{3.44}$$

Die Parameter a_{koc} und b_{koc} unterscheiden sich zwischen den Untersuchungen sowie auch zwischen einzelnen Schadstoffklassen. In Tabelle 3.2 sind einige Regressionsparameter zusammengestellt, die allgemein für organische Stoffe aufgestellt wurden.

Tabelle 3.2.: Übersicht über Regressionsparameter zur Bestimmung des K_{oc}-Verteilungskoeffizienten für organische Schadstoffe

Autor	a_{koc}	b_{koc}
KENAGA & GORING (1980)	0.54	1.38
HASSETT ET AL. (1983)	0.91	0.09
GERSTL (1990)	0.68	0.66
BAKER ET AL. (1997)	0.9	0.09

Bei hohen Strömungsgeschwindigkeiten während der Oberflächenwasserinfiltration können die Aufenthaltszeiten eines Stoffes in der Bodenzone nicht ausreichend lang sein, um die Annahme von Sorption unter Gleichgewichtsbedingungen zu rechtfertigen. In diesem Fall ist die Verwendung eines kinetischen Ansatzes für die Sorption eher angemessen (siehe Gleichung 3.42). Die Bestimmung der Sorptionsrate λ_{sorb} erfolgt über die Auswahl des zu Grunde liegenden Sorptionsprozesses. Bei der Beschreibung der kinetisch gesteuerten Sorption werden zwei unterschiedliche Prozesse berücksichtigt. Beim „two-site" Modell wird davon ausgegangen, dass ein chemisches Ungleichgewicht besteht, bei dem die chemische Reaktionsrate des Sorptionsvorgangs ausschlaggebend ist (SELIM ET AL., 1976). Beim „two-region" Modell wird von einem physikalischen Ungleichgewicht ausgegangen, bei dem der Massentransfer aus einem mobilen (durchströmten) Bereich des Bodenwassers in einen immobilen Bereich die Sorptionskinetik bestimmt (VAN GENUCHTEN & WAGANET, 1989). Beide Konzepte sind bei der Annahme einer Kinetik erster Ordnung mathematisch identisch (NKEDI-KIZZA ET AL., 1984). Von verschiedenen Autoren wird die Sorption von organischen Stoffen im Boden unter Verwendung eines „two-region" Ansatzes als diffusiver Vorgang beschrieben. Hierbei müssen die Stoffe eine Diffusionsstrecke, bestehend aus immobilem Wasser, überwinden, um an die Sorptionsplätze in den Bodenpartikeln zu gelangen (BRUSSEAU ET AL., 1991). Insbesondere die Diffusion eines Stoffes über die Intrapartikelporosität zu den Sorptionsplätzen innerhalb der Bodenkörner (Intrapartikeldiffusion) stellt hierbei eine Begrenzung des Sorptionsprozesses dar (WU & GSCHWEND, 1986; GRATHWOHL & REINHARD, 1993; SCHÜTH, 1994). Die Massenverlagerung über die Diffusionsstrecke wird mit Hilfe des Diffusionsgesetzes beschrieben. Für einen mikroporösen Bodenpartikel mit homogen verteilten Sorptionsplätzen folgt nach WU & GSCHWEND (1986):

$$\frac{\partial C}{\partial t} = D_a \frac{\partial}{r^2 \partial r} \left[r^2 \frac{\partial C}{\partial r} \right] \qquad (3.45)$$

D_a $[L^2 T^{-1}]$ ist hierbei der scheinbare Diffusionskoeffizient und r $[L]$ der radiale Abstand zum Kornmittelpunkt. Auf Grund der inneren Porosität n_i, der inneren Tortuosität τ_i und der Sorptionskapazität ist die Diffusion in der Intrapartikelporosität gegenüber der

Diffusion in freiem Wasser beschränkt. Durch die Einführung des scheinbaren Diffusions-koeffizienten werden diese Faktoren berücksichtigt:

$$D_a = \frac{D_{aq} n_{eff,i}}{(n_i + k_{di}\rho)\tau} \tag{3.46}$$

Hierbei ist D_{aq} $[L^2 T^{-1}]$ der stoffspezifische Diffusionkoeffizient in freiem Wasser. $n_{eff,i}$ ist die diffusionswirksame Porosität des Bodenpartikels. $K_{d,i}$ ist der Verteilungskoeffizient in der Intrapartikelporosität. Nach SCHWARZENBACH ET AL. (2003) kann D_{aq} aus dem molaren Volumen eines Stoffes V_{mol} $[L^3 Mol^{-1}]$ berechnet werden.

$$D_{aq}[m^2 s^{-1}] = \frac{2.3 \cdot 10^{-8}}{V_{mol}[cm^3 Mol^{-1}]^{0.71}} \tag{3.47}$$

Aus theoretischen Porenraummodellen kann abgeleitet werden, dass die Tortuosität eines porösen Mediums dem Kehrwert der Porosität entspricht (ROBERTS ET AL., 1987). Wird darüber hinaus angenommen, dass die diffusionswirksame Porosität $n_{eff,i}$ der Gesamtporosität des Bodenpartikels n_i sowie der Verteilungskoeffizient $K_{d,i}$ dem Gesamt-Verteilungskoeffizient K_d des Bodens entspricht, kann Gleichung 3.46 folgendermaßen vereinfacht werden:

$$D_a = \frac{D_{aq}}{\left(1 + K_d \frac{\rho_s}{n_i}\right)\tau_i} = \frac{D_{aq}}{R_i \tau_i} \tag{3.48}$$

R_i im Nenner von Gleichung 3.48 beschreibt die Verzögerung der Diffusion durch Sorption eines Stoffes an den Sorptionsplätzen im Inneren der Bodenpartikel. Unter der Annahme, dass es für die makroskopische Verlagerung eines Stoffes untergeordnet ist, ob die Sorption im äußeren oder inneren Bereich des Bodenpartikels stattfindet, kann für R_i der Wert 1 gewählt werden. In diesem Fall wird nur die maximale Verzögerung der Sorption durch die diffusiv zurückgelegte Strecke im Inneren des Bodenpartikels berücksichtigt.

RÜGNER ET AL. (2004) stellte Werte für die innere Porosität für ein kiesiges Aquifermaterial aus Untersuchungen durch KLEINEIDAM ET AL. (1999) zusammen. Für Korngrößen bis 250 μm gibt RÜGNER ET AL. (2004) einen Wert von $n_i = 0.025$ und für die Kornfraktion von 250 bis 8000 μm wird ein Wert von $n_i = 0.008$ angegeben. WU & GSCHWEND (1988) leitete die Sorptionsrate 1. Ordnung λ_{sorb} $[T^{-1}]$ aus dem scheinbaren Diffusionskoeffizienten ab.

$$\lambda_{sorb} = \gamma \frac{D_a}{4r^2} \tag{3.49}$$

r ist der mittlere Kornradius. γ $[-]$ ist ein Korrekturfaktor, der abhängt von der Annäherung an den Sorptionsgleichgewichtszustand im System. Bei etwa 50% Prozent Gleichgewichtseinstellung gilt etwa ein Korrekturfaktor von $\gamma = 22.7$ (SCHÜTH, 1994).

In Tabelle 3.3 sind für die Substratklassen (Sand, Schluff, Ton) die Sorptionsraten λ_{sorb} und Sorptions-Halbwertzeiten $T_{0.5,sorb}$ zusammengestellt.

Die berechnete Sorptionsrate λ_{sorb} kann in Gleichung 3.42 verwendet werden. Unter Verwendung von Gleichung 3.40 für die gelöste Konzentration C_l ergibt sich somit:

$$\frac{\partial C_s}{\partial t} = \lambda_{sorb} C_s \left(\frac{1}{K_d} - 1\right) \tag{3.50}$$

Tabelle 3.3.: Sorptionsraten (λ_{sorb}) und Halbwertzeiten der Sorptionskinetik ($T_{0.5,sorg}$) für die Substratklassen ($V_{mol} = 175cm^3Mol^{-1}$, $R_i = 1$)

Substratklassen	$r\ [m]$	$\theta_i\ [-]$	$\lambda_{sorb}\ [s^{-1}]$	$T_{0.5,sorb}\ [s]$
Sand	$2.00 \cdot 10^{-4}$	$8.00 \cdot 10^{-3}$	2084.57	$3.33 \cdot 10^{-4}$
Schluff	$2.00 \cdot 10^{-5}$	$2.50 \cdot 10^{-2}$	0.21	3.33
Ton	$2.00 \cdot 10^{-7}$	$2.50 \cdot 10^{-2}$	$6.67 \cdot 10^{-4}$	1039.10

Mit der Gleichgewichtskonzentration $C_{s,gg}$ sowie der Ausgangskonzentration an sorbierten Schadstoffen an der Bodenmatrix $C_{s,0}$ berechnet sich die nach der Zeitdauer T an der Feststoffphase vorliegende Konzentration folgendermaßen:

$$C_s(t) = C_{s,gg} + (C_{s,0} - C_{s,gg})e^{-\lambda_{sorb}T} \tag{3.51}$$

Voraussetzung für Gleichung 3.51 ist, dass die gelöste Schadstoffkonzentration über den Zeitraum T konstant ist. Bei bekannter Konzentration im Porenvolumen kann $C_{s,gg}$ über Gleichung 3.40 berechnet werden. Ist nur die Gesamtmasse (M_t) im Bilanzraum mit dem Volumen V bekannt, kann die Masse an sorbiertem Schadstoff unter Gleichgewichtsbedingungen $M_{s,gg}$ im Bilanzraum berechnet werden:

$$\frac{M_{s,gg}}{M_t} = \frac{VC_lK_d\rho_b}{VC_l\theta + VC_lK_d\rho_b} = \frac{1}{\dfrac{\theta}{K_d\rho_b} + 1} \tag{3.52}$$

Gelöste und sorbierte Stoffe im Boden können einem Abbau unterliegen. Hierbei reagieren zwei Ausgangsstoffe (A,B) durch chemische oder mikrobiologisch unterstützte Reaktion miteinander, wobei ein Abbauprodukt C entsteht.

$$aA + bB \rightleftharpoons cC \tag{3.53}$$

a,b und c ist hierbei die Stoffmenge (in Molekülen oder Molen), die jeweils von den Komponenten A,B und C benötigt werden, um eine geschlossene Massenbilanz zu erhalten. Der Abbau der Komponente A kann in Abhängigkeit einer Ratenkonstante $\lambda_{abb}\ [T^{-1}]$ folgendermaßen beschrieben werden:

$$\frac{\partial A}{\partial t} = -\lambda_{abb}A^pB^q \tag{3.54}$$

Die Koeffizienten p und q in Gleichung 3.54 legen die Ordnung der Reaktion fest. Bei einer Reaktion 1. Ordnung ist die Änderung des Stoffes A linear abhängig von der Konzentration des Stoffes. Kann angenommen werden, dass die Komponente B in ausreichendem Maße im System vorhanden ist, so dass keine Abhängigkeit der Reaktion von ihrer Konzentration gegeben ist, ergibt sich für den Abbau des Stoffes A mit einer Reaktion 1. Ordnung:

$$A = A_0e^{-\lambda_{abb}t} \tag{3.55}$$

Hierbei ist A_0 die Ausgangskonzentration zum Zeitpunkt $t = 0$. Der Stoffabbau im Boden wird durch die mikrobiologischen Umsetzungsprozesse dominiert, deren Grundlage die enzymatischen Prozesse im mikrobiologischen Stoffwechsel bilden. Zur Beschreibung dieser mikrobiologischen Stoffwechselprozesse wurden Reaktionsgleichungen entwickelt, die die Populationsänderungen der Mikroorganismen (Monod-Kinetik) oder die Änderung der Enzymkonzentrationen (Michaelis-Menten-Gleichung) berücksichtigen.

Zur Beschreibung der vertikalen Stoffverlagerung im porösen Medium wird die Änderung der gelösten Stoffkonzentration C_l mit der Zeit über einen Bilanzraum verfolgt.

$$\frac{\partial C_l}{\partial t} = -\frac{\partial j}{\partial z} + M_0 \tag{3.56}$$

$M_0 \; [T^{-1}]$ entspricht hierbei einem Quell-/Senkenterm. Wird in Gleichung 3.56 auf der linken Seite die Massenänderung in der Lösung und in der sorbierten Fraktion und auf der rechten Seite die advektiven und dispersiven Massenflüsse eingesetzt, ergibt sich die eindimensionale Advektions-Dispersions-Gleichung:

$$\frac{\partial C_l}{\partial t} + \frac{\rho_b}{\theta}\frac{\partial C_s}{\partial t} = \frac{D_l}{\theta}\frac{\partial^2 C_l}{\partial z^2} - \frac{q}{\theta}\frac{\partial C_l}{\partial z} + \left(\frac{\partial C_l}{\partial t}\right)_{reakt} \tag{3.57}$$

Die Terme auf der linken Seite beschreiben die Massenänderung im Kontrollvolumen in der gelösten Phase (erster Term) und in der sorbierten Fraktion (zweiter Term). Auf der rechten Seite beschreibt der erste Term den dispersiven Stofffluss, der zweite Term beschreibt den advektiven Stofffluss, und mit Hilfe des dritten Terms wird eine chemische oder mikrobiologische Reaktion beschrieben. Unter Verwendung der Steigung der Sorptionsisotherme $(\partial C_s/\partial C_l)$ kann die linke Seite der Gleichung 3.57 zusammengefasst werden:

$$\frac{\partial C_l}{\partial t} + \frac{\rho_b}{\theta}\frac{\partial C_s}{\partial t} = \left(1 + \frac{\rho_b}{\theta}\frac{\partial C_s}{\partial C_l}\right)\frac{\partial C_l}{\partial t} = R\frac{\partial C_l}{\partial t} \tag{3.58}$$

$R \; [-]$ ist der Retardationsfaktor und beschreibt die verzögernde Wirkung der (reversiblen) Sorption auf die Stoffverlagerung. Für rein advektive Verlagerung kann die Transportgeschwindigkeit eines Stoffes (v_{ss}) mit Hilfe des Retardationskoeffizienten (R) aus der Strömungsgeschwindigkeit (v_{sw}) abgeschätzt werden:

$$v_{ss} = \frac{v_{sw}}{R} \tag{3.59}$$

Bei eindimensionaler Betrachtung berechnet sich die hydraulische Aufenthaltszeit $T_{a,s}$ ohne Berücksichtigung von Sorption (hydraulische Aufenthaltszeit) aus der Erstreckung des Bodenbereichs dz und der Strömungsgeschwindigkeit des Wassers:

$$T_{a,s} = \frac{dz}{v_{sw}} \tag{3.60}$$

Bei einem sorbierenden Stoff berechnet sich die Aufenthaltszeit $T_{a,t}$ mit Hilfe der Transportgeschwindigkeit v_{ss}.

$$T_{a,t} = \frac{dz}{v_{ss}} \tag{3.61}$$

4. Unsicherheiten in der Strömungs- und Transportmodellierung

In den Ingenieur- und Umweltwissenschaften wird der Begriff des Risikos Ri eines Schadensereignisses als Produkt aus Gefährdung (P) und dem hieraus resultierenden Schaden S definiert (PLATE, 1993; WBGU, 1998):

$$Ri = P \cdot S \tag{4.1}$$

Bei der Risikobetrachtung im Zuge der Stofftransportmodellierung steht die Gefährdung eines Schutzgutes durch die Verlagerung von Stoffen im Mittelpunkt. Das Schutzgut kann hierbei ein Organismus (Mensch, Tier, Pflanze) oder ein zu schützendes Umweltkompartiment sein. Eine mögliche Gefährdung infolge des "Schad"stofftransports hängt ab von dem hierdurch hervorgerufenen "Schaden". Zur Beurteilung des Umfangs der Gefährdung ist zum einen die Höhe der Schadstoffbelastung (ausgedrückt durch Schadstoffkonzentrationen oder -massen) als auch die Verletzlichkeit des Schutzgutes (Vulnerabilität) gegenüber der Schadstoffbelastung maßgeblich. Die Auswirkungen einer Schadstoffexposition in der Umwelt reichen von der Schädigung der Vitalität oder Fortpflanzungsfähigkeit einzelner Organismen bis hin zur Änderungen ganzer Ökosysteme.

In Gleichung 4.1 sind sowohl die Gefährdung als auch der Schaden keine skalaren Größen sondern Funktionen. Die Gefährdung entspricht der Wahrscheinlichkeitsverteilung des Umfangs der Schadstoffbelastung C_l im Schutzgut $P(C_l)$. Der Schaden ist wiederum eine Funktion der Schadstoffbelastung ($S(C_l)$). Bei der Berechnung des Risikos werden alle Schadstoffexpositionen berücksichtigt, deren Eintrittswahrscheinlichkeit oberhalb einer Grenzwahrscheinlichkeit p_{min} liegen. Das Risiko einer Schadstoffbelastung $Ri(C_l)$ berechnet sich somit als Integral über den Bereich p_{min} bis 1 des Produktes aus Gefährdungs- und Schadensfunktion (Schaden-Häufigkeitskurve).

$$Ri(C_l) = \int\limits_{p_{min}}^{1} P(C_l)S(C_l)dp \tag{4.2}$$

Die Schadensfunktion für die Schadstoffbelastung wird aus der Vulnerabilität des Schutzgutes für den konkreten Schadensfall ermittelt. Im Zuge der Risikoberechnung bei der Schadstofftransportmodellierung wird die Wahrscheinlichkeitsverteilung der Schadstoffbelastung im Schutzgut ermittelt. Hierfür werden die Unsicherheiten der Modelleingangsgrößen (Modellparameter) herangezogen, um eine Wahrscheinlichkeitsverteilung der Modellausgangsgrößen (Schadstoffkonzentrationen, -massen im Schutzgut) zu berechnen.

4.1. Ursachen von Unsicherheiten

Die Unsicherheiten bei der Bestimmung von Parametern für Strömungs- und Transportmodellierung kann unterschiedliche Gründe haben. Diese Gründe umfassen natürliche Unsicherheit, Messwertunsicherheit, Prozessunsicherheit und Unsicherheit die aus dem menschlichen Handeln (z.B. Betrieb von hydraulischen Steuerungseinrichtungen) abgeleitet werden können (CHENG & MELCHING, 1986). Im Folgenden sollen die Gründe für Unsicherheiten beschrieben werden, die sich aus der ungenauen Beschreibung der natürlichen Verhältnisse ergeben.

Natürliche Unsicherheit
Das Verhalten von natürlichen Systemen ist für den Betrachter häufig mit einem großen Maß von Zufälligkeit verbunden, was das Auftreten über den Raum und die Zeit betrifft. Dies steht im Kontrast zu der Annahme, dass alle auf einer größeren Raumskala beobachtbaren Prozesse eine deterministische Grundlage besitzen. Dieser Widerspruch erklärt sich aus der Unmöglichkeit, alle in unserer Umwelt in der Vergangenheit oder Gegenwart auftretenden Prozesse zu erfassen. Als Beispiel sei der Aufbau des Untergrunds genannt, der ein Ergebnis vielfältiger Ab- und Umlagerungsprozesse darstellt. Die natürliche Unsicherheit beruht auf der Differenz zwischen den Verhältnissen in der Umwelt und den verfügbaren Informationen über diese Verhältnisse.

Messwertungenauigkeit
Die Bestimmung von Eigenschaften von natürlichen Systemen erfolgt über Messungen. Die Messung einer Größe kann nicht beliebig genau erfolgen, sondern besitzt durch die Genauigkeit des Messverfahrens oder auf Grund anderer physikalischer Grenzen eine Unsicherheit. In manchen Fällen kann die benötigte Größe direkt an einem Punkt im Feld oder nach Probenahme im Labor bestimmt werden. Häufig muss die gesuchte Eigenschaft jedoch aus sekundären Messgrößen abgeleitet werden. Die Eigenschaften der Beziehung zwischen der primär gesuchten Größe und der sekundären Messgröße ist jedoch häufig für die konkreten Gegebenheiten nur ungenau bekannt. Eine zusätzliche Unsicherheit ergibt sich durch fehlerhafte Messungen oder Probenahme.

Prozessunsicherheit
Bei der Berechnung von Strömungs- und Transportvorgängen in der Umwelt müssen Annahmen über die natürlich ablaufenden Prozesse getroffen werden, die durch das Modell abgebildet werden sollen. Die Gültigkeit der jeweiligen Prozesse kann z.B. durch die konkreten Verhältnisse im Untersuchungsgebiet nicht mehr gegeben sein (z.B. Wechsel zwischen laminaren und turbulenten Strömungsverhältnissen). Auch bei genauer Kenntnis der jeweiligen Prozesse können zudem in der numerische Umsetzung Fehler auftreten, die aus der erforderlichen räumlichen und zeitlichen Diskretisierung folgen.

4.2. Beschreibung von Parameterunsicherheit

KLIR (1994) beschreibt verschiedene Ansätze zur Darstellung von Unsicherheiten. Die klassische "Set" Theorie beschreibt Unsicherheiten durch sich ausschließende Alternativen. Die Wahrscheinlichkeitstheorie beschreibt Unsicherheit durch Zuweisung von Wahrscheinlichkeiten auf eine Untergruppe der Gesamtheit aller möglichen Alternativen. Die „Fuzzy Set" Theorie berücksichtigt wie die klassische Set Theorie unspezifische Eigenschaften einer Gruppe von Alternativen und darüber hinaus (linguistische) Definitionsunschärfen durch Zuweisung eines Grades an Gruppenzugehörigkeit. Im Folgenden werden die auf der Wahrscheinlichkeitstheorie beruhenden statistischen Verfahren näher dargestellt.

Grundlegend für die Beschreibung von Unsicherheiten in der Statistik ist der Begriff der Zufallsvariablen (X). Diese stellen Funktionen dar, die die Ergebnisse eines Zufallsexperiments (sogenannte Realisationen) beschreiben. Die Wahrscheinlichkeitsdichtefunktion f(x) (englisch „probability density function" (pdf)) einer Zufallsvariablen stellt die Wahrscheinlichkeit P(x) dar, mit der eine Realisation x in einem vorgegebenen Wertebereich [a,b] liegt.

$$P(a \leq X \leq b) = \int_a^b f(x)dx \qquad (4.3)$$

Mit der kumulativen Wahrscheinlichkeitsdichtefunktion F(x) („cumulativ density function" (cdf)) wird die Wahrscheinlichkeit beschrieben, dass eine Zufallsvariable kleiner oder gleich einem Wert x ist:

$$P(X \leq x) = F(x) \qquad (4.4)$$

Für die Wahrscheinlichkeitsverteilungen einer Zufallsvariablen können Kenngrößen und Lageparameter angegeben werden, die auch als statistische Momente der Verteilungsfunktion bezeichnet werden.

Der Umfang aller möglichen Realisationen einer Zufallsvariablen wird Grundgesamtheit genannt. Die zur Verfügung stehenden Daten stellen somit eine Stichprobe aus dieser Grundgesamtheit dar. Mit Hilfe der Stichprobe können Schätzungen für die Momente der zu Grunde liegenden Grundgesamtheit durchgeführt werden.

Zur Beschreibung vieler Prozesse in den Umwelt- und Ingenieurwissenschaften wird die Normalverteilung verwendet. Ihre Bedeutung erlangt die Normalverteilung unter anderem durch den zentralen Grenzwertsatz, der besagt, dass die Überlagerung von einer großen Anzahl von Zufallsprozessen wiederum normalverteilt ist. Die Wahrscheinlichkeitsdichtefunktion der Normalverteilung wird auch Gaußfunktion genannt und hat die Form:

$$f(x) = \frac{1}{\sigma\sqrt{2\pi}}e^{-0.5\left(\frac{x - \bar{x}}{\sigma}\right)^2} \qquad (4.5)$$

$\bar{x}$ ist der Mittelwert der Normalverteilung, σ ist die Standardabweichung. Das Quadrat der Standardabweichung wird Varianz genannt. Bei der Normalverteilung entspricht $\bar{x}$ dem Wert mit der größten Wahrscheinlichkeit (Modus) der Verteilungsfunktion. Da f(x) um den Wert von $\bar{x}$ symmetrisch ist, ist $\bar{x}$ zudem der Wert mit einer Auftretenswahrscheinlichkeit von 50% (Median). Das Quadrat der Standardabweichung wird die Varianz der Wahrscheinlichkeitsverteilung genannt. Für Werte der kumulierten Wahrscheinlichkeitsdichte F(x) der Normalverteilung werden meist Näherungslösungen angegeben.

Die Parameter der Normalverteilung lassen sich aus n beobachteten Daten x_i folgendermaßen abschätzen:

$$\bar{x} = \frac{1}{n} \sum_{i=1}^{n} x_i \tag{4.6}$$

$$sa = \sqrt{\frac{1}{n-1} \sum_{i=1}^{n} (x_i - \bar{x})^2} \tag{4.7}$$

Für einige Größen in der Umwelt kann eine unsymmetrische (schiefe) Verteilungsform beobachtet werden, bei der z.B. die kleinen Werte in einer Stichprobe gegenüber den großen Werten überwiegen. Folgen hierbei die logarithmierten Werte der zugrundeliegenden Grundgesamtheit einer Normalverteilung, sind die (nicht logarithmierten) Werte lognormalverteilt:

$$f(x) = \frac{1}{\sigma\sqrt{2\pi}} e^{-0.5\left(\frac{ln(x) - \bar{x}}{\sigma}\right)^2} \tag{4.8}$$

Das Auftreten von Zufallsvariablen kann sowohl im Raum als auch über die Zeit korreliert sein. Zur Beschreibung der Korrelation im Raum werden Methoden der Geostatistik verwendet (z.B. Variogramme) (SCHAFMEISTER, 1999). Die Beschreibung der Korrelation über die Zeit erfolgt mit Hilfe von Methoden der Zeitreihenanalyse (z.B. Autokorrelationsanalyse) (KROISS ET AL., 2006). In der Natur ist das Auftreten von mehreren Zufallsvariablen häufig nicht unabhängig voneinander. Die Beschreibung der Abhängigkeit zwischen Zufallsvariablen kann mit Hilfe von Regressionsgleichungen erfolgen. Die Stärke der Beziehungen zwischen mehreren Zufallsvariablen erfolgt mit Hilfe des Regressionskoeffizienten.

Mit dem Grenzwertsatz der Wahrscheinlichkeitstheorie streben die aus einer Stichprobe ermittelten Verteilungsparameter mit steigender Datenanzahl gegen die wahren Parameter der Verteilung. Bei kleinen Stichprobenumfängen ist die Aussagekraft der erhobenen Daten auf den zugrundeliegenden Verteilungsparameter daher gering. Zusätzlich zu den selbst erhobenen Daten stehen zumeist auch Informationen aus Literaturwerten oder aus Expertenwissen zur Verfügung. Diese können mit Hilfe der Bayes'schen Statistik nutzbar gemacht werden. Dieses Teilgebiet der Wahrscheinlichkeitstheorie fasst die Parameter einer Wahrscheinlichkeitsverteilung ebenfalls als Zufallsvariablen auf, für die eine bedingte Wahrscheinlichkeit (a posteriori Verteilung) aus den beobachteten Messungen und der vorausgehenden Annahmen zur Parameterverteilung (a priori Verteilung) berechnet wird (LEE, 1997). Diese Berechnung (Bayes'sche Inferenz) kann numerisch erfolgen (z.B. Gibbs-Sampling (CASELLA & GEORGE, 1992)). Unter bestimmten Annahmen über die zugrundeliegenden Verteilungsformen ist zudem auch eine analytische Durchführung der Inferenzberechnung möglich. Methoden der Bayes'schen Statistik wurden u.a. bei der Beschreibung der räumlichen Verteilung von Bodenparametern (KITANIDIS, 1986) sowie bei der Ermittlung der Wahrscheinlichkeitsverteilung von bodenhydraulischen Parametern (MEYER ET AL., 1997; VRUGT & BOUTEN, 2002; WANG ET AL., 2003) und Transportparametern von Böden (IDEN ET AL., 2003) verwendet.

Unter Verwendung von natürlich konjugierten a priori Verteilungen entspricht die a priori Verteilungsform der aus der Inferenz berechneten a posteriori Verteilungsform. Unter der Annahme, dass der Mittelwert und die Varianz voneinander abhängen, kann eine konjugierte a priori Verteilung definiert werden, deren Inferenz sich analytisch berechnen lässt. Hierfür wird die Randverteilung des Mittelwertes bei gegebener Varianz $\mu|\sigma^2$ als Normalverteilung mit den Verteilungsparametern μ und σ definiert. Für die Randverteilung der Varianz σ^2 wird eine inverse χ^2-Verteilung mit den Parametern η und Σ angenommen (RAIFFA & SCHLAIFER, 1961; GELMAN ET AL., 1995). Für die a priori Verteilung gilt somit:

$$\mu|\sigma^2 \sim NV(\mu_0, \sigma^2/n_0) \tag{4.9}$$

$$\sigma^2 \sim \chi^{-2}(\eta_0, \Sigma_0) \tag{4.10}$$

Hierbei beschreibt μ_0, σ_0^2 und N_0 den Mittelwert, die Varianz und den Stichprobenumfang der a priori Verteilung. η_0 und Σ_0 sind die Anzahl an Freiheitsgraden sowie der Skalierungsparameter der inversen χ^2-Verteilung der a priori Varianz, die sich aus dem Stichprobenumfang und der Varianz der a priori Verteilung berechnen lassen:

$$\eta_0 = N_0 - 1 \tag{4.11}$$

$$\Sigma_0 = \sigma_0^2(\eta_0 - 2) \tag{4.12}$$

Die Parameter der a posteriori Verteilung können aus den a priori Parametern sowie den Verteilungsparametern der Stichprobe $\bar{x}, \sigma^2$ und N berechnet werden:

$$\mu_1 = \frac{N_0\mu_0 + n\bar{x}}{N_0 + N} \tag{4.13}$$

$$N_1 = N_0 + N \tag{4.14}$$

$$\eta_1 = \eta_0 + N \tag{4.15}$$

$$\Sigma_1 = \Sigma_0 + (N-1)\sigma^2 + \frac{N_0 N}{N_0 + N}(\bar{x} - \mu_0)^2 \tag{4.16}$$

Der Mittelwert μ_1 der a posteriori Verteilung entspricht dem nach dem jeweiligen Stichprobenumfang gewichteten arithmetischen Mittel aus dem a priori Mittelwert und dem Stichprobenmittelwert. Die Varianz der a posteriori Verteilung σ_1^2 kann über den Erwartungswert der inversen χ^2-Verteilung EW berechnet werden:

$$\sigma_1^2 = EW(\chi^{-2}) = \frac{\Sigma_1}{\eta_1 - 2} \tag{4.17}$$

4.3. Berücksichtigung von Parameterunsicherheit

Zur möglichst umfassenden Beschreibung der Strömungs- und Transportprozesse müssen die Unsicherheit bezüglich der Modelleingangsgrößen bei der Berechnung von Strömungs-

und Transportvorgängen berücksichtigt werden. Hierfür wurden in der Vergangenheit eine Reihe von Methoden entwickelt, die sowohl den Parametereinfluss auf das Modellergebnis (Sensitivitätsanalyse) als auch die Unsicherheit des Modellergebnisses bei gegebener Parameterverteilung (Stochastische Transportmodellierung) ermitteln.

4.3.1. Sensitivitätsanalyse

Mit Hilfe der Sensitivitätsanalyse kann der Einfluss eines Modellparameters auf das Modellergebnis untersucht werden. Hierdurch kann der Beitrag der einzelnen Modellvariablen an der Gesamtunsicherheit des Modellergebnisses beschrieben werden. Bei der Sensitivitätsanalyse wird der untersuchte Parameter (x) über einen zuvor festgelegten Wertebereich variiert. Im Sensitivitätsindex SI [-] wird die Änderung des Modellergebnisses (dy) auf die Änderung des Parameters (dx) bezogen:

$$SI[-] = \frac{dy}{dx} \tag{4.18}$$

Je sensitiver ein Modell auf eine Parameteränderung reagiert, desto größer wird sein Sensitivitätsindex sein. Auf diese Weise können sowohl einfach zu quantifizierende Parameter als auch komplexe Modelleigenschaften (wie z.B. Modellgeometrien) untersucht werden. Probleme bei der Sensitivitätsanalyse können durch nichtlineare Zusammenhänge zwischen Modellparameter und Modellergebnis auftreten, infolgedessen ist der Sensitivitätsindex eines Parameters über den betrachteten Wertebereich nicht konstant. Auch der Einfluss von gleichzeitiger Abweichung von Parameterwerten von ihrem jeweiligen Mittelwert wird bei der Sensitivitätsanalyse nicht berücksichtigt. Dennoch ist die Sensitivitätsuntersuchung hilfreich, um die Parameter mit dem größten Einfluss auf das Modellergebnis zu identifizieren.

4.3.2. Gauss'sche Fehlerfortpflanzung

Mit Hilfe der Gauss'schen Fehlerfortpflanzung werden die Unsicherheiten σ_i in den Eingangsdaten x_i einer Funktion $f(x_i)$ verwendet, um eine Unsicherheit des Funktionswertes zu ermitteln. Hierfür werden die partiellen Ableitungen der Funktion nach den berücksichtigten Eingangsparametern durchgeführt und aufsummiert:

$$\sigma = \sqrt{\sum_{i=1}^{n} \frac{\partial f(x_i)}{\partial x_i} \sigma_i^2} \tag{4.19}$$

Zur Berechnung der Varianz σ des Funktionswertes wird angenommen, dass die Eingangsparameter x_i normalverteilt sind. Für einfach differenzierbare Funktionen kann die Gauss'sche Fehlerfortpflanzung analytisch erfolgen.

4.3.3. Stochastische Transportmodellierung

Mit Hilfe der stochastischen Transportmodellierung wird die Unsicherheit in den Modelleingangsdaten verwendet, um eine Unsicherheit für das gesuchte Modellergebnis zu berechnen. Hierfür finden sich in der Literatur eine Reihe von Methoden. Durch die Verwendung von stochastischen Größen (Momente der Wahrscheinlichkeitsverteilung) anstatt deterministischer Parameter in den in den Abschnitten 3.1 und 3.2 beschriebenen Strömungs- und Transportgleichungen können die Momente der Modellausgangsgrößen (z.B. hydraulisches Potential) berechnet werden (DAGAN, 1989; ZHANG, 2002). Die Angabe von Wahrscheinlichkeiten für das Modellergebnis ist jedoch nicht möglich (PIGGOTT & CAWLFIELD, 1996). In der "first-order-reliability"-Methode (FORM) werden die Ableitungen des Modellergebnisses hinsichtlich einer Änderung der Eingangsgrößen verwendet, um die Unsicherheit der Modellergebnisse zu berechnen (KIUREGHIAN & LIU, 1986). Diese Methode wurde in einer Reihe von Untersuchungen zur Strömungs- und Transportberechnung verwendet (CAWLFIELD & WU, 1993; PIGGOTT & CAWLFIELD, 1996; BAALOUSHA, 2004). Die Anwendung ist jedoch begrenzt auf kleine Varianzen in den Eingangsparametern (ZHANG, 2002).

Die weiteste Verbreitung innerhalb der Methoden der stochastischen Transportmodellierung besitzt die Monte-Carlo-Simulation. Ein Überblick über Anwendungen der Monte Carlo Simulation bei der Strömungs- und Transportmodellierung finden sich in ZHENG & BENNETT (2002). Bei dieser Methode werden stochastische Zufallsvariablen als Eingangsgrößen für ein deterministisches Modell verwendet. Die Zufallsvariablen können unabhängig oder räumlich bzw. zeitlich korreliert auftreten und werden über ihre Wahrscheinlichkeitsdichtefunktionen beschrieben. Die Monte-Carlo Simulation besteht aus einer großen Anzahl von Modellläufen, für die jeweils andere Eingangsparameter gewählt werden. Die Werte der Eingangsparameter für die einzelnen Modellläufe werden über ihre Wahrscheinlichkeitsverteilungen mit Hilfe von Zufallsgeneratoren bestimmt. Die Zufallsgeneratoren sind Algorithmen, die Parameterstichproben unter Berücksichtigung der jeweiligen Wahrscheinlichkeitsverteilung erzeugen können. Für eine Vielzahl von Verteilungsformen sind in FORTRAN programmierte Zufallsgeneratoren frei verfügbar (BROWN & LOVATO, 2008). Nach dem zentralen Grenzwertsatz ist für eine repräsentative Abbildung einer Parameterverteilung durch einen Zufallsgenerator eine große Anzahl von Beprobungen der Wahrscheinlichkeitsverteilung nötig. Durch systematische Beprobung (z.B. "latin hypercube sampling") können der Beprobungsumfang und damit auch die Modellläufe der Monte Carlo Simulation reduziert werden (IMAN & SHORTENCARIER, 1984; HILLIER & LIEBERMAN, 1990). Auch räumliche Korrelationen von Zufallsvariablen können bei der Monte Carlo Simulationen berücksichtigt werden, indem die Beschreibung der räumlichen Verteilungen (Variogramme) verwendet wird, um Parameterfelder, sogenannte Zufallsfelder, zu erzeugen (DEUTSCH, 2002).

Ein großer Vorteil der Monte Carlo Methode besteht in ihrer relativ einfachen Durchführung sowie einer breiten Anwendungsmöglichkeit auch für komplexe Strömungs- und Transportverhältnisse. Die Durchführung einer Monte-Carlo Simulation gliedert sich in drei wesentliche Schritte:

1. Erzeugen einer großen Anzahl von Werten der stochastischen Modelleingangsdaten mit Hilfe eines Zufallsgenerators

2. Durchführen der Modellrechnung mit jedem der generierten Parameterwerte

3. Auswertung und Zusammenfassung der berechneten Modellergebnisse

Die Darstellung der Modellergebnisse einer Monte-Carlo Simulation erfolgt meist mit Hilfe einer Häufigkeitsverteilung (Histogramm). Aus dieser können dann statistische Parameter wie der Median oder die Varianz abgeleitet werden. Zudem kann unter Verwendung der relativen Häufigkeit eine Wahrscheinlichkeit berechnet werden, mit der ein zuvor definierter Grenzwert unter- oder überschritten wird.

5. Konzept der Risikoberechnung

Auf Grund der vorwiegend vertikalen Bodenwasserbewegung in der Deckschicht des Retentionsraums wird die Berechnung der Schadstoffverlagerung unter Vernachlässigung lateraler Austauschvorgänge vertikal eindimensional durchgeführt. Der Bilanzraum entspricht dem gesamten Bereich der Deckschicht, die sich zwischen Geländeoberkante und Oberkante des Grundwasserleiters erstreckt. Der Übergang zwischen Deckschicht und Aquifer ist zudem die Referenzebene für die Risikoberechnung der Schadstoffverlagerung.

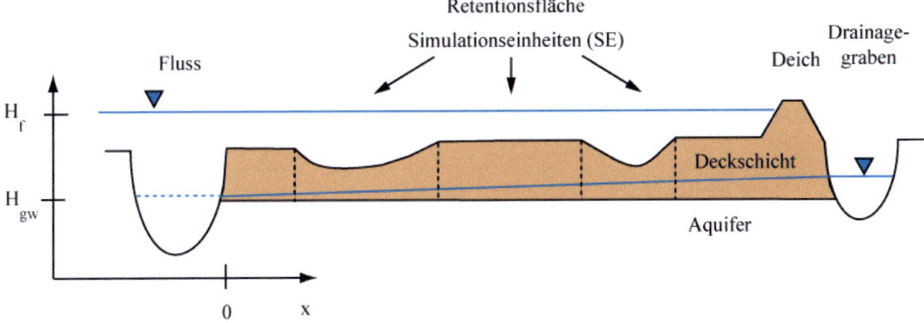

Abbildung 5.1.: Gliederung des Retentionsraums in Simulationseinheiten

Durch die wechselnden Ablagerungs- und Sedimentationsbedingungen in Flussniederungen (Kap. 2) weisen die Bodeneigenschaften in Retentionsräumen eine große räumliche Variabilität auf, wodurch sich die Strömungs- und Transporteigenschaften der Böden deutlich unterscheiden können. Zudem treten während eines Flutungsereignisses bei durchströmten Retentionsräumen Unterschiede in den hydraulischen Randbedingungen auf. Diese räumliche Variabilität der Bodeneigenschaften und hydraulischen Bedingungen können einen großen Einfluss auf die Schadstoffverlagerung ausüben und müssen daher bei der Risikoberechnung berücksichtigt werden. Hierfür wird der Retentionsraum in Simulationseinheiten unterteilt (Abb. 5.1), für die ein einheitlicher Bodenaufbau sowie einheitliche hydraulische Bedingungen angenommen werden können. Die eindimensional vertikale Berechnung der Schadstoffverlagerung erfolgt getrennt für jede Simulationseinheit.

Die Schadstoffverlagerung während eines Flutungsereignisses wird insbesondere durch die Strömungsprozesse in der Bodenzone bestimmt. Bei der Berechnung des Schadstofftransports müssen die hydraulischen Prozesse in ihrem Umfang sowie ihrer zeitlichen Dynamik ausreichend genau abgebildet werden. Hierfür wird die Schadstofftransportberechnung getrennt für die einzelnen Bodenwasserströmungsphasen während eines Flutungsereignisses durchgeführt. Bei der Risikoberechnung wird zudem die Schadstofffreisetzung aus den während eines Flutungsereignisses im Retentionsraum abgelagerten Sedimentmassen berücksichtigt. Hierzu wird im Anschluss an das Flutungsereignis eine Grundwasserneubildungsphase betrachtet, in denen die Schadstoffe aus den Sedimenten in die Bodenzone eingetragen werden können.

Im Gegensatz zu rein deterministischen Modellansätzen ist bei der stochastischen Betrachtung der Schadstoffverlagerung ein größerer Rechenaufwand durch die Berücksichtigung der Unsicherheit der Modellparameter nötig. Durch die gleichzeitig hohe räumliche Variabilität der Bodeneigenschaften und der damit verbundenen hohen Anzahl von Simulationseinheiten muss für eine Risikoberechnung der Schadstoffverlagerung in den Aquifer eine große Anzahl von Modellläufen durchgeführt werden. Die Rechenzeit pro Modelllauf sowie die Modellstabilität spielen daher eine wichtige Rolle bei der Modellauswahl. Die zeitliche Trennung der Strömungsphasen (Kap. 2) ermöglicht die Verwendung von analytischen Funktionen zur Beschreibung der Sickerwasserströmung und des Schadstofftransports, wodurch die Rechenzeit für die Transportberechnung minimiert werden kann.

5.1. Räumliche Gliederung des Hochwasserretentionsraums

Die Simulationseinheiten stellen die Grundlage für die Berechnung der Schadstoffverlagerung dar. Sie werden durch räumliche Verschneidung der Flächen einheitlicher Bodeneigenschaften (Bodenbereiche) mit den Flächen einheitlicher hydraulischer Bedingungen im Retentionsraum (Flutungsbereiche) erstellt (Abb. 5.2).

Die Bodenbereiche geben die horizontale und vertikale Variabilität der Bodeneigenschaften wieder, die durch die räumlich und zeitlich variierenden Ablagerungs- und Erosionsbedingungen in den Flussauen sowie durch Unterschiede in der Bodenentwicklung oder in der Landnutzung entstanden sind. Markante Strukturen können hierbei z.B. durch höher gelegene Kiesbänke mit gröberem Substrat oder durch tiefliegende ehemalige Gewässerarme mit feinkörnigem Substrat auftreten. Unterschiede in der Bodenstruktur können jedoch auch durch unterschiedliche Landnutzung (Forst-, Landwirtschaft oder Gewässer) verursacht werden. Durch die wechselnden Ablagerungsbedingungen und variierenden bodenbildenden Prozesse weist die Deckschicht in den häufig überfluteten und zudem dicht bewachsenen Bereichen der Flussauen häufig eine Vielzahl von Bodenhorizonten auf. Eine vollständige Beschreibung dieser Horizontabfolge ist auf Grund der nur ungenügenden Kenntnis dieser Prozesse zumeist nicht möglich. Es können jedoch generelle Tendenzen für den Aufbau der Böden in Flussauen beobachtet werden (Kap. 2). In den oberen Bodenbereichen (A-Horizont) ist auf Grund von größerer biologischer Aktivität sowie stärkeren Witterungseinflüssen der Tonmineralanteile gegenüber den tiefer liegenden Bereichen (Auenböden: M-Horizonte) zumeist erhöht. Hierdurch wird die hydraulische Leitfähigkeit des Substrates erniedrigt. Zugleich führt die verstärkte biologische Aktivität in den oberen Bereichen zu einer Erhöhung der sekundären Porosität in Form von Makroporen und des Gehalts an organischem Kohlenstoff.

Um die für die Bodenwasserströmung sowie den Schadstofftransport wesentlichen Unterschiede im vertikalen Bodenaufbau zu berücksichtigen, wurde die Deckschicht vertikal in

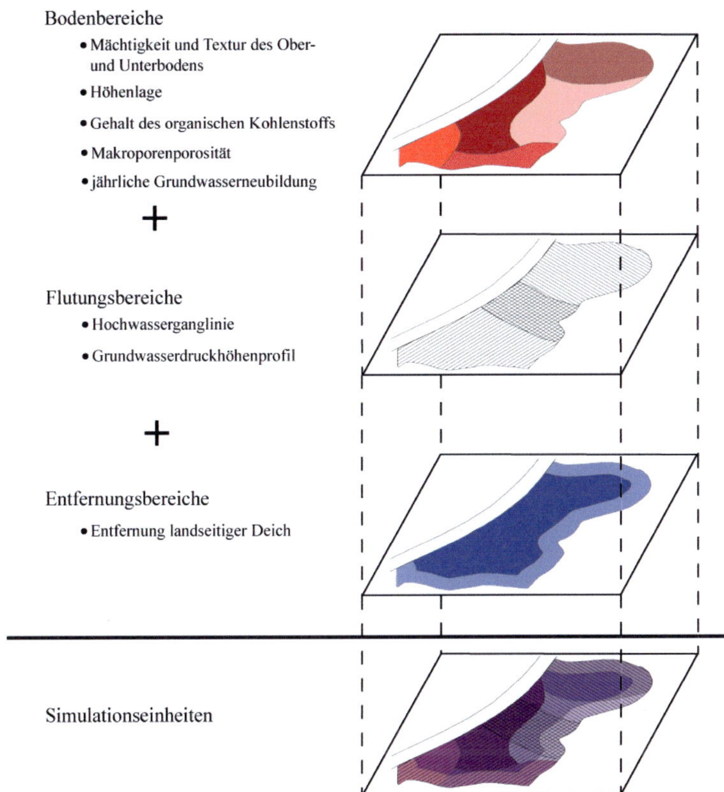

Abbildung 5.2.: Erzeugung der Simulationseinheiten durch räumliche Verschneidung der Boden-, Flutungs- und Entfernungsbereiche

zwei Bereiche unterteilt (Abb. 5.3). Der obere Bereiche (Oberboden) umfasst den durch Bodenbildungsprozesse beeinflussten Bereich (erhöhter Tongehalt/Gehalt an organischem Kohlenstoff, Auftreten von Makroporen). Zur Darstellung der Makroporenstruktur im Oberboden der Deckschicht wurde ein vereinfachtes Röhrenmodell zu Grunde gelegt. Die Makropore wird als eine vertikal verlaufende Röhre mit konstantem Radius beschrieben. Nach unten schließt sich an den Oberboden bis zur Oberkante des Aquifermaterials der Unterboden an (geringer Tongehalt/Gehalt an organischem Kohlenstoff, keine Makroporen).

Die Erstellung der Bodenbereiche kann mit Hilfe eines digitalen Höhenmodells (rasterbasierte Höheninformation), mit Hilfe von Informationen zur flussgeschichtlichen Entwicklung und zur Landnutzung sowie durch punktuell vorliegenden Informationen des Boden-

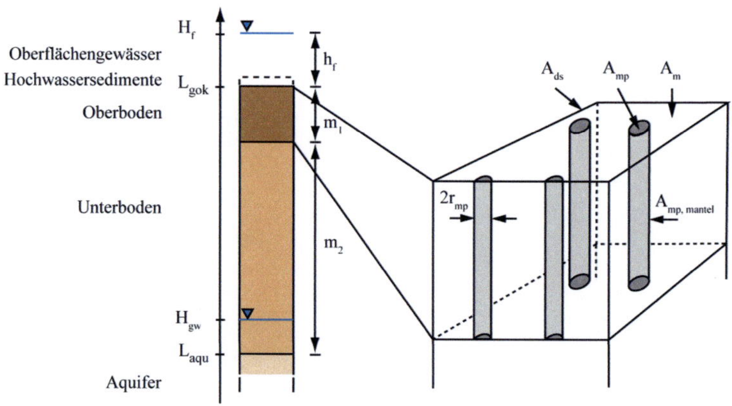

Abbildung 5.3.: Übersicht über den Aufbau der Deckschicht im Model FWInf

aufbaus durchgeführt werden. Durch Berücksichtigung der Landnutzungsgrenzen (forst- und Landwirtschaft, Gewässer) ist auch eine näherungsweise Darstellung der Variabilität der Grundwasserneubildung im Retentionsraum möglich.

Bei einem durchströmten Polder treten in Strömungsrichtung Unterschiede in der Wasserspiegellage und damit in der hydraulischen Druckhöhe an der Bodenoberfläche auf. Die Berechnung der Wasserspiegellage kann z.B. mit Hilfe von zweidimensionale hydrodynamischen Simulationen der Flutungssituation erfolgen. Für einfache Strömungsverhältnisse kann evtl. eine Extrapolation des Flusswasserspiegels auf den Retentionsraum ausreichen. Auf Grundlage der Wasserspiegelberechnung werden Flutungsbereiche mit einer mittleren Wasserspiegellage ausgewiesen, die in Strömungsrichtung hintereinander angeordnet sind. Die Unterschiede in der mittleren Wasserspiegellage werden verwendet, um für jeden Flutungsbereich eine Flusswasserganglinie des Flutungsereignisses zu berechnen.

Unter der Annahme, dass durch die Unterschiede in der Wasserspiegellage auch die Unterschiede der Grundwasserdruckhöhen in (Fluss-)Strömungsrichtung ausreichend wiedergegeben werden, werden für jeden Flutungsbereich einheitliche Grundwasserdruckhöhenprofile zwischen Fluss und landseitigem Deich definiert. Die hydraulischen Randbedingungen für die Grundwasserdruckhöhe (Flusswasserspiegellage, Druckhöhe am landseitigen Deich) können hierbei unter Berücksichtigung der Strömungssituation im Retentionsraum für jeden Flutungsbereich getrennt definiert werden. Um die Unterschiede der Grundwasserdruckhöhen in Abhängigkeit der Entfernung zur landseitigen Eindeichung zu erfassen, werden die Flutungsbereiche in Abhängigkeit zum landseitigen Deich in eine geringe Anzahl von weiteren Flächeneinheiten (Entfernungsbereiche) unterteilt (Abb. 5.2). Zur Berechnung der Grundwasserdruckhöhenprofile sind auch Informationen über den Aquifer erforderlich (Mächtigkeit m_{aqu}, hydraulische Leitfähigkeit k_{aqu} und Speicherkoeffizient S_{aqu}). Diese können, soweit die entsprechenden Daten zur Verfügung stehen, für jeden Flutungsbereich unterschiedlich gewählt werden. Bei der üblichen Ausdehnung der Retentionsräume von einigen km^2 liegen jedoch meist nicht genügend Daten vor, um eine Differenzierung der Aquifereigenschaften zu rechtfertigen.

Neben den Angaben zum Bodenaufbau sowie zu den hydraulischen Randbedingungen müssen die stofflichen Randbedingungen für die Simulationseinheit definiert sein. Für die Konzentration gelöster Schadstoffe im Oberflächenwasser wird angenommen, dass diese einheitlich innerhalb des Retentionsraums ist. Die Ablagerung von belasteten Sedimenten auf der Bodenoberfläche während eines Flutungsereignisses variiert innerhalb des Retentionsraums mit der Strömungsgeschwindigkeit und der Überstauhöhe. Die Berechnung der Sedimentationsmenge bei gegebener Sedimentkonzentration und Korngrößenverteilung im Flutungswasser kann bei Kenntnis der Geschwindigkeits- und Wasserstandsverteilung im Retentionsraum analytisch erfolgen (MIDDELKOOP & ASSELMAN, 1998). Durch die Erfassung der Variabilität der Topographie durch die Bodenbereiche sowie der Unterschiede der Wasserspiegellage durch die Flutungsbereiche wird angenommen, dass die Variabilität der Strömungs- und damit der Sedimentationsverhältnisse durch die Simulationseinheiten genau genug wiedergegeben ist. Liegen die Ergebnisse der Sedimentationsberechnung als Rasterinformation vor, können daher mit dieser für jede Simulationseinheit mittlere abgelagerte Sedimentmengen berechnet werden.

5.2. Bestimmung der effektiven Bodeneigenschaften

Die Bestimmung von effektiven Eigenschaften eines heterogenen Mediums, die das mittlere Strömungs- und Transportverhalten beschreiben, ist noch Gegenstand der Forschung. Die Verfahren, die hierbei besondere Beachtung finden, nutzen die stochastischen Eigenschaften des Mediums (Mittelwert, Varianz, Autokorrelation) zur Bestimmung der effektiven Eigenschaften (NEUWEILER & CIRPKA, 2005; RUSSO, 1992; MANTOGLOU & GELHAR, 1987). Auf der Porenskala wurden zudem geometrische und topologische Verfahren verwendet, um die Strömungsfelder zu charakterisieren (TORQUATO, 2002; HILFER, 2002).

Die oben genannten Verfahren stellen jeweils hohe Anforderungen an die Kenntnis über die Struktur des Untergrundes. Für die Flussauen ist auf Grund der hohen Variabilität des Bodenaufbaus eine vollständige Beschreibung der stochastischen Eigenschaften des Untergrundes nicht möglich. Zur Reduzierung des Modellaufwandes musste dennoch eine Vereinfachung des Bodenaufbaus und der Informationen aus den Bodenprofilen durchgeführt werden. Hierbei wurde jeweils versucht die mittleren Strömungs- und Transporteigenschaften der Böden zu erhalten. Die Bodeneigenschaften in den Bodenbereichen können in strukturelle Eigenschaften des Bodens (Horizontmächtigkeit und -textur, Makroporenporosität), sowie hydraulische Eigenschaften (Wasserspannungsparameter und hydraulische Leitfähigkeit) und transportrelevante Eigenschaften (Lagerungsdichte, C_{org}-Gehalt, Verteilungskoeffizient) unterteilt werden. Die Bodeneigenschaften können zum Teil direkt im Feld oder anhand von Proben im Labor ermittelt werden.

Die Darstellung des vertikalen Bodenaufbaus in zwei Bodenhorizonte (Oberboden und Unterboden) stellt eine starke Vereinfachung der natürlichen Gegebenheiten dar. Die vertikale Differenzierung der Bodeneigenschaften auch innerhalb der Bodenhorizonte kann einen großen Einfluss auf die Wasserbewegung und den Stofftransport in den Horizonten besitzen. Bei der Beschreibung der Bodeneigenschaften der Bodenhorizonte wurde daher versucht, effektive Eigenschaften zu finden, die die mittleren Eigenschaften der jeweiligen Bodenhorizonte widerspiegeln.

Anhand der Bodenprofile einer Bodeneinheit wird die mittlere Mächtigkeit und Textur des Ober- und Unterboden bestimmt. Zur Bestimmung der Textur des Ober- und Unterbodens müssen z.T. mehrere Bodenhorizonte eines Bodenprofils zusammengefasst werden. Zur Bestimmung des Übergangs zwischen Ober- und Unterboden wird die maximale Erstreckung des Makroporensystems im Boden abgeschätzt. Hierbei wird angenommen, dass die vertikale Erstreckung von Makroporen tierischen oder pflanzlichen Ursprungs durch Erreichen einer hinreichend mächtigen Bodenschicht aus gröberem Bodensubstrat begrenzt wird. Darüber hinaus kann angenommen werden, dass über eine vom Pflanzenbewuchs abhängige maximale Tiefe keine nennenswerte Makroporendichte mehr auftritt. Für die Gliederung der Bodenprofile in Ober- und Unterboden wurde daher eine maximale Mächtigkeit des Oberbodens von $1.50\ m$ definiert. Tritt in diesen oberen $1.50\ m$ des Bodenprofils ein $0.25\ m$ mächtiger Horizont mit sandigem Material auf (Bodenart fS oder gröber, Anhang A), wird als Untergrenze des Oberbodens die Oberkante dieses Horizonts gewählt.

Zur Beschreibung des Bodensubstrates innerhalb des Ober- und Unterbodens wird den Bodenabschnitten jeweils eine Bodenarthauptgruppe (Sande - Tone) zugewiesen. Hierfür werden die einzelnen Horizonte innerhalb des Ober- und Unterbodenbereichs hinsichtlich ihrer Bodenartgruppen ausgewertet. Die Bodenartgruppen mit der feinkörnigsten Textur wird als repräsentativ für den gesamten Ober- und Unterboden herangezogen, da angenommen werden kann, dass diese Bereiche den größten Einfluss auf die vertikale effektive Leitfähigkeit aufweisen.

In Abbildung 5.4 ist dargestellt wie die Vereinfachung eines geschichteten Profils auf ein homogenes Profil die hydraulischen Verhältnisse beeinflusst. Hierfür wurde ein dreifach geschichtetes Profil untersucht, für das die Mächtigkeit der mittleren Tonschicht variiert wurde. Für das Profil wurde jeweils die hydraulische Aufenthaltszeit berechnet (Gl. 3.60). Mit zunehmender Anteil der Tonschichtmächtigkeit m_{ton} an der Gesamtmächtigkeit m_{ges} nähern sich die berechneten Aufenthaltszeiten dem Wert für ein homogenes Tonprofil an. Durch den Einfluss der Tonschicht liegen die wahren Werte jeweils deutlich näher an den Aufenthaltzeiten für ein Tonprofil als für ein homogenes Sandprofil. Durch die Verwendung der jeweils niedrigsten Leitfähigkeit im Bodenprofil als effektive Leitfähigkeit für den Bodenabschnitt wird deren hydraulischer Einfluss somit nur verhältnismäßig leicht überschätzt.

Zur Beschreibung der Geometrie der Makroporen im Boden wird eine Radienverteilung im Boden definiert (CHEN & WAGENET, 1992). Für die Makroporenradienverteilung wird angenommen, dass diese einer Lognormalverteilung folgt, wobei 95% der auftretenden Radien im Intervall $r_{mp,min} - r_{mp,max}$ liegen. Für den unteren Grenzradius $r_{mp,min}$ wird ein Wert entsprechend dem oberen Porendurchmesser der Bodenmatrix gewählt. Eine Abschätzung dieses Wertes kann über den Aquivalentporenradius für den Lufteintrittspunkt $1/\alpha_{vg}$ der Wasserspannungskurve erfolgen. Der obere Grenzradius ($r_{mp,max}$)

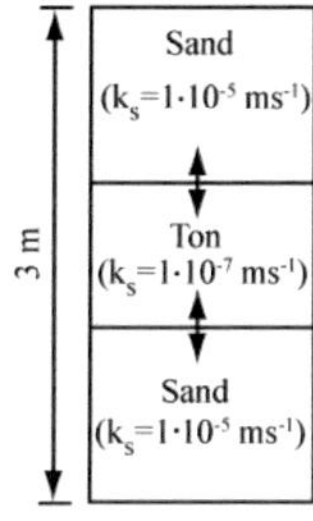
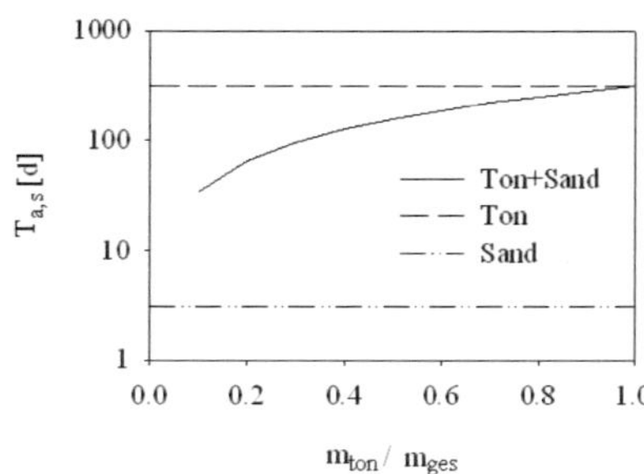

Abbildung 5.4.: Einfluss der Mächtigkeit einer Tonschicht auf die hydraulische Aufenthaltszeit $T_{a,s}$ (hydraulischer Gradient dH=1m, Porosität n=0.3)

ist abhängig von der Art der Prozesse am betrachteten Standort, die zur Bildung der Makroporen führen (z.B. Regenwurmgänge). Für die Makroporenverteilung wurde als unterer Grenzradius $r_{mp,min} = 5 \cdot 10^{-5}$ m gewählt. Als oberer Grenzradius wurde der Radius eines großen Regenwurmgangs verwendet ($r_{mp,max} = 5 \cdot 10^{-3}$ m). In Tabelle 5.1 sind die entsprechenden statistischen Parameter der Radienverteilung zusammengefasst.

Tabelle 5.1.: Parameter zur Beschreibung der Makroporengeometrie

$r_{mp,min}$	$r_{mp,max}$	μ_{mp}	σ^2_{mp}	$r_{mp} = r_{mp,median}$	$k_{mp}(r_{mp})$	τ_{mp}
$[m]$	$[m]$	$[-]$	$[-]$	$[m]$	$[ms^{-1}]$	$[-]$
$5.0 \cdot 10^{-5}$	$5.0 \cdot 10^{-3}$	-7.6	1.4	$5.0 \cdot 10^{-4}$	0.3	1.0

Für die Berechnung der Flüsse über die Makroporen wird nicht die Strömung für die gesamte Makroporenverteilung, sondern für einen effektiven Makroporenradius r_{mp} berechnet. Treten Makroporen als Bündel von Einzelporen mit gleichbleibendem Radius über die Tiefe auf, wird der Großteil der Gesamtströmung über wenige große Poren stattfinden. Im Boden ist jedoch zu erwarten, dass die Engstellen in den Makroporen die Strömung über diese limitiert. Als effektiver Makroporenradius wurde daher der Median der zu Grunde liegenden Lognormalverteilung verwendet ($r_{mp} = r_{mp,median} = 5 \cdot 10^{-4}$ m), da dieser eher die kleinen Makroporenradien repräsentiert (Tab. 5.1). Unter der Annahme von laminaren Fließgeschwindigkeiten ist für r_{mp} zudem die nach der Gleichung nach Hagen-Poiseuille (Gl. 3.12) berechnete hydraulische Leitfähigkeit k_{mp} angegeben. Für die Tortuosität der Makroporen τ_{mp} wurde vereinfacht ein Wert von 1.0 angenommen.

Die Geometrie einer einzelnen Makropore ist durch die in Tabelle 5.1 angegebenen Werte sowie die Oberbodenmächtigkeit bestimmt. Welchen Einfluss die Makroporen auf die Strömung in einem Bodenprofil haben, wird durch die für die Makroporenströmung zur

Verfügung stehenden Strömungsquerschnitt bestimmt. Der Strömungsquerschnitt in vertikale Richtung berechnet sich aus dem Querschnittsfläche einer Makroporen und der Anzahl der Makroporen N_{mp} pro m^2. Nach Gl. 3.1 entspricht die Querschnittsfläche pro Einheitsfläche dem Wert der Porosität. Im Folgenden wird daher für die Querschnittsfläche der Makroporen der Begriff Makroporenporosität n_{mp} verwendet. Die Austauschfläche zwischen Makroporen und umgebender Matrix wird durch die Makroporenmantelfläche $A_{mp,mantel}$ sowie die Mächtigkeit des Oberbodens m_1 bestimmt.

$$n_{mp} = N_{mp}\pi r_{mp}^2 \tag{5.1}$$

$$A_{mp,mantel} = N_{mp}\pi r_{mp} m_1 \tau_{mp} \tag{5.2}$$

Der Wert von n_{mp} kann bei Kenntnis der Matrixleitfähigkeit k_s und der Gesamtleitfähigkeit k_{eff} eines Bodens mit Hilfe der Makroporenleitfähigkeit k_{mp} bestimmt werden. Unter Verwedung von n_{mp} als Strömungsquerschnitte für die Makroporen und $1 - n_{mp}$ als Strömungsquerschnitt für die Bodenmatrix kann Gleichung 3.15 nach n_{mp} aufgelöst werden:

$$n_{mp} = \frac{k_{eff} - k_s}{k_{mp} - k_s} \tag{5.3}$$

Die C_{org} Tiefenverteilung innerhalb der Bodenprofile einer Bodeneinheit zeigen häufig eine deutliche Abnahme des C_{org}-Gehalts mit der Tiefe. Zur Beschreibung der Tiefenverteilung kann an die gemessenen Daten eine Exponentialfunktion angepasst werden:

$$C_{org}(z) = C_{org,min} + C_{corg,0}e^{-a_{corg}z} \tag{5.4}$$

Der Parameter $C_{corg,0}$ beschreibt den Ausgangsgehalt an organischem Kohlenstoff an der Geländeoberkante. Der Funktionsparameter a_{corg} beschreibt die Abnahme des C_{org}-Gehalts mit der Tiefe. $C_{org,min}$ stellt die untere Grenze des C_{org}-Anteils im Boden dar. Die mittleren Funktionsparameter einer Bodeneinheit können aus den C_{org}-Profilen in einer Bodeneinheit abgeleitet werden. Durch Integration der Exponentialfunktion $C_{org}(z)$ über den Bodenabschnitt z_1 bis z_2 (z.B. Ober- oder Unterbodenmächtigkeit) erhält man den mittleren Gehalt an organischem Kohlenstoff im jeweiligen Bodenabschnitt.

$$\overline{C_{org}} = \frac{\int\limits_{z1}^{z2} C_{org}(\zeta)d\zeta}{z_2 - z_1} = C_{org,min} - \frac{1}{z_2 - z_1}\frac{C_{org,0}}{a_{corg}}\left((e^{-a_{corg}z_2} - e^{-a_{corg}z_1})\right) \tag{5.5}$$

In Abbildung 5.5 ist dargestellt wie gut die Transporteigenschaften eines Bodenprofils mit einem exponentiellen C_{org}-Profil durch Verwendung des mittleren C_{org}-Gehaltes $\overline{C_{org}}$ wiedergegeben werde kann ($C_{org,0} = 0.05$, $a_{corg} = 5.00$). Hierfür wurde die Aufenthaltszeiten $T_{a,t}$ eines sorbierenden Stoff ($K_{oc} = 1 \; lkg^{-1}$) im Bodenprofil schichtweise berechnet und addiert (Gl. 3.61). Mit zunehmender Verfeinerung der Schichtmächtigkeit nähert sich die berechnete Aufenthaltszeit dem Wert an, der mit Hilfe des mittlerne C_{org}-Gehalts berechnet wurde.

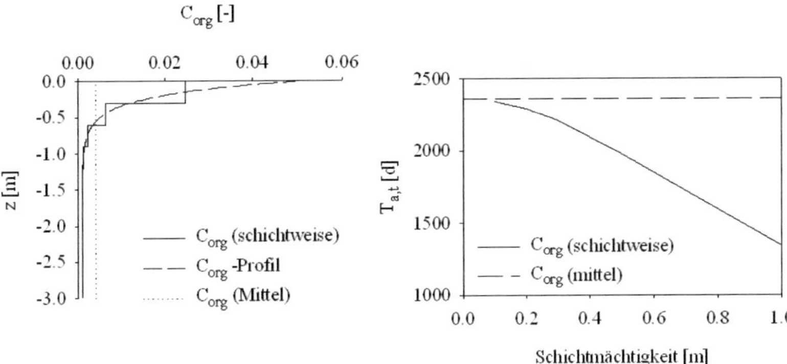

Abbildung 5.5.: Aufenthaltszeiten bei exponentieller Verteilung des organischem Kohlenstoffs, $q = 1 \cdot 10^{-7} ms^{-1}$, n=0.3, $\rho_b = 1.5 \ cm^3 g^{-1}$, $K_{oc} = 1 \ lkg^{-1}$

5.3. Berechnung des Schadstofftransports mit dem Modell FWInf

Abbildung 5.6 gibt einen Überblick über die Schadstofftransportprozesse in der Bodenzone während eines Überflutungsereignisses. Gelöste Schadstoffe infiltrieren mit dem Oberflächenwasser in die Bodenzone. Hierbei können an der Bodenoberfläche abgelagerte und evtl. mit Schadstoffen belastete Sedimente durchströmt werden. Der Schadstoffmassenfluss, mit dem gelöste Schadstoffe aus dem Oberflächengewässer während einer Strömungsphase in die Sedimente infiltrieren, berechnet sich aus der Infiltrationsrate während der Strömungsphase, der Schadstoffkonzentration im Oberflächenwasser sowie der Dauer der Strömungsphase.

Während der Durchströmung der belasteten Sedimente können Schadstoffe, die sorbiert an den Sedimenten vorliegen, in die wässrige Phase übertreten und mit dem Infiltrationswasser in den Boden verlagert werden. Die Menge an Sediment kann im Laufe einer Flutungsperiode wechseln, da sowohl Sedimentations- als auch Erosionsprozesse stattfinden. Die am Ende eines Flutungsereignisses im Retentionsraum verbleibende Sedimentmenge stellt das Depot für die Schadstofffreisetzung in den folgenden Infiltrationsereignissen dar.

Im Boden findet die Verlagerung der Schadstoffe in tiefere Bodenhorizonte entlang der Bodenmatrix sowie über präferentielle Fließwege (Makroporen) statt. Der Transport in den Makroporen führt zu einer schnelleren Tiefenverlagerung der Schadstoffe. Beim Auftreten von schnellen Transportprozessen auf Grund von Makroporenströmung werden advektive Prozesse gegenüber hydrodynamischen Verlagerungsprozessen überwiegen, so dass der Transport als Propfenströmung (Piston-Flow) im Untergrund auftritt. Für organische Schadstoffe wird in Abhängigkeit ihrer Stoffeigenschaften eine Sorption an das organische Material im Boden stattfinden, wodurch die Schadstoffverlagerung verzögert wird.

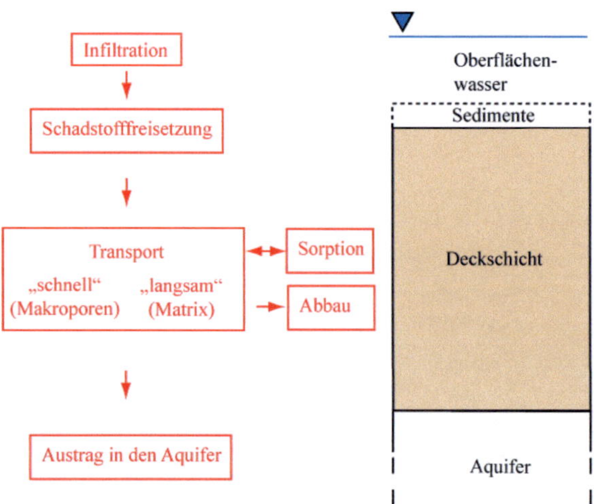

Abbildung 5.6.: Übersicht über die Transportprozesse in der Deckschicht während eines Überflutungsereignisses

Insbesondere bei hohen Strömungsgeschwindigkeiten kann es hierbei zu einer kinetischen Limitierung der Schadstoffsorption kommen.

Während ihrer Passage durch die Deckschicht können die Schadstoffe durch chemische oder mikrobielle Vorgänge abgebaut werden. Für viele organische Stoffe existiert eine umfangreiche Abbaukaskade über zahlreiche Zwischenstufen, die jeweils eigene Transport- und Reaktionseigenschaften aufweisen. Unter Verwendung einer mittleren Abbaurate kann die Abbaukaskade vereinfacht dargestellt werden. Hierbei wird davon ausgegangen, dass die resultierenden Abbauprodukte z.B. durch Ausgasung den Bilanzraum verlassen.

Zur Berechnung der Strömung und des Schadstofftransports in der Deckschicht eines Retentionsraums wurde das in FORTRAN 96 programmierte Modell FWInf (**F**lood**W**ater-**Inf**iltration) entwickelt. Die Grundlagen hierfür bilden die in Kapitel 3.1 und 3.2 dargestellten analytischen Beschreibungen der Strömungs- und Transportvorgänge in der Bodenzone. Im Folgenden wird ein kurzer Überblick gegeben über die Methodik der Strömungs- und Transportberechnung mit dem Modell FWInf. Details zum Berechnungsverfahren werden in Kapitel 6 erläutert.

Die Berechnungen des vertikal eindimensionalen Stofftransports erfolgt getrennt für alle Simulationseinheiten. Hierbei wird für jede Strömungsphase zunächst die mittlere Strömungssituation der Bodenwasserströmung ermittelt und im Anschluss die advektive Schadstoffverlagerung in der Bodenzone mit Hilfe eines Piston Flow Ansatzes berechnet. Die ermittelten vertikalen Volumen und Massenflüsse in die Deckschicht und den Aquifer beziehen sich jeweils auf eine Einheitsfläche von $1\ m^2$.

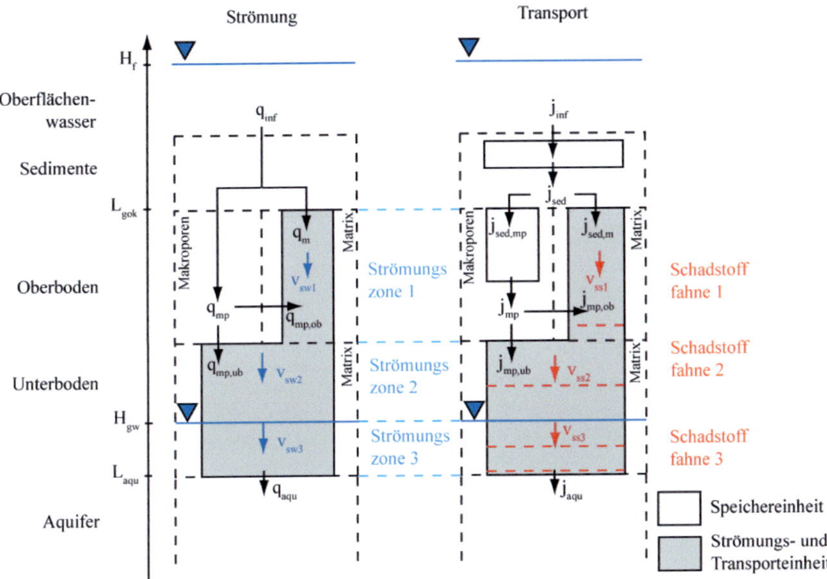

Abbildung 5.7.: Darstellung der Zu- und Abflüsse von Oberflächenwasser und Schadstoffen in die Bodenzone

Zur Bestimmung der Strömungsverhältnisse werden mittlere Infiltrationsraten des Oberflächenwassers q_{inf} in die Deckschicht für jede Strömungsphase berechnet (Abb. 5.7). Die Infiltrationsraten werden auf eine Infiltrationsrate in die Bodenmatrix des Oberbodens q_m und in die Makroporen des Oberbodens q_{mp} aufgeteilt. Im Modell FWInf werden die Makroporen über einen Speicherzellenansatz repräsentiert, aus denen je nach Strömungsphase sowohl ein Zustrom in den Ober- als auch in den Unterboden auftreten kann. Die mittleren Infiltrationsraten in die Bodenmatrix werden verwendet, um Strömungsgeschwindigkeiten $v_{sw,sz}$ in der Bodenmatrix zu berechnen. Hierfür werden Strömungszonen (SZ) in der Bodenmatrix ausgewiesen, für die eine einheitliche Sickerwassergeschwindigkeit angenommen wird. Für den Ober- und Unterboden werden getrennte Strömungszonen verwendet. Auch innerhalb eines Bodenhorizonts können durch unterschiedliche Sättigungsverhältnisse ober- und unterhalb des Grundwasserspiegels mehrere Strömungszonen auftreten.

Nach der Berechnung der mittleren Strömungssituation wird der Schadstofftransport in der Bodenzone berechnet. Zur Bilanzierung der Schadstofffreisetzung und -speicherung in den Flutungssedimenten an der Bodenoberfläche wird ein Massenspeicheransatz (Sedimentspeicher) verwendet. Der Schadstofffluss in den Oberboden j_{sed} entspricht dem Massenzustrom in den Sedimentspeicher j_{inf} (gelöste Schadstoffe im Oberflächenwasser), korrigiert um die in den Sedimenten auftretende Schadstofffreisetzung bzw. -speicherung.

5. Konzept der Risikoberechnung

Der Massenfluss aus den Sedimenten wird auf einen Massenfluss in die Makroporen $j_{sed,mp}$ und in die Oberbodenmatrix $j_{sed,m}$ aufgeteilt. Auch für die Schadstoffumsetzung innerhalb der Makroporen wird ein Massenspeicheransatz verwendet (Makroporenspeicher). Der Ausfluss aus den Makroporen teilt sich auf in einen Fluss in die Oberbodenmatrix $j_{mp,ob}$ und Unterbodenmatrix $j_{mp,ub}$. Zur Berechnung des Schadstoffzuflusses in die Matrix des Ober- bzw. Unterbodens wird somit eine Speicherkaskade verwendet, deren Teilspeicher (Sediment- und Makroporenspeicher) bei der Transportberechnung in den einzelnen Strömungsphasen Berücksichtigung finden, je nachem ob belastete Sedimenten an der Bodenoberfläche bzw. Makroporenfluss im Oberboden während der Strömungsphasen auftreten. Die während eines Flutungsereignisses abgelagerte Sedimentmasse wird erst nach Abschluss des Flutungsphase dem Sedimentspeicher zugegeben, da erst zu diesem Zeitpunkt angenommen werden kann, dass keine weiteren Änderungen der Sedimentmasse auf den Simulationseinheiten durch Sedimentations- und Erosionsprozesse auftreten.

Nach der Bilanzierung der Schadstoffzuflüsse aus den Sediment- und Makroporenspeichern in die Bodenmatrix des Ober- und Unterbodens, wird die Schadstoffverlagerung innerhalb der Bodenmatrix bestimmt. Hierfür wird ein Piston-Flow Ansatz verwendet, bei dem die Verlagerung der Schadstoffmassen über Schadstofffahnen berechnet wird. Jede Schadstofffahne ist durch die Lage ihrer Ober- und Unterkante innerhalb der Bodenmatrix beschrieben. Innerhalb der Schadstofffahnen ist die enthaltene Schadstoffmasse M_f gleichmäßig über die Fahnenmächtigkeit m_f verteilt (Abb. 5.7). Für jeden Schadstoffmassenfluss in die Ober- oder Unterbodenmatrix $j_{sed,m}, j_{mp,ob}, j_{mp,ub}$ wird eine Schadstofffahne (F) am entsprechenden Zustromrand berücksichtigt ($j_{sed,m}, j_{mp,ob}$: Oberkante bzw. Mächtigkeit des Oberbodens, $j_{mp,ub}$: Oberkante des Unterbodens).

Für die Berechnung der Fahnenverlagerung innerhalb der Deckschicht wird für jede Strömungszone in der Bodenmatrix eine Transportgeschwindigkeit $v_{ss,sz}$ bestimmt, mit der die advektive Verlagerung der Schadstoffe berechnet wird. Im Anschluss erfolgt die Berechnung des Schadstoffabbaus über die Dauer einer Strömungsphase. Am Ende jeder Strömungsphase wird der Schadstoffmassenfluss aus der Deckschicht in den Aquifer sowie die Schadstoffkonzentration im Porenwasser der Schadstofffahnen berechnet.

Bei der Entwicklung des Modells FWInf wurde die wichtigsten Strömungs- und Transportprozesse in der Bodenzone während eines Überflutungsereignisses berücksichtigt. Um den Einsatz von stochastischen Verfahren zu ermöglichen, mussten jedoch zum Teil weitreichende Annahmen zu den hydraulischen Bedingungen, dem Aufbau der Bodenzone sowie den Prozessen in der Bodenzone getroffen werden:

1. Verwendung von mittleren hydraulischen Randbedingungen, keine Berücksichtigung von Extremwerten

2. Vereinfachung des Bodenaufbaus, zweischichtiger Boden, keine Berücksichtigung von Kolmation der Makoporen

3. Mischungszellenansatz für Sedimente und Makroporen, keine räumliche Auflösung des Transports innerhalb dieser Kompartimente

4. freibewegliche Luftphase, keine Berücksichtigung der Reduzierung der effektiven Leitfähigkeit durch Lufteinschlüsse

Durch die Verwendung von mittleren hydraulischen Randbedingungen können Spitzenbelastungen, die durch maximale Wasserstände und Grundwasserdruckhöhen auftreten, nicht berücksichtigt werden. Des Weiteren erfolgt die Berechnung der hydraulischen Druckhöhen an der Bodenoberfläche und im Grundwasser unter Annahme, dass der Wasserspiegel im Retentionsraum mit dem Flusswasserspiegel identisch ist. Bei gesteuerten Poldern können Differenzen in der Wasserspiegellage auftreten, die zu Bodenwasser- und Grundwasserbewegungen im Uferbereich des Flusses führen, die im entwickelten Modell nicht berücksichtigt werden. Zudem kann durch topographische Senken innerhalb des Retentionsraums, Flutungswasser länger im Retentionsraum verbleiben und zu einer zusätzlichen Infiltration in die Bodenzone führen.

Zur Beschreibung des Aufbaus der Bodenzone mussten starke Vereinfachungen getroffen werden. Lokale Änderungen der Leitfähigkeit und des Sorptionspotentials, wie sie z.B. infolge von Tonlinsen im Boden auftreten, können jedoch einen großen Einfluss auf die Schadstoffverlagerung haben. Durch die Verwendung von mittleren Eigenschaften für einen Bereich der Bodenzone wird je nach Lage dieser Strukturen die Tiefenverlagerung der Schadstoffe über- oder unterschätzt. Die Darstellung des Aufbaus der Bodenzone erfolgt unter der Annahme, dass die Struktur des Bodens während eines Hochwasserereignisses keiner Veränderung unterliegt. Insbesondere wird angenommen, dass die Makroporen über die gesamte Strömungsphase FP1 und FP2 aktiv bleiben. Durch Umlagerung von Bodenpartikeln kann jedoch eine Kolmation der Grobporen des Bodens auftreten, die zu einer Reduzierung der Bodenleitfähigkeit führen. Bei den Makroporen wurde weiterhin angenommen, dass diese den gesamten Bereich des Oberbodens durchdringen. Die auf Grundlage dieser Annahmen berechnete Schadstoffverlagerung über die Makroporen liegt daher im oberen Bereich der möglichen auftretenden Stoffflüsse.

Durch Lufteinschlüsse während des Infiltrationsvorgangs kann der verfügbare Strömungsquerschnitt in der Bodenzone reduziert werden. Dies tritt insbesondere auf Standorten mit geringer sekundärer Porosität (Makroporen), sowie gering durchlässiger Bodenmatrix (tonige Standorte) auf. Auf den Bodenstandorten in den Flussauen mit hoher biogener Aktivität, kann jedoch erwartet werden, dass die Makroporenporosität groß genug ist, um eine weitgehend freie Luftbewegung in der Bodenzone zu ermöglichen.

5.4. Stochastischer Rahmen der Risikoberechnung

Mit Hilfe der Risikoberechnung soll die Gefährdung der Grundwasserqualität infolge von Schadstoffverlagerung aus dem Oberflächenwasser über die Deckschicht des Retentionsraums in den Grundwasserleiter quantitativ beschrieben werden. Zur Berechnung wird die in Gleichung 4.2 gegebene Risikodefinition verwendet. Eine monetäre Quantifizierung des Schadens einer Schadstofffreisetzung oder -verlagerung in der Umwelt ist jedoch nur eingeschränkt möglich. Durch den Gesetzgeber werden insbesondere für die gesundheitliche Schädigung von Menschen durch Schadstoffe Grenzwertkonzentrationen C_{grenz} für einzelne Schadstoffe definiert. Für den Bereich der Bodenzone und des Grundwasser sind hierbei insbesondere die Bundesbodenschutz-Verordnung (BBODSCHV, 1999) sowie die Trinkwasser-Verordnung (TRINKWV, 2001) hervorzuheben. Deren Grenzwertfestsetzungen liegt im Allgemeinen die Annahme zugrunde, dass bei Konzentrationen unterhalb des Grenzwertes die gesundheitlichen Folgen für den Menschen infolge von Kontakt mit Bodenmaterial oder Wasser vernachlässigbar sind.

Aufbauend auf dieser Schadenseinschätzung kann für eine Risikoberechnung der Grundwassergefährdung eine einfache Schadensfunktion $S(C_l)$ gewählt werden. Liegt die berechnete Schadstoffkonzentration im Grundwasser unterhalb der gesetzlichen Grenzkonzentration C_{grenz} ist der hierdurch hervorgerufene Schaden gleich 0. Oberhalb von C_{grenz} hängt sowohl der monetäre Schaden als auch der gesundheitliche Schaden für den Menschen von der Art des Schadstoffs, der Höhe der Schadstoffkonzentration sowie den konkreten örtlichen Gegebenheiten (Schadstoffexposition gegenüber dem Menschen, Aufwand zur Entfernung des Schadstoffs) ab. Vereinfacht wurde angenommen, dass der Schaden bei Überschreiten der Grenzkonzentration gleich 1 ist.

$$S(C_l) = \begin{cases} 0 & C_l < C_{grenz} \\ 1 & C_l \geq C_{grenz} \end{cases} \tag{5.6}$$

Zur Risikoberechnung wird die berechnete Wahrscheinlichkeitsfunktion der Schadstoffkonzentration (bzw. des Schadstoffmassenflusses) mit der Schadensfunktion multipliziert (Gl. 4.2). Bei Verwendung der Stufenfunktion in Gleichung 5.6 werden hierbei nur die Schadstoffbelastungen, die größer als der vorgegebene Grenzwerte sind, berücksichtigt. Liegt die Wahrscheinlichkeitsfunktion der Schadstoffbelastung im Grundwasser als diskrete Häufigkeitsverteilung vor, entspricht das Integral in Gleichung 4.2 der Summe der relativen Häufigkeiten der Schadstoffbelastungen rHf(C_l) größer C_{grenz}.

$$Ri(SS) = \sum_{C_{grenz}}^{\infty} rHf(C) \tag{5.7}$$

In der Bundesbodenschutz-Verordnung (BBodSchV, 1999) wird als Ort der Beurteilung die Höhenlage des Grundwasserspiegels gewählt. Für diesen Ort sind in der Verordnung sogenannte Prüf- und Maßnahmenwerte als Grenzkonzentrationen für verschiedene Schadstoffe vorgegeben. Bei einem Schadstoffeintrag über die Bodenzone eines Retentionsraums kann davon ausgegangen werden, dass ein großräumiger (d.h. horizontaler) Transport der Schadstoffe erst mit dem Übergang aus der geringer durchlässigen Deckschicht in den in der Regel besser durchlässigen Aquiferbereich erfolgt. Aus diesem Grund wird als Ort der Beurteilung, d.h. des Vergleichs der berechneten Schadstoffbelastung mit den gesetzlichen Grenzkonzentrationen, der Übergang zwischen Deckschicht und Aquifer gewählt. Im Gegensatz zur zeitlich sehr stark variierenden Lage des Grundwasserspiegels in den Auenbereichen vereinfacht die Wahl eines konstanten Kontrollniveaus zudem die Risikoberechnung.

Die Risikoberechnung erfolgt für ein definiertes Flutungsszenario, durch welches die hydraulischen und stofflichen Anfangs- und Randbedingungen der Stofftransportberechnung festgelegt werden. Die zeitliche Dauer eines Flutungsszenarios erstreckt sich über ein Jahr, wobei neben dem Zeitraum des Flutungsereignisses (Strömungsphase FP1-FP3) auch ein Zeitraum mit Grundwasserneubildung (Strömungsphasen GP1 - GPn) im Retentionsraum berücksichtigt wird (Abb. 2.3). Für das Flutungsszenario wird für jede Simulationseinheit die Wahrscheinlichkeitsverteilung der Schadstoffbelastung am Übergang zwischen Deckschicht und Aquifer am Ende eines Flutungsszenarios ermittelt. Mit Hilfe der oben definierten Schadensfunktion wird das Risiko einer Schadstoffbelastung des Grundwassers nach Gleichung 4.2 berechnet.

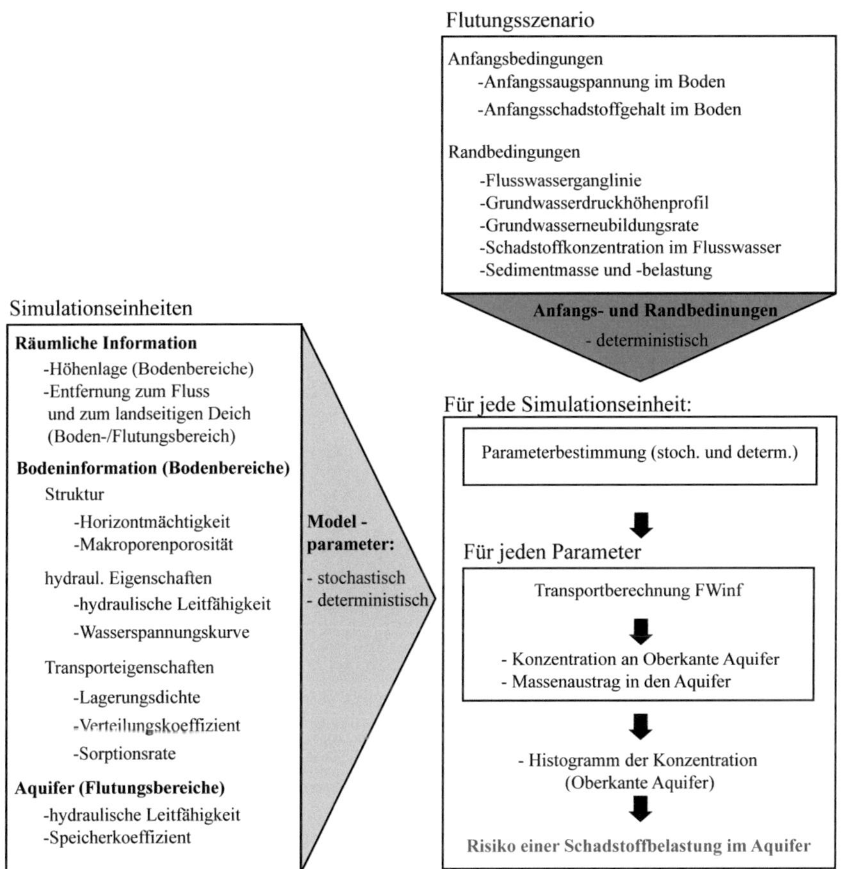

Abbildung 5.8.: Darstellung des Konzepts zur Berechnung des Risikos einer Schadstoffbelastung in den Aquifer

In Abbildung 5.8 ist das stochastische Konzept für die Berechnung des Risikos einer Schadstoffverlagerung in den Aquifer dargestellt. Ein Flutungsszenario umfasst die Beschreibung der Hochwasserganglinie und Grundwasserdruckhöhenprofile in den einzelnen Flutungsbereichen, der hydraulischen Bedingungen in der Bodenzone zu Beginn des Flutungsereignisses sowie der Grundwasserneubildungsereignisse in den Flutungsbereichen des Retentionsraums. Zudem sind die schadstoffbezogenen Eigenschaften des Flutungsereignisses in den Flutungsszenarien beschrieben. Diese umfassen die Art des betrachteten Schadstoffs mit den jeweiligen Schadstoffeigenschaften, die Schadstoffkonzentration im Hochwasser, die Sedimentfracht und -belastung auf den Simulationseinheiten sowie die Schadstoffbelastung in der Bodenzone zu Beginn des Flutungsereignisses. Die Angaben im Flutungsszenario bilden die hydraulischen bzw. stofflichen Anfangs- und Randbedingungen für die Schadstofftransportberechnung und werden als deterministische Größen, d.h. ohne ihre Unsicherheit zu berücksichtigen, in der Risikoberechnung verwendet.

Die Modellparameter zur Beschreibung der Simulationseinheiten umfassen Informationen zur Lage im Retentionsraum und zu den Bodeneigenschaften des Standorts. Die Bodeneigenschaften im Retentionsraum (Bodenstruktur, hydraulische und transportrelevante Eigenschaften) werden über die Bodeneinheiten beschrieben. Durch diese wird die großskalige Variabilität der Deckschichteigenschaften des Retentionsraums erfasst. Innerhalb der Bodenbereiche führt die kleinskalige Variabilität zu einer zusätzlichen Streuung der Bodeneigenschaften. Diese kann verwendet werden, um die Unsicherheit der mittleren Bodeneigenschaften der Bodeneinheit und damit der Modellparameter zu beschreiben. Zur Beschreibung der kleinskaligen Variabilität wurden Gruppen von Bodenstandorten definiert, die in Anlehnung an die in AG BODEN (2005) aufgeführten Bodenarthauptgruppen als tonige bis sandige Böden beschrieben werden.

Die in Tabelle 3.1 aufgeführten Werte von k_s für Lehme und Schluffe unterscheidet sich nur geringfügig. Für die Klassifikation der Standorte werden daher die schluffigen und lehmigen Texturklassen zusammengefasst. Zur Beschreibung der mittleren Textureigenschaften eines Standorts wird die Bodenartgruppe des Oberbodens herangezogen. Neben der Bodentextur kann auch die Landnutzung auf den jeweiligen Standorten insbesondere die Bodenstruktur und die Transporteigenschaften wesentlich beeinflussen. Zur Beschreibung der Standorte wurden daher neben den Textureigenschaften auch die vorwiegende Landnutzung im Untersuchungsgebiet (Land-, Forstwirtschaft, Gewässer) herangezogen. Unter Berücksichtigung der drei Bodenartgruppen sowie den drei Landnutzungsarten ergeben sich somit insgesamt 9 Standortgruppen (Abb. 5.9).

Durch die Verwendung der Standortgruppen ist es möglich, Abhängigkeiten zwischen den mittleren Substrateigenschaften und weiteren Bodeneigenschaften (z.B. den Bodenaufbau und den Tansporteigenschaften) zu berücksichtigen. Jede Standortgruppe weist eine eigene Eigenschaften auf. Die Beschreibung der Strömungs- und Transporteigenschaften der Standortgruppen erfolgt über den Mittelwert und die Standardabweichung der jeweiligen Parameter. Hierfür werden die verfügbaren Bodeninformationen im gesamten Untersuchungsgebiet jeweils einem der neun Standortgruppen zugeordnet, wobei die Annahme zugrundegelegt wird, dass innerhalb des Untersuchungsgebiets die Eigenschaften der jeweiligen Standortgruppen identisch sind. Unter der Annahme, dass die Verteilung der Substratgruppen innerhalb der Bodeneinheit einheitlich ist (stochastische Homogenität der Bodeneinheiten) wird für jede Bodeneinheit die Häufigkeitsverteilung der Standortgruppen bestimmt.

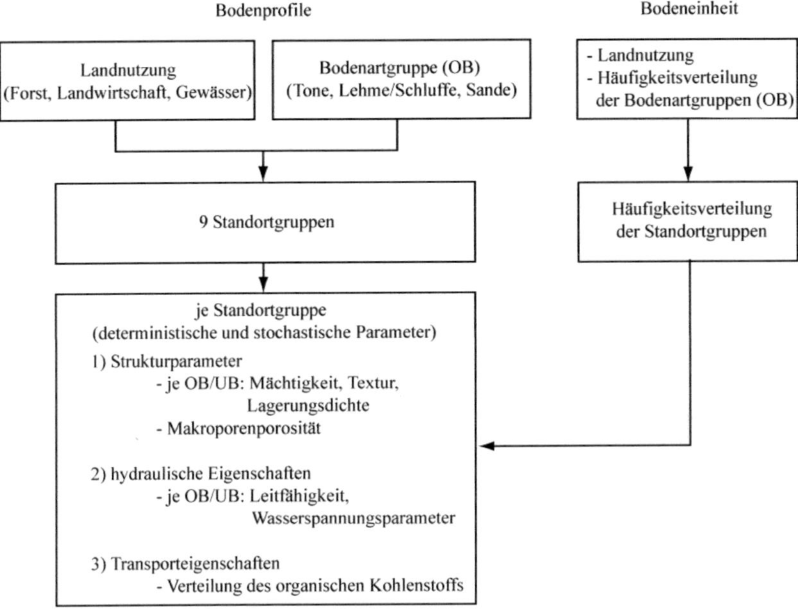

Abbildung 5.9.: Gruppierung der Bodeneigenschaften zu Standortgruppen

Zur Bestimmung der stochastischen Eigenschaften der Standorte müssen Annahmen über die zugrundeliegende Form der Parameterverteilung getroffen werden (Abb. 5.10). Eine weitverbreitete Annahme stellt die Verwendung der Normalverteilung oder Log-Normalverteilung dar. Die Bestimmung der Parameterverteilungen der Standorte erfolgt je nach Verfügbarkeit der benötigten Informationen. Liegen Daten über die gesuchte Eigenschaft in ausreichendem Umfang für den Standort vor, werden die gesuchten Parameterverteilungen direkt aus der Häufigkeitsverteilung der Modellparameter bestimmt (1) (Felddaten-Verteilung mit Mittelwert $\bar{x}$ und Standardabweichung sa). Liegen nicht genügend Daten für die gesuchte Modellgröße in der Bodeneinheit vor, kann versucht werden, diese aus sekundären Parametern abzuleiten, die in ausreichendem Umfang zur Verfügung stehen. Zur Bestimmung des gesuchten Modellparameters müssen die sekundären Parameter übersetzt werden. Werden hierfür Beziehungen verwendet, die auf Grundlage der Daten aus dem Retentionsraum erstellt wurden, erhält man wiederum eine Felddaten-Verteilung für den Modellparameter (2a). Unter Verwendung von Beziehungen, die auf Grundlage von externen Daten erstellt wurden (z.B. Datenbanken), erhält man Literaturdaten-Verteilungen (Mittelwert μ_0 und Standardabweichung σ_0) (2b). Stehen sowohl Feld- als auch Literaturdaten-Verteilungen zur Verfügung, kann die Verlässlichkeit der Parameterverteilungen verbessert

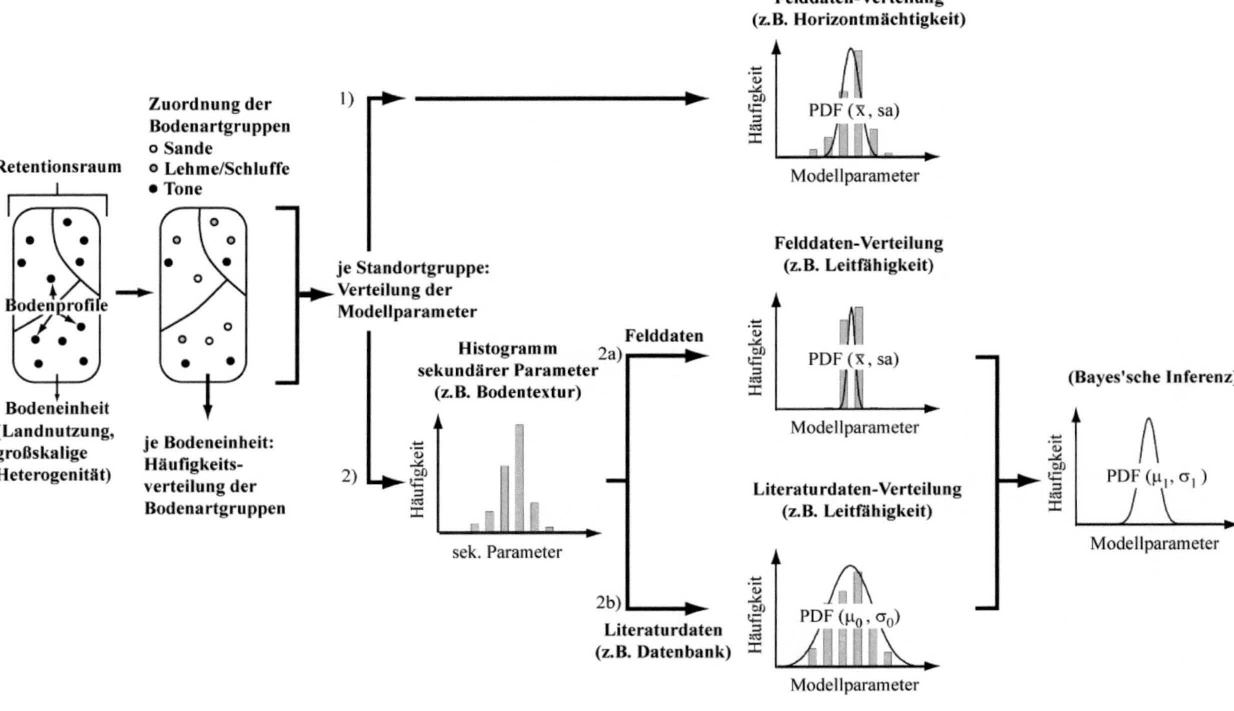

Abbildung 5.10.: Verfahren zur Beschreibung der Unsicherheiten der Standorteigenschaften

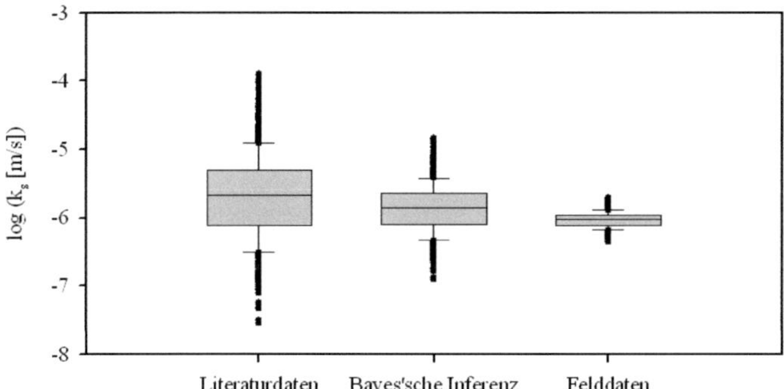

Abbildung 5.11.: Bayes'sche Inferenzberechnung für Literatur- und Felddaten zur gesättigten hydraulischen Leitfähigkeit (k_s)

werden, indem mit Hilfe der Methode der Bayes'schen Inferenz eine Literaturdatenverteilung erstellt wird (a posteriori Verteilung mit Mittelwert μ_1 und Standardabweichung σ_1). In Abbildung 5.11 ist das Ergebnis einer Inferenz-Berechnung für die gesättigte hydraulische Leitfähigkeit eines Lehmes/Schluffes dargestellt. Die a posteriori Verteilung weist sowohl hinsichtlich ihres Mittelwertes als auch ihrer Standardabweichung mittlere Eigenschaften auf. Durch die Bayes'sche Inferenz wird somit die geringe Varianz der Felddaten-Verteilung ausgeglichen, die sich aus der geringen Anzahl der verfügbaren Daten ergeben hat. Liegen weder genügend direkte Messungen noch sekundäre Parameter für die gesuchte Standorteigenschaft vor, muss die Modellparameter-Verteilung geschätzt oder von anderen Standorten übernommen werden, für die eine Ähnlichkeit mit dem betrachteten Standort angenommen werden kann.

Durch die Vielzahl der Bodeneigenschaften, die für die Transportmodellierung verwendet werden, ist es nicht möglich die Unsicherheit aller Parameter zu berücksichtigen. Auf der Grundlage einer Sensitivitätsanalyse werden stattdessen die Bodenparameter ausgewählt, die den größten Einfluss auf die Schadstoffbelastung im Aquifer aufweisen (stochastische Parameter). Die Werte der übrigen Parameter (deterministische Parameter) werden während der stochastischen Transportmodellierung konstant gehalten.

Die Wahrscheinlichkeitsverteilungen der stochastischen Parameter werden im Rahmen der stochastischen Transportsimulation mit der Monte-Carlo Technik verwendet, um die Risikoberechnung für jede Simulationseinheit durchzuführen. Hierfür wird für jeden Simulationslauf während der Monte-Carlo Simulation eine Standortgruppe aus der Standortgruppen Häufigkeitsverteilung des Bodenbereichs bestimmt, in der die jeweilige Simulationseinheit liegt. Aus den Parameterverteilungen der Standortgruppe werden die stochastischen und deterministischen Modellparameter für den Rechenlauf gewählt. Durch wiederholte

Durchführung dieses Vorgangs wird eine Häufigkeitsverteilung der Schadstoffkonzentrationen und des Schadstoffmassenflusses am Übergang zwischen Deckschicht und Aquifer berechnet. Durch Bestimmung der relativen Häufigkeit der Schadstoffbelastung oberhalb der Grenzwertkonzentration wird das Risiko einer Schadstoffbelastung für die Simulationseinheit ermittelt.

6. Berechnungsverfahren des Schadstofftransportmodells FWInf

6.1. Grundlegende Berechnungsschritte

In Kapitel 5.3 wurde das Modellkonzept des Transportmodells FWInf beschrieben. Zur Berechnung der Bodenwasserströmung und der Schadstoffverlagerung werden die in Abbildung 5.7 dargestellten Volumen und Massenflüsse für jede Strömungsphase berechnet. Zunächst wird hierbei die mittleren Strömungssituation der Strömungsphase ermittelt:

- Bestimmung der mittleren hydraulischen Randbedingungen H_f und H_{gw}.

- Berechnung der Infiltrationsrate in die Deckschicht q_{inf}, Aufteilung der Flüsse in die Oberbodenmatrix q_m und in die Makroporen q_{mp}.

- Berechnung der Strömungsgeschwindigkeit v_{sz} und der hydraulischen Aufenthaltszeit T_a für jede Strömungszone.

Nach der Berechnung der Strömungssituation erfolgt die Berechnung des Schadstoffmasseneintrags und der -verlagerung mit Hilfe der Schadstofffahnen in der Bodenzone:

- Bestimmung der mittleren Randbedingungen für den Transport: Massenflüsse j_{inf}, j_{sed}, $j_{sed,m}$ und j_{mp} über den Sediment- und Makroporenspeicher.

- Berechnung der Transportgeschwindigkeit v_{ss} für jede Strömungszone

- für jede Schadstofffahne:

  - Berechnung der Fahnenverlagerung v_{ss}.

  - Berechnung der Massenverteilung zwischen Porenvolumen M_l und Festphase M_s.

  - Berechnung des Massenabbaus.

  - Berechnung der Porenwasserkonzentration C_l.

Ziel der Berechnung der Strömungsverhältnisse in den einzelnen Strömungsphasen ist die Bestimmung der mittleren Flussraten in die Deckschicht und der Strömungsgeschwindigkeiten für die Strömungszonen in der Deckschicht. Nach Ermittlung der Strömungsverhältnisse in den Strömungszonen der Strömungsphasen wird die Schadstofffreisetzung aus den Massenspeichern der Sedimente und Makroporen bestimmt. Diese bilden die Transportrandbedingung für die Schadstoffverlagerung in der Deckschicht. Die Verlagerung der Schadstoffe wird mit Hilfe der Verlagerung von Schadstofffahnen unter Verwendung der Transportgeschwindigkeiten in den Strömungszonen ermittelt (Kap. 5.3).

In Anlehnung an diesen Berechnungsablauf werden im Folgenden die Berechnungsschritte der Strömung und des Transports erläutert, die übergreifend für alle Strömungsphasen gelten. Details zur Strömungs- und Transportberechnung für die jeweiligen Strömungsphasen sind in Kapitel 6.2 beschrieben.

6.1.1. Strömung

Hydraulische Rand- und Anfangsbedingungen

Zur Berechnung der mittleren Infiltrationsraten und der Bodenwasserströmungsverhältnisse werden für jede Strömungsphase die mittleren hydraulischen Randbedingungen (Wasserspiegellage H_f, hydraulischer Druck an der Bodenoberkante h_f, Grundwasserdruckhöhe H_{gw}) über die Dauer der Strömungsphase ermittelt. Hierfür wird die Ganglinie der Wasserspiegellage des Flutungsbereichs verwendet (Kap. 5.1), in dem die jeweilige Simulationseinheit liegt. Diese wird durch das Flutungsszenario vorgegeben (Kap. 5.4). Durch Mittelung der Ganglinien des Flutungswasserspiegels über die Dauer einer Strömungsphase $(T_{sp} = t_a - t_b)$ wird die Flusswasserspiegellage $H_{f,sp}$ für die Strömungsberechnung ermittelt.

$$H_{f,sp} = \frac{\int\limits_{t=t_a}^{t=t_b} H_f(\tau)d\tau}{t_b - t_a} \tag{6.1}$$

Zur Berechnung der hydraulischen Druckhöhe an der Geländeoberkante h_f wird die Differenz zwischen der mittleren Flusswasserspiegellage während der Strömungsphase und der Höhenlage der Geländeoberkante L_{gok} berechnet. In Abbildung 6.1 ist die Vorgehensweise schematisch dargestellt.

Mit Hilfe der Gleichungen in Kap. 3.1 werden aus der Flutungswasserganglinie die Ganglinien der Grundwasserdruckhöhen für den Flutungsbereich bestimmt. Hieraus wird für jede Simulationseinheit und für jede Strömungsphase eine mittlere Grundwasserdruckhöhe $H_{gw,sp}$ berechnet. Das Vorgehen ist für die einzelnen Strömungsphasen in Abschnitt 6.2 detailliert beschrieben. Zu Berechnung von $H_{gw,sp}$ wird angenommen, dass sich die Grundwasserdruckhöhe am landseitigen Deich während der Strömungsphasen nicht ändert, sondern konstant auf dem Niveau liegt, das sich während der Strömungsphase FP2 auf Grund der Wasserhaltungsmaßnahmen entlang des Deichs (z.B. Drainagegräben) einstellt. Durch Verwendung der maximalen Druckhöhe für diese Randbedingung in allen Strömungsphasen wird die Bodenwasserdynamik tendenziell unterschätzt. Da die Dynamik der Grundwasserdruckhöhe mit zunehmender Entfernung zum Gewässer abnimmt, kann jedoch davon ausgegangen werden, dass am landseitigen Deich nur geringe Druckhöhenänderungen auftreten und die zeitliche Änderung dieser hydraulischen Randbedingung somit vernachlässigt werden kann.

Als Anfangsbedingungen für die Strömungsberechnung wird ein mittlerer Wassergehalt für den Ober- und Unterboden definiert. Im Modell FWInf wird hierzu ein Matrixpotential vorgegeben und in einen Wassergehalt umgerechnet (Gl. 3.25).

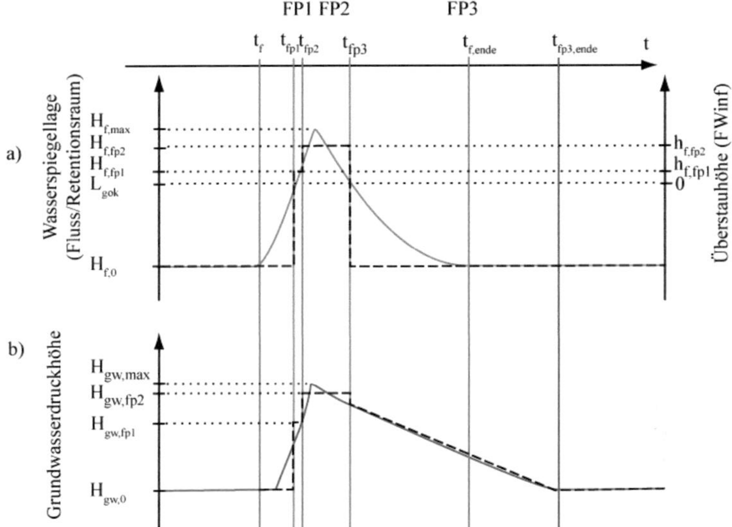

Abbildung 6.1.: In FWInf verwendete hydraulische Randbedingungen während eines Flutungsereignisses, a): mittlere Lage des Oberflächenwasserspiegels, b): mittlere Grundwasserdruckhöhen

Strömungsverhältnisse in den Strömungszonen

Neben den hydraulischen Randbedingungen wird die hydraulische Leitfähigkeit der Bodenzone benötigt, um die Infiltrationsrate in die Deckschicht zu berechnen. Je nach Strömungsphase sind hierfür die einzelnen Leitfähigkeiten des Ober- und Unterbodens bzw. der Matrix und der Makroporen innerhalb des Oberbodens relevant. Für andere Strömungsphasen kann die Bodenwasserströmung besser durch die mittleren Leitfähigkeiten des Oberbodens $k_{eff,ob}$ oder der gesamten Deckschicht $k_{eff,ds}$ beschrieben werden. $k_{eff,ob}$ berechnet sich mit Hilfe von Gleichung 3.15 aus den Leitfähigkeiten k_{mp} und k_{s1} sowie den Flächenanteilen A_{mp} und $A_e - A_{mp}$ der Makroporen und der Oberbodenmatrix. Unter der Verwendung einer Einheitsfläche A_e von 1 m^2 kann $k_{eff,ob}$ mit Hilfe der Makroporenporosität n_{mp} berechnet werden.

$$k_{eff,ob} = \frac{A_{mp}}{A_e} k_{mp} + \frac{A_e - A_{mp}}{A_e} k_{s1} = n_{mp} k_{mp} + (1 - n_{mp}) k_{s1} \tag{6.2}$$

Die effektive Leitfähigkeit der gesamten Deckschicht wird unter Verwendung von Gleichung 3.14 mit Hilfe von $k_{eff,ob}$, der Leitfähigkeit des Unterbodens k_{s2} und der Mächtigkeit des Ober- und Unterbodens m_1, m_2 berechnet.

$$k_{eff,ds} = \frac{m_1 + m_2}{\dfrac{m_1}{k_{eff,ob}} + \dfrac{m_2}{k_{s2}}} \tag{6.3}$$

Die hydraulischen Leitfähigkeiten und die mittleren hydraulischen Randbedingungen werden verwendet um die Infiltrationsraten q_{inf} in die Deckschicht und in die Oberbodenmatrix q_m sowie in die Makroporen q_{mp} zu berechnen. Hierbei stellt q_{inf} jeweils die Summe der beiden anderen Teilflüsse dar:

$$q_{inf} = q_m + q_{mp} \tag{6.4}$$

Die Berechnung der einzelnen Strömungsraten in den jeweiligen Strömungsphasen ist in Kap. 6.2 beschrieben. Eine Speicherung von infiltrierendem Wasser in den Makroporen- und Sedimentspeicher wird auf Grund des geringen Speichervolumens vernachlässigt. Der spezifische Volumenzu- und -abstrom in die jeweiligen Speichereinheiten ist während der einzelnen Strömungsphasen identisch. Mit Hilfe der spezifischen Flussraten kann das Volumen V, das während der Dauer einer Strömungsphase T_{sp} in die jeweiligen Bodenkompartimente infiltriert, berechnet werden:

$$V = q T_{sp} \tag{6.5}$$

Mit Hilfe der mittleren Infiltrationsraten in die Bodenmatrix des Ober- und Unterbodens werden aus dem Wassergehalt der Strömungszonen θ_{sz} für jede Strömungszone mittlere Strömungsgeschwindigkeiten v_{sw} berechnet (Gl. 3.10). Die hydraulische Aufenthaltszeit $T_{a,sz}$ in einer Strömungszone wird aus der vertikalen Erstreckung m_{sz} und der Sickerwassergeschwindigkeit $v_{sw,sz}$ ermittelt:

$$T_{a,sz} = \frac{m_{sz}}{v_{sw,sz}} \tag{6.6}$$

6.1.2. Transport

Rand- und Anfangsbedingungen für den Transport

Die Berechnung des während einer Strömungsphase auftretenden Schadstoffmassenflusses j_{inf} aus dem Oberflächenwasser in den Sedimentspeicher erfolgt entsprechend Gleichung 3.37 mit der spezifischen Infiltrationsrate q_{inf} und der Schadstoffkonzentration im Oberflächenwasser C_f. Zur Berechnung des Schadstoffmassenflusses in die Ober- und Unterbodenmatrix wird die Massenbilanzierung im Sediment- und Makroporenspeicher durchgeführt.

Die Berechnung der Massenbilanzen für den Sedimentspeicher und für den Makroporenspeicher ist identisch (Abb. 6.2). Die in die Speicherzelle während einer Strömungsphase eingetragene Schadstoffmasse $M_{ss,zu}$ berechnet sich entsprechend Gleichung 3.38 aus den jeweiligen Schadstoffmassenflüsse in die Speicherzelle j_{ds} bzw. $j_{sed,mp}$ und der Dauer der Strömungsphase T_{sp}. Zur Berechnung des Masseaustrags $M_{ss,ab}$ aus der Speicherzelle wird der Massezustrom $M_{ss,zu}$ mit dem maximalen Massenspeicher $M_{ss,max}$ in der Speicherzelle verglichen. Übersteigt die Summe aus $M_{ss,zu}$ und bereits vorhandener Schadstoffmasse M_{ss} den maximalen Speicherumfang, findet ein Austrag statt, andernfalls wird die gesamte zuströmende Masse im Massespeicher zurückgehalten.

$$M_{ss,ab} = \begin{cases} M_{ss,zu} + M_{ss} - M_{ss,max} & M_{ss,zu} + M_{ss} > M_{ss,max} \\ 0 & M_{ss,zu} + M_{ss} \leq M_{ss,max} \end{cases} \tag{6.7}$$

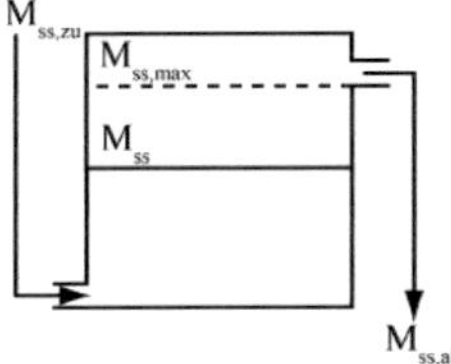

Abbildung 6.2.: Prinzipskizze des Massenspeicheransatzes für den Sediment- und Makroporenspeicher

Der maximale Speicherumfang $M_{ss,max}$ berechnet sich aus der maximalen Schadstoffspeicherung in der gelösten Phase und an der Festphase des Speichers. Die Speicherung in der gelösten Phase wird aus der Konzentration im zuströmenden Wasser $C_{ss,zu}$ sowie dem verfügbaren Porenvolumen V_p im Schadstoffspeicher berechnet. Die Speicherung an der Festphase berechnet sich nach Gleichung 3.51 aus der maximal möglichen sorbierten Masse unter Gleichgewichtsbedingungen $M_{s,gg}$, der bereits an der Festphase vorliegenden Schadstoffmasse $M_{s,0}$ sowie der hydraulischen Aufenthaltszeit $T_{a,ms}$ und der Sorptionsrate $\lambda_{sorb,ms}$ des Massenspeichers.

$$M_{ss,max} = M_{s,gg} - (M_{s,0} - M_{s,gg})e^{-\lambda_{sorb,ms}T_{a,ms}} + V_l C_{ss,zu} \tag{6.8}$$

Zur Berechnung von $M_{s,gg}$ wird aus der Konzentration im zuströmenden Wasser $C_{ss,zu}$ und dem Schadstoffverteilungskoeffizienten des Massenspeichers $k_{d,ms}$ die Schadstoffkonzentration an der Festphase unter Gleichgewichtsbedingungen ermittelt $C_{s,gg}$ (Gl. 3.40). Mit Hilfe der Masse der Festphase $M_{fp,ms}$ kann $M_{s,gg}$ berechnet werden.

$$M_{s,gg} = C_{s,gg}M_{fp,ms} \tag{6.9}$$

Für den Sedimentspeicher entspricht $C_{ss,zu}$ der Konzentration im Flutungswasser C_f. Beim Makroporenspeicher berechnet sich $C_{ss,zu}$ aus dem in den Makroporenspeicher strömenden Wasservolumen und der Schadstoffmasse (V_{mp}, $M_{ss,zu}$). Der Verteilungskoeffizient des Sedimentspeichers $K_{d,sed}$ wird nach Gleichung 3.43 aus dem C_{org}-Gehalt des Sedimentmaterials bestimmt. Für den Makroporenspeicher entspricht dieser dem Verteilungskoeffizienten des Oberbodens K_{d1}. Die Masse der Festphase M_{fp} entspricht beim Sedimentspeicher der Masse des abgelagerten Sedimentmaterials $M_{fp,sed}$. Für den Makroporenspeicher kann die Masse der Festphase mit der Masse des Oberbodens über die Mächtigkeit m_{sz} des Makroporenspeichers sowie mit dem Anteil der Makroporenporosität an der Gesamtporosität des Oberbodens θ_{s1} abgeschätzt werden.

$$M_{fp,mp} = \rho_{b1}m_{sz}\frac{n_{mp}}{\theta_{s1}} \tag{6.10}$$

Die Schadstoffmassenflüsse aus den Speicherzellen in die Ober- und Unterbodenmatrix j_{sed} bzw. j_{mp} werden mit Gleichung 3.38 aus der jeweils ausgetragenen Masse $M_{ss,ab}$ und der Dauer der Strömungsphase T_{sp} berechnet. Die Aufteilung von $j_{ss,ab}$ auf die folgenden

Teilflüsse (Sedimentspeicher: $j_{sed,m}$, $j_{sed,mp}$, Makroporenspeicher $j_{mp,ob}$, $j_{mp,ub}$) erfolgt entsprechend ihrer Volumenflüsse ($q_{sed,m}$, $q_{sed,mp}$, $q_{mp,ob}$, $q_{mp,ub}$). Für jede Massenverlagerung aus dem Sedimentspeicher in die Oberbodenmatrix sowie aus dem Makroporenspeicher in die Ober- bzw. Unterbodenmatrix wird eine neue Schadstofffahne angelegt.

Schadstoffbelastungen, die bereits vor einem Flutungsereignis in der Deckschicht vorliegen, werden mit Hilfe von Schadstofffahnen berücksichtigt, die sich bereits zu Beginn eines Flutungsereignis über einen Bereich der Deckschicht erstrecken. Mit Einsetzen der Strömungsphasen werden diese wie die neu hinzukommenden Schadstofffahnen verlagert.

Berechnung der Transportgeschwindigkeit in den Strömungszonen

Zur Berechnung der Fahnenverlagerung innerhalb der Bodenmatrix wird für jede Strömungszone eine Transportgeschwindigkeit $v_{ss,sz}$ aus der Strömungsgeschwindigkeit $v_{sw,sz}$ und dem Retardationskoeffizienten der Strömungszone R_{sz} bestimmt. Die Berechnung des Retardationskoeffizienten erfolgt unter Berücksichtigung einer kinetisch verzögerten Sorption. Gleichung 3.51 beschreibt eine Funktion $f(C_l)$, um die sorbierte Konzentration an der Bodenmatrix C_s in Abhängigkeit der Konzentration in der Bodenlösung C_l zu berechnen. Unter Verwendung der Ableitung dieser Funktion ($(\partial f(C_l))/\partial C_l = \partial C_s/\partial C_l$) in Gleichung 3.58 ergibt sich ein zeitlich abhängiger Retardationsfaktor $R_{sz}(t)$:

$$R_{sz}(t) = 1 + \frac{\rho_{b,sz}}{\theta_{sz}} K_{d,sz}(1 - e^{-\lambda_{sorb}T_{a,sz}}) \tag{6.11}$$

Zur Berechnung von R_{sz} werden die Transportparameter der jeweiligen Strömungszone ρ_{sz}, $K_{d,sz}$ und der Wassergehalt der Strömungszone θ_{sz} verwendet. Die Sorptionsrate λ_{sorb} wird für die Strömungszonen mit Hilfe von Gleichung 3.49 berechnet. Hierbei wird eine Retardation innerhalb der Bodenkörner nicht berücksichtigt ($R_i = 1$). Die Zeitdauer, die für den Phasenwechsel der Schadstoffe beim Übergang von der gelösten Phase in den sorbierten Zustand zur Verfügung steht, ist abhängig von der Kontaktzeit des Schadstoffs mit der Kornoberfläche. Diese kann über die hydraulische Aufenthaltszeit in der Strömungszone $T_{a,sz}$ abgeschätzt werden (Gl. 6.6). $T_{a,sz}$ wird somit zur Berechnung des Retardationsfaktors in der Strömungszone verwendet.

Berechnung der Fahnenverlagerung

Der Transport der Schadstoffe über die Dauer einer Strömungsphase wird durch vertikale Verlagerung dz_f der oberen und unteren Fahnenbegrenzung mit der Schadstofftransportgeschwindigkeit berechnet.

$$dz_f = v_{ss,sz}T_f \tag{6.12}$$

Jede Verlagerung einer Schadstofffahne führt zu einem spezifischen Schadstoffmassenfluss innerhalb der Deckschicht. Dieser berechnet sich aus der Verlagerungsgeschwindigkeit sowie der Schadstoffmasse der Fahne M_f, bezogen auf die Fahnenausdehnung m_f (siehe Gleichung 6.13):

$$j_f = v_{ss}\frac{M_f}{m_f} \tag{6.13}$$

Der Massenzustrom in die Fahne findet nur während der jeweiligen Strömungsphase statt. Während dieser Zeit wird nur die untere Schadstofffront verlagert. Mit der nächsten Masseninfiltration in der nächsten Strömungsphase wird am entsprechenden Zustromrand, eine neue Fahne gebildet. Die ursprüngliche Fahne löst sich vom Zustromrand, indem auch die obere Fahnengrenze verlagert wird.

Infolge des Transports der Schadstofffahnen in die Tiefe können die Fahnen von einer höherliegenden in eine tiefer liegende Strömungszone verlagert werden. Mit dem Übertritt in eine neue Strömungszone wird eine neue Fahne gebildet und die ursprüngliche Fahne löst sich teilweise oder ganz auf. In Abbildung 6.3 ist die teilweise Verlagerung einer Schadstofffahne F1 von der Strömungszone SZ1 in die neue Fahne F2 in der darunterliegenden Strömungszone SZ2 dargestellt. Bei der Verteilung der Schadstoffmassen auf die ursprüngliche und neue Fahne bleibt die Gesamtmasse beider Fahnen konstant. Zur Berechnung des Transfers der Schadstoffmasse von Fahne F1 in Fahne F2 muss der Zeitpunkt t_2 des Eintreffens der Fahne F1 am Übergang zwischen SZ1 und SZ2 bestimmt werden. Aus der verbleibenden Zeit T_{f2} bis zum Ende der Strömungsphase wird die Schadstoffmasse der Fahne F2 M_{f2} berechnet.

$$M_{f2} = j_{f1} T_{f2}$$
$$M'_{f1} = M_{f1} - M_{f2} \tag{6.14}$$

Die Verlagerung der Unterkante der Fahne F2 berechnet sich aus der Transportgeschwindigkeit in der Strömungszone SZ2 und der Verlagerungszeit T_{f2}. Anstelle des Transports in eine tiefer liegende Strömungszone können die Fahnen auch aus der Deckschicht in den Aquifer verlagert werden. Die hierdurch hervorgerufene Schadstoffmassenverlagerung in den Aquifer j_{aqu} berechnet sich ebenfalls entsprechend Gleichung 6.14.

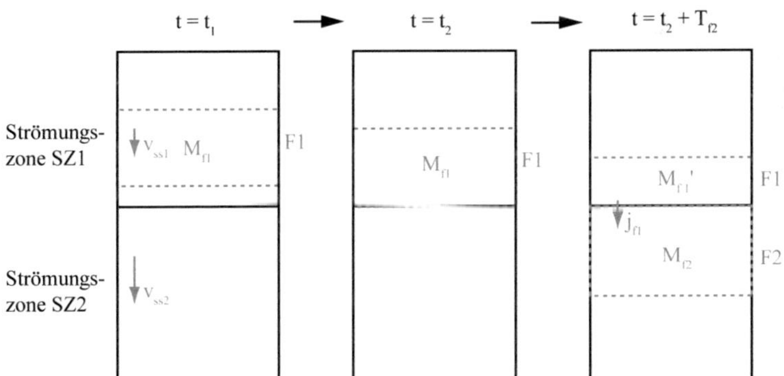

Abbildung 6.3.: Durchführung der Schadstofffahnenverlagerung zwischen zwei Strömungszonen

Am Übergang zwischen Ober- und Unterboden kann beim Auftreten von Makroporenströmung ein Massenzustrom sowohl über die Oberbodenmatrix als auch aus dem Makroporenspeicher in den Unterboden auftreten. In diesem Fall wird die Massenverlagerung im Unterboden zunächst getrennt für beide Fahnen berechnet und anschließend durch räumliche Überlagerung zu neuen Fahnen verrechnet. Die Massen der neuen Fahnen werden hierbei entsprechend der vertikalen Erstreckung der Ausgangsfahnen ermittelt.

Berechnung der Porenwasserkonzentration und des Schadstoffabbaus

Zur Berechnung der mittleren Konzentration im Porenwasser einer Schadstofffahne erfolgt am Ende eines Transportschritts die Verteilung der gesamten Schadstoffmasse in der Schadstofffahne auf die gelöste und sorbierte Bodenphase. Hierfür wird zunächst die sorbierte Konzentration $C_{s,gg}$ unter Gleichgewichtsbedingungen berechnet. Findet während der aktuellen Strömungsphase ein Zustrom von Masse aus dem Oberflächenwasser in die Fahne statt (Fahnenoberkante liegt am Zustromrand), berechnet sich $C_{s,gg}$ mit Hilfe von Gleichung 3.40 aus der Schadstoffkonzentration im zuströmenden Wasser. Hat sich die Fahnenoberkante bereits vom jeweiligen Zustromrand gelöst, wird die Gleichgewichtskonzentration an der Festphase der Fahne über die Gleichgewichtsmasse $M_{s,gg}$ (Gl. 3.52) und die Fahnenmächtigkeit m_f ermittelt:

$$C_{s,gg} = \frac{M_{s,gg}}{m_f \rho_{b,sz}} \tag{6.15}$$

Nach Gleichung 3.51 wird mit Hilfe der hydraulischen Aufenthaltszeit der Strömungszone $T_{a,sz}$ und der bereits vorliegenden Schadstoffkonzentration an der Feststoffphase $C_{s,0}$ die aktuelle sorbierte Schadstoffkonzentration C_s berechnet. Aus der Differenz zwischen $C_{s,0}$ und C_s wird die Änderung der sorbierten Schadstoffmasse ermittelt:

$$\Delta M_s = (C_s - C_{s,0}) m_f \rho_{b,sz} \tag{6.16}$$

ΔM_s wird mit $M_{s,0}$ und der ursprünglichen gelösten Schadstoffmasse $M_{l,0}$ zur neuen sorbierten und gelösten Schadstoffmasse verrechnet:

$$M_s = M_{s,0} + \Delta M_s \tag{6.17}$$
$$M_l = M_{l,0} - \Delta M_s \tag{6.18}$$

Die Konzentration im Porenwasser der Fahne C_l berechnet sich dann aus der Schadstoffmasse in der gelösten Phase M_l bezogen auf das Porenvolumen der Fahne:

$$C_l = \frac{M_l}{\theta_{sz} m_f} \tag{6.19}$$

Nach der Berechung der Verlagerung der Fahnen in der Deckschicht erfolgt die Berechnung des Schadstoffabbaus während der Strömungsphase im Sediment- und Makroporenspeicher sowie in den Schadstofffahnen. Im Modell FWInf wird der Schadstoffabbau über eine Kinetik 1. Ordnung beschrieben (Gl. 3.55). Der Abbau wird jeweils über die Dauer der Strömungsphase T_{sp} ermittelt, wobei einheitliche Abbauraten λ_{abb} für die Massenspeicher sowie für den Ober- und Unterboden angenommen werden.

6.2. Berechnung der Schadstoffverlagerung in den Strömungsphasen

Im Folgenden wird für die Strömungsphase FP1-GP die dem Modell FWInf zugrundeliegende Beschreibung der mittleren Strömungssituation in der Bodenzone erläutert. Hierfür wird die Bestimmung der hydraulischen Randbedingungen und der Oberflächenwasserinfiltrationsrate in die Deckschicht sowie die Lage und Charakterisierung der Strömungszonen beschrieben. Für die Schadstoffverlagerung werden die Schadstoffzuflüsse in die Bodenzone über die Sediment- und Makroporenspeicher für die einzelnen Strömungsphasen beschrieben.

6.2.1. Strömungsphase FP1

Der Zeitpunkt t_{fp1} des Beginns der Strömungsphase FP1 tritt ein, wenn der Flusswasserspiegel die Höhenlage der Simulationseinheit erreicht. Für einen linearen Anstieg des Flusswasserspiegels berechnet sich t_{fp1} aus der mittleren Anstiegsgeschwindigkeit und der Höhenlage der Bodenoberfläche L_{gok}.

$$t_{fp1} = \frac{L_{gok} - H_{f,0}}{H_{f,max} - H_{f,0}}(t_{f,max} - t_f) + t_f \tag{6.20}$$

Die Dauer T_{fp1} der Strömungsphase FP1 wird durch die Aufsättigungszeit der Deckschicht bestimmt, die im Zuge der Strömungsberechnung für diese Strömungsphase berechnet wird. Zur Bestimmung der mittleren Strömungsgeschwindigkeit des Bodenwassers wird das Volumen des während der Strömungsphase FP1 infiltrierenden Oberflächenwassers auf die Dauer der Strömungsphase FP1 bezogen. Die Dauer der Strömunsphase FP1 wird durch Berechnung des Infiltrationsvorgangs in die ungesättigte Bodenzone ermittelt.

Um die für die Strömungsberechnung notwendigen mittleren hydraulischen Randbedingungen an der Bodenoberfläche und am Grundwasserspiegel berechnen zu können, wird eine mittlere Aufsättigungszeit T^*_{fp1} geschätzt. Hierbei wird die Annahme getroffen, dass die Geschwindigkeit, mit der die Tiefenverlagerung der Infiltrationsfront erfolgt, annähernd der Strömungsgeschwindigkeit in der Deckschicht bei Einheitsgradient (dH/dz=1) etnspricht. Zur Abschätzung von T^*_{fp1} wird der Abstand zwischen Geländeoberkante L_{gok} und der Lage des Grundwasserspiegels $H_{gw,0}$ zum Zeitpunkt t_f durch diese Strömungsgeschwindigkeit geteilt. Die Strömungsgeschwindigkeit wird aus der effektiven Leitfähigkeit (Gl. 6.2 und 6.3) und der mittleren Porosität der Deckschicht (nach Horizontmächtigkeit gewichteter Mittelwert aus θ_{s1} und θ_{s2}) berechnet.

$$T^*_{fp1} = \frac{L_{gok} - H_{gw,0}}{k_{eff,ds}} n_{ds} \tag{6.21}$$

Dieses Vorgehen stellt eine grobe Abschätzung dar. Ein Fehler von einigen Stunden bei der Abschätzung der Aufsättigungszeit fällt jedoch bei der Bestimmung der mittleren hydraulischen Randbedingungen nur geringfügig ins Gewicht, da angenommen werden kann, dass sich der Oberflächenwasserspiegel $H_f(t)$ und die Grundwasserdruckhöhe $H_{gw}(t)$ in diesem Zeitraum nur geringfügig ändern.

Die mittlere hydraulische Druckhöhe an der Bodenoberfläche wird aus der Differenz zwischen der mittleren Flusswasserganglinie des Flutungsbereichs über den Zeitraum t_{fp1} bis $t_{fp1}+T^*_{fp1}$ (Gl. 6.1) und der Lage der Geländeoberkante der Simulationseinheit L_{gok} berechnet. Die Grundwasserdruckhöhe im Aquifer während eines Flutungsereignisses stellt die untere Randbedingung für die Strömungsberechnung dar. Entsprechend der Druckhöhe im Aquifer stellt sich ein Grundwasserspiegel in der Deckschicht ein, der die Mächtigkeit des ungesättigten Bereichs $(m^*_1+m^*_2)$ während der Strömungsphase FP1 festlegt. Die Anstiegsgeschwindigkeit des Grundwasserspiegels $v_{gw,fp1}$ in der Deckschicht wird begrenzt durch die hydraulische Leitfähigkeit der Deckschicht $k_{eff,ds}$, wohingegen die Druckänderung $v_{gw-h,fp1}$ im (halb-) gespannten Aquifer deutlich schneller erfolgen kann.

Zur Bestimmung von $v_{gw-h,fp1}$, wird ausgehend vom Anfangsdruckhöhenprofil des Flutungsbereichs, die Grundwasserdruckhöhenänderung über den Zeitraum t_f bis $t_{fp1}+0.5T^*_{fp1}$ mit Hilfe der Gleichungen 3.19 berechnet. Hierbei wird wiederum die Flusswasserganglinie des Flutungsbereichs herangezogen, in der die Simulationseinheit liegt. Entsprechend der in Abbildung 3.2 dargestellten Randbedingungen für dieses Verfahren wird für $H_f(t-1)$ die Ausgangsflusswasserspiegellage $H_{f,0}$ verwendet. $H_f(t)$ in Abbildung 3.2 entspricht dem Flusswasserspiegel zum Zeitpunkt $t = t_{fp1} + 0.5T^*_{fp1}$. Zur Bestimmung des Grundwasserdruckhöhenprofils zum Zeitpunkt t_f wird angenommen, dass die Grundwasserströmungsrichtung zu diesem Zeitpunkt zum Fluss gerichtet ist. Entsprechend steigt die Grundwasserdruckhöhe H_{gw} vom Fluss $(H_{gw,0} = H_{f,0})$ ausgehend in Strömungsrichtung an. Als rechte Randbedingung für die Grundwasserdruckhöhe wird $H_{gw,drain}$ am landseitigen Deich des Retentionsraums gewählt. Für diese Randbedingung wird angenommen, dass sie sich während der Strömungsphase FP1 nicht ändert. Die Entfernung D' in Abbildung 3.2 entspricht somit der Breite des Retentionsraums D.

$$v_{gw-h,fp1} = \frac{H_{gw}(t_{fp1} + 0.5T^*_{fp1}) - H_{gw,0}}{t_{fp1} + T^*_{fp1} - t_f} \tag{6.22}$$

Die Anstiegsgeschwindigkeit des Grundwasserspiegels $v_{gw,fp1}$ wird durch Vergleich von $v_{gw-h,fp1}$ mit der effektiven Leitfähigkeit der Deckschicht $k_{eff,ds}$ ermittelt. Ist $v_{gw-h,fp1}$ geringer als $k_{eff,ds}$, wird für $v_{gw,fp1}$ der Wert für die Anstiegsgeschwindigkeit der Grundwasserdruckhöhe gewählt. Ansonsten wird für $v_{gw,fp1}$ der Wert der effektiven hydraulischen Leitfähigkeit verwendet. Unter der Annahme, dass zu Beginn des Flutungsereignisses die hydraulische Druckhöhe im Aquifer $H_{gw,0}$ der Lage des Grundwasserspiegels zu diesem Zeitpunkt entspricht, wird mit Hilfe der Anstiegsgeschwindigkeit des Grundwasserspiegels die mittlere Lage des Grundwasserspiegels $L_{gw,fp1}$ für die Strömungsphase FP1 berechnet:

$$L_{gw,fp1} = H_{gw}(t_f) + v_{gw,fp1} \cdot (t_{fp1} + T^*_{fp} - t_f) \tag{6.23}$$

Mit Hilfe von $L_{gw,fp1}$ wird die Mächtigkeit des ungesättigten Ober- und Unterbodens m^*_1, m^*_2 oberhalb des Grundwasserspiegels ermittelt.

Die Beschreibung der Infiltration in einen zweischichtigen Boden unter Berücksichtigung von Makroporen im Oberboden erfolgt mit Hilfe von Infiltrationsgleichungen auf der Basis des Ansatzes nach GREEN & AMPT (1911) (Kap. 3.1). Der Infiltrationsvorgang wird hierfür je nach Lage des Grundwasserspiegels $L_{gw,fp1}$ in die Aufsättigung des Oberbodens

(Strömungsphase FP1a) und die Aufsättigung des Unterbodens (Strömungsphase FP1b) gegliedert. Die Strömungsphase FP1b beginnt nach Abschluss der Aufsättigung des Oberbodens zum Zeitpunkt t_{fp1b}. Liegt der Grundwasserspiegel während der Strömungsphase FP1 im Oberboden $L_{gw,fp1} \geq L_{gok} - m_1$, entfällt die Strömungsphase FP1b.

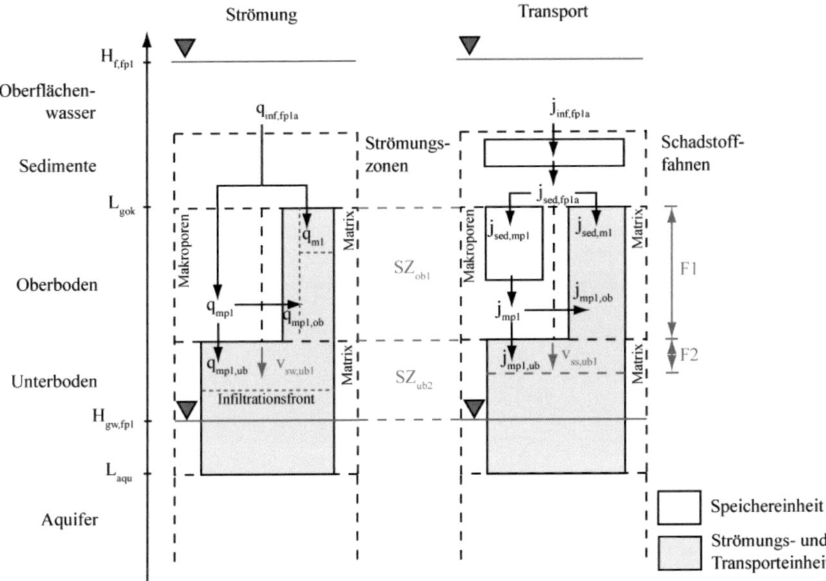

Abbildung 6.4.: Volumen- und Massenzuflüsse in die Deckschicht während der Strömungsphase FP1a

Die Infiltrationsflüsse, die während der Aufsättigung des Oberbodens auftreten, sind in Abbildung 6.4 dargestellt. Die Aufsättigung des Oberbodens beginnt mit Eintritt des Überflutungsereignisses. Hierbei übersteigt das Wasserangebot die Infiltrationsrate in die Bodenmatrix, wodurch unmittelbar der Makroporenfluss q_{mp1} einsetzt. Über die Makroporenwände $A_{mp,mantel}$ (Gl. 5.1) der wassergefüllten Makroporen infiltriert Wasser in die umgebende Bodenmatrix des Oberbodens $q_{mp1,ob}$. Über die Querschnittsfläche der Makroporen n_{mp} infiltriert Wasser zudem vertikal in tiefer liegende Bodenhorizonte $q_{mp1,ub}$. Hierbei wird angenommen, dass der Zeitraum für die Auffüllung der Makroporen vernachlässigt werden kann, so dass die Makroporeninfiltration in die umgebende Bodenmatrix von Beginn an über die gesamte Makroporentiefe m_1^* erfolgt. Neben der Makroporeninfiltration findet ein Infiltrationsfluss q_{m1} von der Bodenoberfläche (Infiltrationsquerschnitt: $A_e - n_{mp}$) in die Matrix des Oberbodens statt. Zur Berechnung der Makroporeninfiltration in den Oberboden wird die Infiltrationsgleichung für die horizontale Infiltration nach GREEN & AMPT (1911) verwendet (Gl. 3.33). Die hydraulische Druckhöhe hinter der Infiltrationsfront wird hierbei über die Druckhöhe an der Bodenoberfläche $h_{f,fp1}$ zuzüglich der halben Mächtigkeit des ungesättigten Oberbodens ($0.5m_1^*$) berechnet. Für die Makroporeninfiltration in den Unterboden werden die Gleichung nach FLERCHINGER ET AL. (1988) herangezogen (Gl. 3.31, 3.32). Die hydraulische Druckhöhe hinter der Infiltrationsfront entspricht hierbei der Druckhöhe an der Bodenoberfläche zuzüglich der ungesättigten Oberbodenmächtigkeit $h_{f,fp1} + m_1^*$. Die Infiltration von der Bodenoberfläche in die Matrix des Oberbodens wird ebenfalls nach FLERCHINGER ET AL. (1988) mit $h_{f,fp1}$ als hydraulische Druckhöhe hinter der Infiltrationsfront berechnet.

Die Summe der Infiltrationsvolumen V_{m1} und $V_{mp1,ob}$ entspricht dem auffüllbaren Porenvolumen im Oberboden:

$$V_{m1} + V_{mp1,ob} = m_1^*(\theta_{s1} - \theta_{01}) \tag{6.24}$$

Zur Bestimmung von T_{fp1a} wird mit Hilfe von Gleichung 3.33-3.32 das über q_{m1} und $q_{mp1,ob}$ infiltrierte Volumen schrittweise berechnet, bis die in Gleichung 6.24 beschriebene Volumenbilanz erfüllt ist. Zur Beschreibung der Strömungsverhältnisse in der Deckschicht während der Strömungsphase FP1a werden mittlere Infiltrationsraten aus dem infiltrierten Volumen V und der Aufsättigungszeit T_{fp1a} des Oberbodens bestimmt:

$$q_{m1} = \frac{V_{m1}}{T_{fp1a}}$$

$$q_{mp1,ob} = \frac{V_{mp1,ob}}{T_{fp1a}} \tag{6.25}$$

$$q_{mp1,ub} = \frac{V_{mp1,ub}}{T_{fp1a}}$$

$$q_{inf,fp1a} = q_{m1} + q_{mp1,ob} + q_{mp1,ub}$$

Während der Strömungsphase FP1a befindet sich im Oberboden die Strömungszone SZ_{ob1}. Im Unterboden befindet sich zu diesem Zeitpunkt die Strömungszone SZ_{ub1}. Der Volumenzustrom in den Unterboden über $q_{mp1,ub}$ während der Strömungsphase FP1 wird auf das freie Porenvolumen des Unterbodens beschränkt. Bei mittlerer Mächtigkeit des Ober- und Unterbodens ist jedoch zu erwarten, dass auf Grund der Flächenverhältnisse zwischen n_{mp} und $A_{mp,mantel}$ der Oberboden deutlich schneller aufgesättigt ist, als eine relevante Aufsättigung des Unterbodens erfolgt.

Für diese und die folgenden Strömungsphasen sind die zur Berechnung der Strömungsgeschwindigkeit $v_{sw,sz}$ (Gl. 3.10) und der hydraulischen Aufenthaltszeit $T_{a,sz}$ (Gl. 6.6) verwendeten spezifischen Flussraten q_{sz}, Wassergehalte θ_{sz} und Tiefenlagen der Ober- und Unterkante der Strömungszone ($z_{ok,sz}$, $z_{uk,sz}$) in Tabelle 6.1 aufgeführt. Für die Strömungszone SZ_{ob1} ist auf Grund der hohen lateralen Strömungskomponente über die Makroporenwände die Angabe einer vertikalen Strömungsgeschwindigkeit nicht möglich. Die Unterkante der Strömungszone SZ_{ub1} berechnet sich aus dem über die Makroporen infiltrierten Wasservolumen $V_{mp1,ub}$ und dem freien Porenvolumen im Unterboden.

Eine Aufsättigung des Unterbodens (Strömungsphase FP1b) findet statt, wenn der Grundwasserspiegel während der Strömungsphase FP1 tiefer liegt als die Unterbodenoberkante, so dass ein auffüllbares Porenvolumen im Unterboden vorhanden ist ($m_2^* > 0$). Zudem muss das während der Aufsättigungsphase FP1a über Makroporen in den Unterboden infiltrierte Volumen $V_{mp1,ub}$ kleiner sein als das auffüllbare Volumen im Unterboden.

Tabelle 6.1.: Zusammenstellung der im Modell FWInf verwendeten Transportparameter für die Strömungszonen

SP	SZ	Horizont	$z_{ok,sz}$	$z_{uk,sz}$	$v_{sw,sz}$	θ_{sz}	q_{sz}	$\rho_{b,sz}$	$K_{d,sz}$	$T_{a,sz}$
FP1a	SZ_{ob1}	OB	L_{gok}	$L_{gok} - m_1/L_{gw,fp1}$	-	θ_{s1}	$q_{m1} + q_{mp1,ob}$	ρ_{b1}	K_{d1}	T_{p1a}
FP1a	SZ_{ub1}	UB	$L_{gok} - m_1$	$L_{gw,fp1}$	$v_{sw,ub1}$	θ_{s2}	$q_{mp1,ub}$	ρ_{b2}	kd_2	T_{p1b}
FP1b	SZ_{ob2}	OE	L_{gok}	$L_{gok} - m_1$	$v_{sw,ob2}$	θ_{s1}	q_{m2}	ρ_{b1}	kd_1	$T_{a,ob2}$
FP1b	SZ_{ub2}	UB	$L_{gok} - m_1$	$L_{gw,fp1}$	$v_{sw,ub2}$	θ_{s2}	$q_{inf,fp1b}$	ρ_{b2}	kd_2	$T_{a,ub2}$
FP2	SZ_{ob3}	OB	L_{gok}	$L_{gok} - m_1$	$v_{sw,ob3}$	θ_{s1}	q_{m3}	ρ_{b1}	kd_1	$T_{a,ob3}$
FP2	SZ_{ub3}	OB	$L_{gok} - m_1$	L_{aqu}	$v_{sw,ub3}$	θ_{s2}	$q_{inf,fp2}$	ρ_{b2}	kd_2	$T_{a,ub3}$
FP3a	SZ_{ob4}	OB	L_{gok}	$L_{gok} - m_1$	$v_{sw,ob4}$	θ_{s1}	q_{fp3a}	ρ_{b1}	kd_1	$T_{a,ob4}$
FP3a	SZ_{ub4}	U3	$L_{gok} - m_1$	L_{aqu}	$v_{sw,ub4}$	θ_{s2}	$q_{aqu,fp3a}$	ρ_{b2}	kd_2	$T_{a,ub4}$
FP3b	SZ_{ub5}	UB	$L_{gok} - m_1$	L_{aqu}	$v_{sw,ub5}$	θ_{s2}	q_{fp3b}	ρ_{b2}	kd_2	$T_{a,ub5}$
$GP1 - GP_{ngp}$	SZ_{ob5}	OB	L_{gok}	$L_{gok} - m_1$	$v_{sw,ob5}$	θ_{gp1}	q_{gwn}	ρ_{b1}	kd_1	$T_{a,ob5}$
$GP1 - GP_{ngp}$	SZ_{ub6}	UB	$L_{gok} - m_1$	$H_{gw,0}$	$v_{sw,ub6}$	θ_{gp2}	q_{gwn}	ρ_{b2}	kd_2	$T_{a,ub6}$
$GP1 - GP_{ngp}$	SZ_{ub7}	UB	$H_{gw,0})$	L_{aqu}	$v_{sw,ub7}$	θ_{s2}	q_{gwn}	ρ_{b2}	kd_2	$T_{a,ub7}$

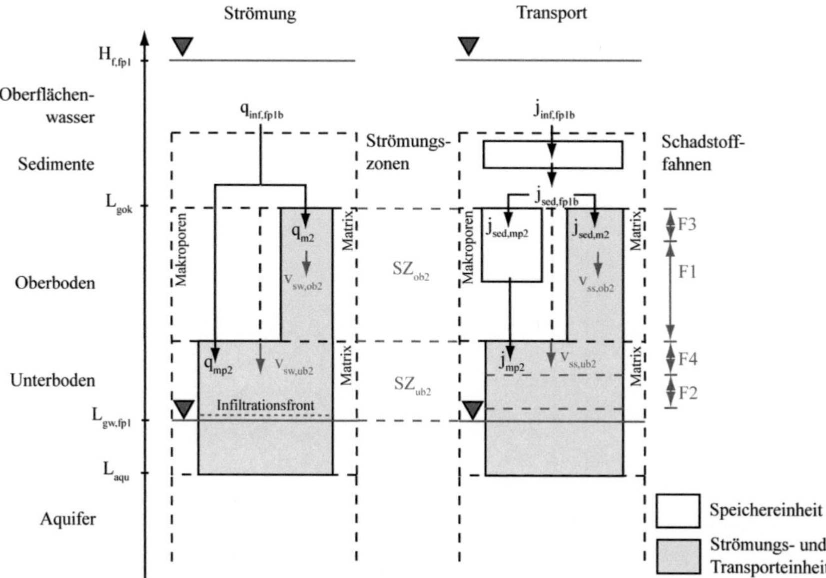

Abbildung 6.5.: Volumen- und Massenzuflüsse in die Deckschicht während der Strömungsphase FP1b

Die Aufsättigung des Unterbodens findet durch Infiltration über die Makroporen q_{mp2} und die Oberbodenmatrix q_{m2} in den Unterboden statt (Abb. 6.5). Zur Bestimmung der Infiltrationsflüsse wird unter Verwendung der effektiven Leitfähigkeit des Oberbodens (Kap. 6.1) sowie der Gleichungen nach FLERCHINGER ET AL. (1988) die Infiltrationsrate in den Unterboden berechnet. Die Summe des Infiltrationsvolumens während der Strömungsphase FP1b entspricht dem auffüllbaren Porenvolumen im Unterboden:

$$V_{inf,fp1b} = V_{m2} + V_{mp2}$$
$$V_{m2} + V_{mp2} = m_2^*(\theta_{s2} - \theta_0) - V_{mp1,ub} \qquad (6.26)$$

Die Bestimmung der Aufsättigungszeit T_{fp1b} erfolgt schrittweise mit den Gleichungen 3.31 und 3.32 durch Berechnung des infiltrierenden Volumens $V_{inf,fp1b}$, bis Gleichung 6.26 erfüllt ist. Die Aufteilung des über die Deckschicht zuströmenden Volumens $V_{inf,fp1a}$ auf das über die Matrix sowie über die Makroporen in den Unterboden infiltrierende Volumen erfolgt über die Anteile der jeweiligen Leitfähigkeiten an der effektiven Leitfähigkeit des Oberbodens. Hierbei wird angenommen, dass die hyrdraulischen Gradienten in den Makroporen und in der Oberbodenmatrix gleich sind.

$$V_{m2} = \frac{k_{s1}}{k_{eff,ob}} V_{inf,p1b} \tag{6.27}$$

$$V_{mp2} = \frac{k_{mp}\frac{1}{\tau_{mp}}n_{mp}}{k_{eff,ob}} V_{inf,fp1b} \tag{6.28}$$

Die Berechnung der mittleren Infiltrationsflüsse erfolgt analog zu der Vorgehensweise in der Strömungsphase FP1a aus den infiltrierten Volumen und der Aufsättigungszeit des Unterbodens:

$$q_{m2} = \frac{V_{m2}}{T_{fp1b}} \tag{6.29}$$

$$q_{mp2} = \frac{V_{mp2}}{T_{fp1b}} \tag{6.30}$$

Während der Strömungsphase FP1b befindet sich im Oberboden die Strömungszone SZ_{ob2} und im Unterboden die Strömungszone SZ_{ub2} (Tab. 6.1). Liegt die Leitfähigkeit des Oberbodens deutlich (1-2 Größenordnungen) unterhalb der Leitfähigkeit des Unterbodens, kann der Fall auftreten, dass die Aufsättigung des Unterbodens während der Infiltration in diesen nur unvollständig erfolgt (Kap. 3.1). Beim Auftreten von Makroporen im Oberboden liegt in der Regel die effektive Leitfähigkeit des Oberbodens deutlich über der Leitfähigkeit des Unterbodens, so dass der Fall einer unvollständigen Aufsättigung des Unterbodens beim Durchgang der Infiltrationsfront kaum eintritt.

Tabelle 6.2.: Zusammenstellung der Strömungsraten zur Berechnung der Massenzu- und abflüsse des Sediment- und Makroporenspeichers

SP	$\dot{j}_{inf}$	$\dot{j}_{sed,mp}$	$\dot{j}_{sed,m}$	$\dot{j}_{mp,ob}$	$\dot{j}_{mp,ub}$
FP1a	$q_{m1} + q_{mp1,ob} + q_{mp1,ub}$	$(q_{mp1,ob} + q_{mp1,ub}$	q_{m1}	$q_{mp1,ob}$	$q_{mp1,ub}$
FP1b	$q_{m2} + q_{mp2}$	q_{mp2}	q_{m2}	-	q_{mp2}
FP2	$q_{m3} + q_{mp3}$	q_{mp3}	q_{m2}	-	q_{mp3}
FP3a	-	-	-	-	-
FP3b	-	-	-	-	-
$GP1 - GP_{ngp}$	q_{gwn}	-	q_{gwn}	-	-

Die Berechnung der Schadstoffinfiltration während der Strömungsphase FP1 wird analog zur Strömungsberechnung getrennt für die Aufsättigungszeit des Oberbodens (Strömungsphase FP1a) und des Unterbodens (Strömungsphase FP1b) durchgeführt. Für die Strömungsphase FP1a berechnet sich der Massenzufluss in den Sedimentspeicher aus der Strömungsrate in die Deckschicht $q_{inf,fp1a}$ und der Schadstoffkonzentration im Flutungswasser C_f. Die Aufteilung des aus dem Sedimentspeicher austretenden Schadstoffflusses auf den Schadstofffluss in die Oberbodenmatrix $j_{sed,m1}$ und in den Makroporenspeicher

$j_{sed,mp1}$ erfolgt entsprechend der Strömungsanteile in die Matrix q_{m1} und in die Makroporen ($q_{mp1,ob} + q_{mp1,ub}$) des Oberbodens. Die Aufteilung des aus dem Makroporenspeicher austretenden Schadstoffflusses auf die Infiltration in die Matrix des Oberbodens $j_{mp1,ob}$ und des Unterbodens $j_{mp1,ub}$ erfolgt nach Gleichung 6.7 entsprechend der jeweiligen Strömungsanteile ($q_{mp1,ob}, q_{mp1,ub}$). In Tabelle 6.2 sind für die einzelnen Strömungsphasen die zur Berechnung der Aufteilung der Massenabflüsse aus dem Sediment- bzw. Makroporenspeicher verwendeten Strömungsraten zusammengestellt.

Die während der Strömungsphase FP1a aus dem Sedimentspeicher in die Bodenmatrix infiltrierenden Schadstoffe $j_{sed,m1}$ breiten sich vertikal von der Bodenoberfläche aus. Die aus dem Makroporenspeicher in den Oberboden infiltrierenden Schadstoffe infiltrieren radial von jeder Makropore in den Oberboden ($j_{mp1,ob}$). Um die Transportberechnung nicht für jede Infiltrationsfront bzw. für jede Makropore durchzuführen, wird vereinfacht angenommen, dass bei Anwesenheit von Makroporen die Schadstoffinfiltration in den Oberboden bis zum Zeitpunkt t_{fp1b} zu einer gleichmäßigen Verteilung des Schadstoffs über die ursprünglich ungesättigte Oberbodenmächtigkeit m_1^* führt (Schadstofffahne F1). Über die vertikale Makroporeninfiltration findet die Schadstoffinfiltration $j_{mp1,ub}$ in den Unterboden statt (Schadstofffahne F2).

Tabelle 6.3.: Zusammenstellung der Parameter der Schadstofffahnen

SP	F	Horizont	Massenfluss	Zustromrand
FP1a	F1	OB	$j_{sed,m1}, j_{mp1,ob}$	-
FP1a	F2	UB	$j_{mp1,ub}$	$L_{gok} - m_1$
FP1b	F3	OB	$j_{sed,m2}$	L_{gok}
FP1b	F4	UB	$j_{mp2,ub}$	$L_{gok} - m_1$
FP2	F5	OB	$j_{sed,m3}$	L_{gok}
FP2	F6	UB	$j_{mp3,ub}$	$L_{gok} - m_1$
$GP1 - GP_{ngp}$	F_7	OB	$j_{sed,m4}$	L_{gok}

In Tabelle 6.3 sind für die Strömungsphase FP1 sowie alle folgenden Strömungsphasen die im Modell FWInf verwendeten Schadstofffahnen mit ihrem Zustromrand aufgelistet. Für die Strömungszone SZ_{ob1} wird während der Aufsättigung des Oberbodens keine Schadstoffverlagerung berechnet (s.o.). Für die Strömungszone SZ_{ub1} im Unterboden berechnet sich der Retardationskoeffizient R_{ub1} nach Gleichung 6.11 aus den Parametern des Unterbodens ($\theta_{s2}, \rho_{b2}, kd_2$) sowie aus der hydraulischen Aufenthaltszeit der Strömungszone $T_{a,ub1}$. Die Verlagerungsgeschwindigkeit der Strömungszone $v_{ss,ub1}$ wird mit Hilfe von R_{ub1} aus der Strömungsgeschwindigkeit $v_{sw,ub1}$ berechnet (Gl. 3.59). Bei der Aufsättigung des Unterbodens (Strömungsphase FP1b) findet eine Schadstoffinfiltration in den Oberboden ($j_{sed,m2}$, Schadstofffahne F3) sowie über die Makroporen in den Unterboden statt ($j_{mp2,ub}$, Schadstofffahne F4) (Tab. 6.2 und 6.3). In Tabelle 6.1 sind für die Strömungsphase FP1 sowie alle folgenden Strömungsphasen die hydraulischen Parameter und Transportparameter zur Berechnung der Transportgeschwindigkeit $v_{ss,sz}$ in den Strömungszonen aufgeführt.

Während der Aufsättigung des Unterbodens in den Strömungsphasen FP1a und FP1b wird die Verlagerung der bereits im Boden vorliegenden Schadstofffahnen erst einsetzen, wenn die Infiltrationsfront die jeweilige Fahnenober- und -unterkante erreicht hat. Um diese Verzögerung zu berücksichtigen, wird im Modell FWInf für diese Fahnen die Aufsättigungszeit des darüberliegenden Deckschichtbereichs bestimmt und die Transportzeit der Fahnenober- und -unterkante entsprechend reduziert.

6.2.2. Strömungsphase FP2

Nach Aufsättigung der Bodenzone beginnt die Strömungsphase FP2. Die Berechnung der Sickerrate $q_{inf,fp2}$ in die Deckschicht während der Strömungsphase FP2 kann mit Hilfe der Darcy-Gleichung erfolgen (Gl. 3.8). Hierfür muss neben den hydraulischen Eigenschaften der Deckschicht der Gradient des hydraulischen Potentials zwischen der Flutungswasserspiegellage an der Geländeoberkante sowie der Grundwasserdruckhöhe im Aquifer bekannt sein.

Die mittlere Wasserspiegellage $H_{f,fp2}$ während der Strömungsphase FP2 wird aus der Wasserstandsganglinie $H_f(t)$ durch Mittelung über den Zeitraum t_{fp2} bis t_{fp3} bestimmt (Gl. 6.1). Die Berechnung des Grundwasserdruckhöhenprofils während der Strömungsphase FP2 erfolgt mit dem in Abschnitt 3.1.2 beschriebenen Leakage-Ansatz. Hierbei wird angenommen, dass dieses von den mittleren Verhältnissen im Flutungsbereich abhängt, in der die Simulationseinheit liegt. Daher wird das Grundwasserdruckhöhenprofil mit Hilfe der mittleren Überstauhöhe $H_{f,fp2}(FB)$ sowie der mittleren Deckschichtleitfähigkeit $k_{eff,ds}(FB)$ und der mittleren Deckschichtmächtigkeit $m_{ds}(FB)$ des Flutungsbereichs berechnet. Hierzu werden flächengewichtete Mittelwerte aus den Werten der N_{se} Simulationseinheiten gebildet, die im Flutungsbereich liegen. Aus den Deckschichtleitfähigkeiten der Simulationseinheiten $k^i_{eff,ds}$ wird die mittlere Leitfähigkeit der Deckschicht im Flutungsbereich $k_{eff,ds}(FB)$ unter Berücksichtigung der jeweiligen Flächenanteile der Simulationseinheiten im Flutungsbereich berechnet:

$$k_{eff,ds}(FB) = \sum_{i=1}^{i=N_{se}} \frac{A^i}{A(FB)} k^i_{eff,ds} \tag{6.31}$$

Zur Berechnung der mittleren Deckschichtmächtigkeit sowie der mittleren Höhenlage im Flutungsbereich $L_{gok}(FB)$ wird auf gleiche Weise vorgegangen:

$$m_{ds}(FB) = \sum_{i=1}^{i=N_{se})} \frac{A^i}{A(FB)} (m^i_1 + m^i_2) \tag{6.32}$$

$$L_{gok}(FB) = \sum_{i=1}^{i=N_{se}} \frac{A^i}{A(FB)} L^i_{gok} \tag{6.33}$$

Zur Berechnung der mittleren Überstauhöhe im Flutungsbereich werden die mittleren Flutungszeitpunkte $(t_{fp1}(FB), t_{fp2}(FB)$ und $t_{fp3}(FB))$ aus der Wasserstandsganglinie $H_f(t)$ des Flutungsbereichs bestimmt. Die Zeitpunkte $t_{fp1}(FB)$ und $t_{fp3}(FB)$ werden hierfür aus dem Schnittpunkt der Wasserstandsganglinie mit der mittleren Höhenlage im Flutungsbereich ermittelt. Der Zeitpunkt $t_{fp2}(FB)$ wird mit Hilfe der mittleren geschätzten Aufsättigungszeit $T^*_{fp1}(FB)$ berechnet. Diese wird mit Hilfe von $k_{eff,ds}(FB)$ sowie dem Abstand zwischen der Geländeoberkante $L_{gok}(FB)$ und der Lage des mittleren Grundwasserspiegels im Flutungsbereich zum Zeitpunkt t_f bestimmt.

$$t_{fp2}(FB) = t_{fp1}(FB) + T^*_{fp1}(FB) \qquad (6.34)$$

Der mittlere Wasserstand im Flutungsbereich $H_{f,fp2}(FB)$ während der Strömungsphase FP2 ergibt sich entsprechend Gleichung 6.1 aus der Flusswasserganglinie $H_f(t)$ und den Zeitpunkten $t_{fp2}(FB)$ und $t_{fp3}(FB)$.

Der in Gleichung 3.1.2 verwendete Leackage-Parameter λ_{aqu} wird aus den Parametern des Flutungsbereichs $(m_{ds}(FB), k_{eff,ds}(FB))$ und des Aquifers (k_{aqu}, m_{aqu}) nach Gleichung 3.22 berechnet. Die Grundwasserdruckhöhe in der Simulationseinheit $H_{gw,fp2}$ ergibt sich entsprechend Gleichung 3.23 aus λ_{aqu}, $H_{f,fp2}(FB)$ sowie der Entfernung der Simulationseinheit zum landseitigen Deich x_{deich}.

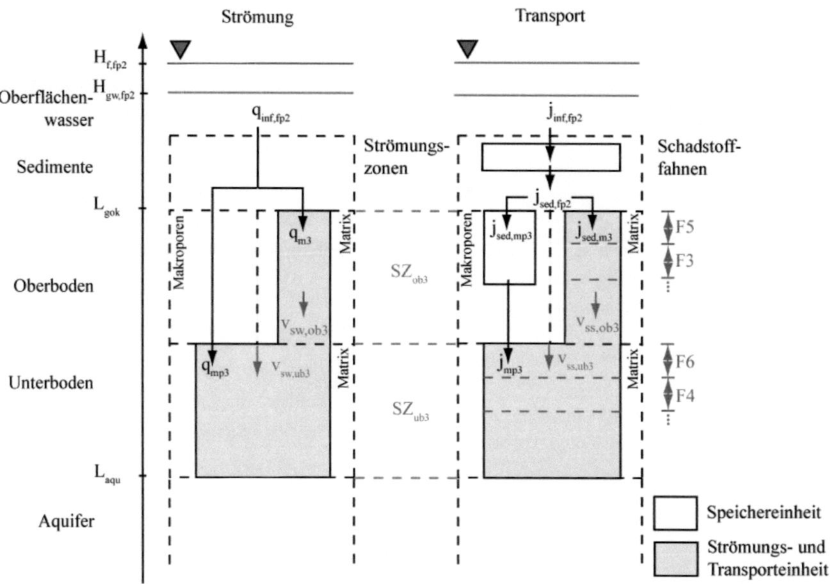

Abbildung 6.6.: Volumen- und Massenzuflüsse in die Deckschicht während der Strömungsphase FP2

In Abbildung 6.6 sind die Volumen- und Masssenzuflüsse in die Deckschicht während der Strömungsphase FP2 dargestellt. Die spezifische Infiltrationsrate in die Deckschicht

$q_{inf,fp2}$ wird für die Simulationseinheit entsprechend Gleichung 6.35 aus der Deckschicht-leitfähigkeit und -mächtigkeit ($k_{eff,ds}, m_{ds}$) sowie der Flusswasserspiegellage $H_{f,fp2}$ der Simulationseinheit und der Grundwasserdruckhöhe $H_{gw,fp2}(FB)$ des Flutungsbereichs berechnet.

$$q_{inf} = k_{eff,ds} \frac{H_{f,fp2} - H_{gw,fp}(FB)}{m_{ds}} \tag{6.35}$$

Über den Zeitraum der Strömungsphase FP2 T_{fp2} infiltriert das Volumen $V_{inf,fp2}$ in die Bodenzone. Zur Berechnung der Flussraten über die Oberbodenmatrix q_{m3} und über die Makroporen im Oberboden q_{mp3} während der Strömungsphase FP2 wird der Anteil der jeweiligen Einzelleitfähigkeiten an der effektiven Leitfähigkeit des Oberbodens verwendet. Hierbei wird angenommen, dass die Differenz der hydraulischen Druckhöhen zwischen Oberbodenoberkante und -unterkante für die Matrix und die Makroporen im Oberboden identisch sind.

$$\frac{q_{m3}}{q_{inf,fp2}} = \frac{V_{m3}}{V_{inf,fp2}} = \frac{k_{s1}}{k_{eff,ob}} \tag{6.36}$$

$$\frac{q_{mp3}}{q_{inf,fp2}} = \frac{V_{mp3}}{V_{inf,fp2}} = \frac{k_{mp}n_{mp}}{k_{eff,ob}} \tag{6.37}$$

Die Beschreibung der Bodenwasserströmung in der Oberbodenmatrix während der Strömungsphase FP2 erfolgt über die Strömungszone SZ_{ob3}. Zur Beschreibung der Strömung im Unterboden wird die Strömungszone SZ_{ub3} verwendet (Tab.6.1).

Die Schadstoffinfiltration während der Strömungsphase FP2 findet sowohl aus dem Sedimentspeicher in die Oberbodenmatrix ($j_{sed,m3}$, Schadstofffahne F5) als auch über den Makroporenspeicher in den Unterboden statt (j_{mp3}, Schadstofffahne F6). Die Parameter zur Berechnung der Strömungs- und Transportgeschwindigkeiten sind in Tabelle 6.2 und 6.3 zusammengefasst.

6.2.3. Strömungsphase FP3

Der Zeitpunkt t_{fp3} des Beginns der Strömungsphase FP3 wird unter der Annahme eines linearen Sinkgeschwindigkeit der Flusswasserganglinie mit Hilfe des Zeitpunkts des beginnenden Absinkens des Flutungswasserspiegels $t_{f,sink}$ und der mittleren Sinkgeschwindigkeit des Wasserspiegels bestimmt.

$$t_{fp3} = \frac{L_{gok} - H_{f,max}}{t_{f,end} - t_{f,sink}}(H_{f,max} - L_{gok}) + t_{f,sink} \tag{6.38}$$

Während der Strömungsphase FP3 sinkt die Grundwasserdruckhöhe von der Höhe der Geländeoberkante auf das durch den Flutungsbereich vorgegebene Ausgangsdruckhöhenprofil $H_{gw,0}$ ab. Im Gegensatz zum ansteigenden Ast einer Hochwasserwelle verläuft die Hochwasserganglinie während des Ablaufs eines Hochwasserereignisses meist deutlich flacher. Daher wird angenommen, dass die Strömungsgeschwindigkeit des Bodenwassers während der Strömungsphase FP3 der Sinkgeschwindigkeit des Grundwasserspiegels entspricht.

Zur Bestimmung der Sinkgeschwindigkeit des Grundwasserspiegels wird unter Verwendung der Gleichungen 3.19 die Grundwasserdruckhöhe in der Simulationseinheit am Ende des Flutungsereignisses $H_{gw}(t_{f,ende})$ berechnet. Hierbei wird angenommen, dass sich die Druckhöhe am landseitigen Deich $H_{gw,drain}$ während der Strömungsphase FP3 nicht ändert. Aus der Differenz zwischen Geländeoberkante und $H_{gw}(t_{f,ende})$ wird die mittlere Sinkgeschwindigkeit der Grundwasserdruckhöhe $v_{gw-h,fp3}$ berechnet.

$$v_{gw-h,fp3} = \frac{L_{gok} - H_{gw}(t_{f,ende})}{t_{end} - t_{fp3}} \tag{6.39}$$

Zur Bestimmung der Sinkgeschwindigkeit des Grundwasserspiegels $v_{gw,fp3}$ wird $v_{gw-h,fp3}$ entsprechend dem Vorgehen in Strömungsphase FP1 mit der effektiven Leitfähigkeit der Deckschicht $k_{eff,ds}$ verglichen . Ist $v_{gw-h,fp3}$ geringer als $k_{eff,ds}$, entspricht die Sinkgeschwindigkeit des Grundwasserspiegels dem Wert von $v_{gw-h,fp3}$. Ansonsten wird für $v_{gw,fp3}$ der Wert von $k_{eff,ds}$ verwendet. Mit Hilfe von $v_{gw,fp3}$ wird der Endzeitpunkt der Entwässerung der Deckschicht $t_{fp3,ende}$ berechnet.

$$t_{fp3,ende} = \frac{L_{gok} - H_{gw,0}}{v_{gw,fp3}} \tag{6.40}$$

Während der Strömungsphase FP3 wird angenommen, dass keine Infiltration in die Deckschicht (z.B. durch Grundwasserneubildung) stattfindet. Zur Bestimmung der Strömungsverhältnisse in der Deckschicht während der Strömungsphase FP3 wird diese in zwei Unterphasen für die Entwässerung des Oberbodens (FP3a) und des Unterbodens (FP3b) unterteilt. Liegt der Ausgangsgrundwasserspiegel $H_{gw,0}$ im Oberboden, entfällt die Strömungsphase FP3b.

Das Ende der Strömungsphase FP3a ist zum Zeitpunkt t_{fp3b} erreicht. Dieser berechnet sich entsprechend der Gleichung 6.40 aus der Mächtigkeit des entwässerten Oberbodens und der Sinkgeschwindigkeit des Grundwasserspiegels. In Abbildung 6.7 sind die Volumen- und Massenflüsse während der Strömungsphase FP3a dargestellt. Unterhalb des Grundwasserspiegels entspricht die Bodenwasserströmungsgeschwindigkeit der Sinkgeschwindigkeit des Grundwasserspiegels. Die während der Drainage der Deckschicht im Ober- oder Unterboden sowie in den Aquifer auftretenden spezifischen Strömungsraten $q_{aqu,fp3}$ werden aus der Bilanzierung des entwässerten Volumens über die Entwässerungszeit berechnet. Das Volumen V_{fp3a}, das während dieser Zeit über den gesättigten Bereich der Deckschicht ausgetauscht wird, berechnet sich unter der Annahme, dass der Ausgangsgrundwasserspiegel $H_{gw,0}$ im Unterboden liegt, aus der Mächtigkeit des Oberbodens m_1, dem Sättigungs- und dem Anfangswassergehalt des Oberbodens (θ_{s1} und θ_{01}):

$$V_{fp3a} = (m_1)(\theta_{s1} - \theta_{01}) \tag{6.41}$$

Zur Berechnung der spezifischen Strömungsrate im Ober- und Unterboden q_{fp3a} während dieser Strömungsphase wird V_{fp3a} durch die Entwässerungszeit geteilt.

$$q_{fp3a} = \frac{V_{fp3a}}{t_{fp3b} - t_{fp3}} \tag{6.42}$$

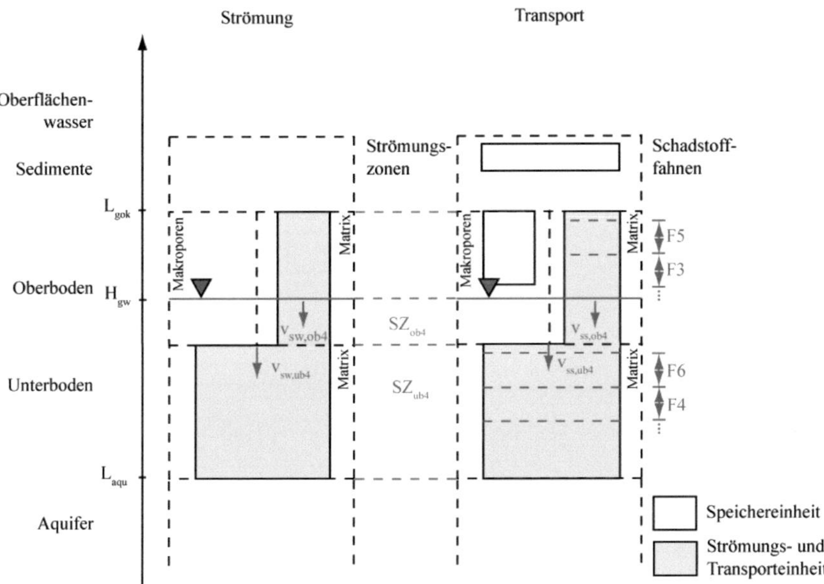

Abbildung 6.7.: Volumen- und Massenzuflüsse in die Deckschicht während der Strömungsphase FP3a

Während der Entwässerung des Oberbodens befindet sich im Oberboden die Strömungszone SZ_{ob4}. Im Unterboden tritt die Strömungszone SZ_{ub4} auf (Tab. 6.1). Für die Strömung wird angenommen, dass diese unter gesättigten Verhältnissen stattfindet.

Während der Entwässerung des Unterbodens (Strömungsphase FP3b) wird das Volumen V_{fp3b} über den gesättigten Bereich des Unterbodens ausgetauscht. Dieses berechnet sich aus der Distanz zwischen der Oberkante des Unterbodens und der Höhenlage des Grundwasserspiegels sowie des Sättigungs- und des Anfangswassergehalts des Unterbodens $(\theta_{s2}, \theta_{02})$.

$$V_{fp3b} = (L_{gok} - m_1 - H_{gw,0})(\theta_{s2} - \theta_{02}) \tag{6.43}$$

Die spezifische Strömungsrate im gesättigten Bereich des Unterbodens q_{fp3b} wird durch Bezug von V_{fp3b} auf die Entwässerungszeit ermittelt.

$$q_{fp3} = \frac{V_{fp3b}}{t_{fp3,ende} - t_{fp3b}} \tag{6.44}$$

Die Bodenwasserbewegung bei wassergesättigten Verhältnissen findet während der Strömungsphase FP3b im Unterboden in der Strömungszone SZ_{ub5} statt (Abb. 6.8).

Die Berechnung der Schadstoffverlagerung erfolgt getrennt für die Entwässerung des Ober- (FP3a) und Unterbodens (FP3b). Die Transportparameter, die zur Berechnung der Schadstoffverlagerung in den Strömungszonen verwendet werden, sind in Tabelle 6.1 aufgelistet.

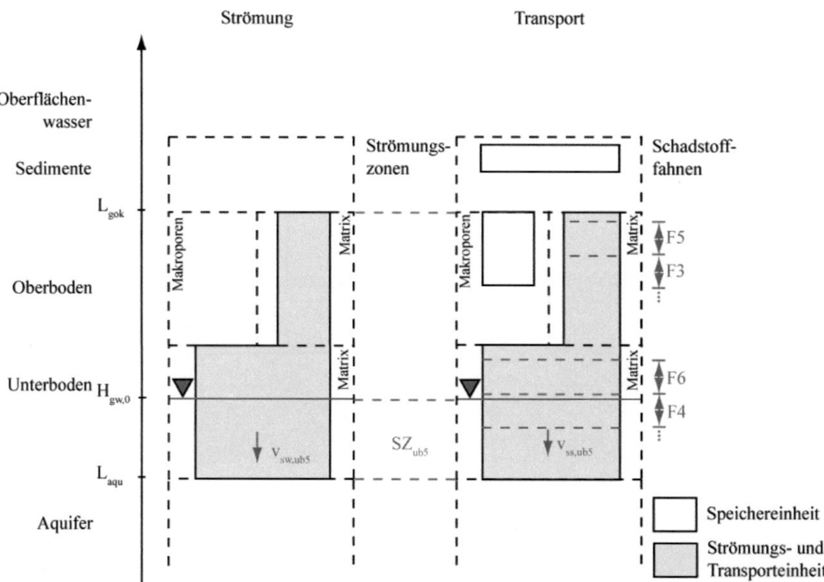

Abbildung 6.8.: Volumen- und Massenflüsse in die Deckschicht während der Strömungsphase FP3b

Während der Strömungsphase FP3 findet die Verlagerung der Fahnenober- und unterkante unter gesättigten Verhältnissen ($SZ_{ob4}, SZ_{ub4}, SZ_{ub5}$) solange statt, bis der sinkende Grundwasserspiegel die jeweiligen Fahnenbegrenzungen erreicht hat. Für jede Fahnengrenze berechnet sich die Verlagerungszeit T_f unter gesättigten Verhältnissen aus der Entfernung dz zwischen Grundwasserspiegel und Schadstofffront zu Beginn der Strömungsphase sowie aus der Differenz der Geschwindigkeiten von Sickerwasser und Schadstofffahne:

$$T_f = \frac{dz}{v_{sw,sz} - v_{ss,sz}} \tag{6.45}$$

6.2.4. Strömungsphase GP

Der Zeitraum der Grundwasserneubildungsphase erstreckt sich vom Ende des Flutungsereignisses $t_{fp3,ende}$ bis zum Ende des Simulationszeitraums t'_f. Während dieses Zeitraums kann aufgrund von Niederschlagsereignissen Sickerwasserströmung in der Deckschicht auftreten, die zu Grundwasserneubildung führt. Es wird angenommen, dass die Sickerwasserströmung während der Grundwasserneubildungsphase nicht kontinuierlich sondern nur in N_{gp} ausgewählten Zeiträumen (Strömungsphasen $GP1 - GP_n$) stattfindet. Die zeitlichen Abstände dt_{gp} sowie die Dauer T_{gp} und die Grundwasserneubildungsraten q_{gwn} der einzelnen Ergeinisse können unabhängig von einander durch das Flutungsszenario definiert werden.

Nach Ende eines Flutungsereignisses schließt sich zunächst ein Zeitraum ohne Grundwasserneubildung an, dem das erste Grundwasserneubildungsereignis (GP1) folgt. Das letzte Grundwasserneubildungsereignis GP_n endet mit dem Ende des Betrachtungszeitraums t'_f. Während der einzelnen Grundwasserneubildungsereignisse wird angenommen, dass in der Deckschicht eine stationäre Strömung entsprechend der Infiltrationsrate ($q_{inf,gp} = q_{gwn}$) auftritt.

Makroporenströmung wird während der Grundwasserneubildungsphasen nicht berücksichtigt, da angenommen wird, dass die Grundwasserneubildungsraten zu klein sind, um eine Makroporenströmung zu initialisieren. Der Wassergehalt, der während eines Grundwasserneubildungsereignisses in der Bodenzone (Oberboden: θ_{gp1}, Unterboden: θ_{gp2}) vorliegt, wird mit Hilfe der Grundwasserneubildungsrate q_{gwn} und der Wassergehalts-Leitfähigkeitsbeziehung $k(\theta)$ des jeweiligen Bodenhorizonts bestimmt. Hierbei wird angenommen, dass unter Einheitsgradientenbedingungen die Sickerrate der hydraulischen Leitfähigkeit entspricht. Am Ende eines Grundwasserneubildungsereignisses stellt sich wieder der Ausgangswassergehalt im Ober- und Unterboden ein. Vereinfacht wird angenommen, dass die Änderung des Wassergehalts jeweils ohne Verzögerung auftritt und dass der Grundwasserspiegel sich während dieser Zeit nicht ändert ($H_{gw,gp} = H_{gw,0}$).

Während eines Infiltrationsereignisses in der Grundwasserneubildungsphase können innerhalb eines Bodenhorizonts je nach Lage des Grundwasserspiegels mehrere Strömungszonen auftreten. Oberhalb des Grundwasserspiegels entspricht der Bodenwassergehalt dem berechneten Wassergehalt während eines Grundwasserneubildungsereignisses ($\theta_{gp1}, \theta_{gp2}$). Unterhalb des Grundwasserspiegels liegt der Wassergehalt beim gesättigten Wassergehalt des Bodenhorizonts. In Abbildung 6.9 sind die Strömungszonen während eines Grundwasserneubildungsereignisses für den Fall dargestellt, dass der Ausgangsgrundwasserspiegel $H_{gw,0}$ im Unterbodenhorizont liegt. Im Oberboden befindet sich die Strömungszone SZ_{ob5}. Im Unterboden liegt oberhalb des Grundwasserspiegels die Strömungszone SZ_{ub6} und unterhalb die Strömungszone SZ_{ub7} (Abb. 6.9).

Zu Beginn der Grundwasserneubildungsphase wird das während des aktuellen Flutungsereignisses abgelagerte, belastete Sedimentmaterial M_{sed} dem Sedimentspeicher hinzugefügt. Die Schadstoffmasse im Sedimentspeicher wird entsprechend um die an den Sedimenten sorbierte sowie der im Porenraum der Sedimente gelöste Schadstoffmasse erhöht.

Mit der Grundwasserneubildung kann über die Neubildungsrate q_{gwn} eine Schadstoffinfiltration $j_{sed,m4}$ aus den belasteten Sedimenten in die Matrix des Oberbodens erfolgen (Tab. 6.2). Für jede während eines Grundwasserneubildungsereignisses infiltrierende Schadstoffmasse wird eine neue Schadstofffahne angelegt (Schadstofffahne F7) (Tab. 6.3). In Zeiträumen ohne Infiltrationsereignis findet keine Verlagerung der Schadstofffahnen in der Deckschicht statt. Für diese Zeiträume wird für die Fahnen in der Deckschicht die Massenverteilung zwischen Bodenlösung und Festphase berechnet. Darüber hinaus wird für die Schadstofffahnen und für den Sediment- und Makroporenspeicher der Schadstoffabbau ermittelt.

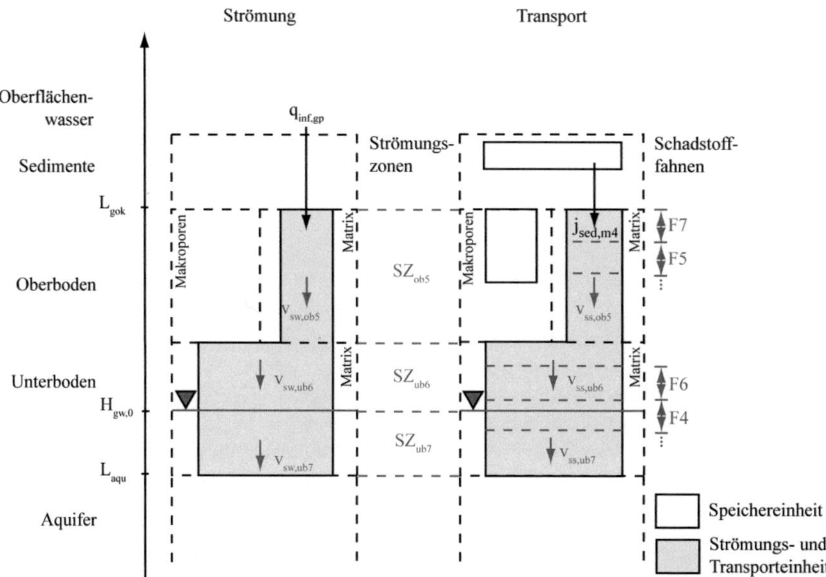

Abbildung 6.9.: Volumen- und Massenzuflüsse in die Deckschicht zwischen zwei Flutungsereignissen

6.3. Validierung des Modells FWInf

Zur Validierung des Modells FWInf wurden Vergleichsrechnungen mit dem numerischen Modell HYDRUS1D (SIMUNEK ET AL., 2005) durchgeführt. Darüber hinaus wurden die Modelldaten mit experimentellen Daten aus einem Infiltrationsversuch verglichen.

6.3.1. Vergleich mit einem numerischem Modell

Ziel der Validierung des Modells FWInf mit dem numerischen Modell HYDRUS1D (ohne Makroporen) ist die Überprüfung, inwieweit das Modell FWInf in der Lage ist, die ausgewählten Strömungs- und Transportprozesse (Kap. 5.3) abzubilden. Durch seine weite Verbreitung kann das Modell HYDRUS1D als Referenz herangezogen werden, wobei jedoch beachtet werden muss, dass das numerische Modell die zugrundeliegende Richardsgleichung (Gl. 3.28) und Advektions-Dispersiongleichung (Gl. 3.57) nur näherungsweise löst.

Mit Hilfe des Bilanzmodells FWInf und dem numerischen Modell HYDRUS1D wurde die Schadstoffinfiltration in eine fiktive Bodensäule berechnet. Die Modell-Bodensäule besteht aus einem 2 m mächtigen Unterboden (UB), der von einem 1 m mächtigen Oberboden

Tabelle 6.4.: Strömungs- und Transportparameter für den Vergleich zwischen dem Modell FWinf und dem numerischen Modell HYDRUS1D

	m	α_{vg}	n_{vg}	θ_r	θ_s	k_s	ρ_b	K_d	λ_{sorb}	λ_{abb}
	$[m]$	$[m^{-1}]$	$[-]$	$[-]$	$[-]$	$[ms^{-1}]$	$[gcm^{-3}]$	$[lkg^{-1}]$	$[s^{-1}]$	$[s^{-1}]$
OB	1.00	2.00	1.40	0.07	0.50	$1.30 \cdot 10^{-6}$	1.50	1.79	$1 \cdot 10^{-6}$	-
UB/Sed	2.00	12.40	2.30	0.06	0.40	$4.10 \cdot 10^{-5}$	1.50	0.06	$1 \cdot 10^{-6}$	-

(OB) überlagert wird. In Tabelle 6.4 sind die verwendeten Strömungs- und Transportparameter für die Bodenhorizonte zusammengestellt. Die hydraulischen Parameter wurden nach (CARSEL & PARRISH, 1988) gewählt wobei für den Oberboden die Textur „loam" und für den Unterboden „sand" verwendet wurde (Anhang B, Tab B.1).

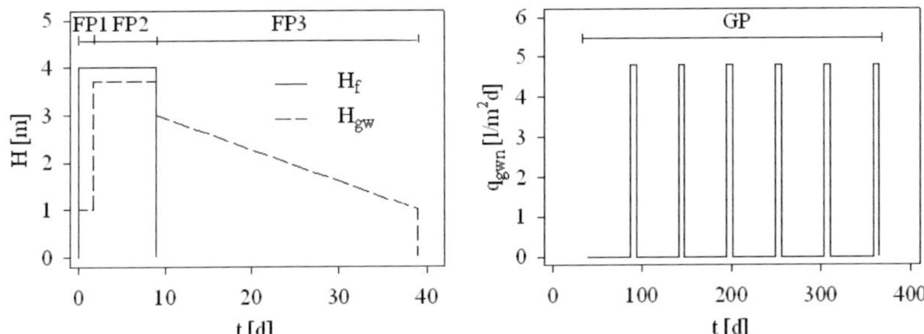

Abbildung 6.10.: Oberflächenwasserspiegel und Grundwasserdruckhöhe für den Modellvergleich zwischen dem Modell FWInf und dem numerischen Modell HYDRUS1D

Der Verlauf der hydraulischen Druckhöhe an der Modelloberkante (H_f) sowie an der Modellunterkante (H_{gw}) während des Simulationszeitraums ist in Abbildung 6.10 dargestellt. H_f entspricht dem Flutungswasserspiegel während eines Flutungsereignisses entsprechen, H_{gw} repräsentiert den Grundwasserspiegel im Retentionsraum. Der Simulationszeitraum umfasst 365 Tage, in denen ein Flutungsereignis (FP1-3) sowie eine Grundwasserneubildungsphase (GP) simuliert werden soll. Zum Zeitpunkt $t = 0\ d$ liegt die Druckhöhe für die untere hydraulische Randbedingung bei $H_{gw} = 1\ m$. Der untere Bodenhorizont ist bis zu dieser Höhe wassergesättigt. Für die übrige Modell-Bodensäule wird zu diesem Zeitpunkt ein Wassergehalt entsprechend der Feldkapazität gewählt ($\varphi_0 = -0.61\ m$). Zu Beginn des Infiltrationsereignisses liegt keine Schadstoffkonzentration im Modell vor.

Während der Strömungsphasen FP1 und FP2 liegt H_f bei 4 m über der Unterkante der Bodensäule. H_{gw} liegt bis zur Sättigung bei 1 m über der Unterkante und steigt nach der Aufsättigung auf 3.7 m über der Modellsäulenunterkante an. Mit dem Beginn der Strömungsphase FP3 ($t = 9$ d) sinkt H_{gw} auf die Höhe der Modelloberkante ab. Während der Strömungsphase FP3 sinkt H_{gw} innerhalb von 30 d von $H_{gw} = 3$ m auf das Ausgangsniveau ab. Nach Ende der Strömungsphase FP3 wird angenommen, dass sich eine 0.1 m mächtige Sedimentschicht mit einer Masse von $M_{sed} = 150$ kgm^{-2} abgelagert hat. Im numerischen Modell wird hierfür ein zusätzlicher Modellbereich auf der Modelloberseite angebracht, dessen Strömungsparameter mit denen des Unterbodens identisch sind (Tab. 6.4). Während der Strömungsphase GP werden sechs Infiltrationsereignisse mit einer Dauer von jeweils sieben Tagen und einer konstanten Infiltrationsrate von $q_{gwn} = 4.7$ $lm^{-2}d^{-1}$ simuliert. Der zeitliche Abstand zwischen den Infiltrationsereignissen beträgt 41 d, während derer keine Infiltration in die Modell-Bodensäule stattfindet.

Die Transportparameter der Modellbereiche sind in Tabelle 6.4 angegeben. Schadstoffabbau wurde während der Simulationen nicht berücksichtigt. Die Transportparameter des Sediments entsprechen den Parametern des unteren Modellhorizonts (UB) (Tab. 6.4). Während der Strömungsphasen FP1 und FP2 liegt die obere Transportrandbedingung bei einer konstanten Schadstoffkonzentration von $C_f = 1\mu gl^{-1}$. Die Schadstoffkonzentration im Sedimentmaterial zu Beginn der Strömungsphase GP beträgt 0.056 gkg^{-1} und entspricht der Gleichgewichtskonzentration für C_f.

Für den beschriebenen Modellaufbau und die Modellrandbedingungen wurden Berechnungen mit HYDRUS1D und FWInf durchgeführt, wobei keine Makroporenströmung berücksichtigt wurde. Die räumliche Diskretisierung im Modell HYDRUS1D lag bei 0.01 m, die Zeitschrittlänge wurde adaptiv durch das Programm gesteuert ($dt \geq 0.001$ s). Die Transportsimulationen wurden für einen nicht sorbierenden Stoff, für eine Gleichgewichtssorption und für eine kinetische Sorption durchgeführt. Schadstoffabbau wurde nicht berücksichtigt. In Abbildung 6.11 ist die Konzentrationsverteilung in der Bodensäule für die drei Modellvarianten jeweils am Ende der Strömungsphasen FP1 ($t = 1.6$ d), FP2 ($t = 9$ d), FP3 ($t = 39$ d) und GP ($t = 365$ d) dargestellt.

Die Lage der Konzentrationsfront sowie die Konzentrationswerte sind in beiden Modellen vergleichbar. Die mit Hilfe des Modells HYDRUS1D berechneten Konzentrationsverläufe im konservativen Fall (a) sowie für die Gleichgewichtssorption (b) zeigen im Vergleich zu den mit dem Bilanzmodell FWInf berechneten Fahnengrenzen einen weicheren Verlauf, was auf die Vermischungseffekte bei der räumlichen Diskretisierung im numerischen Modell zurückgeführt werden kann (numerische Dispersion). Die mittleren Lagen der Konzentrationsfronten der beiden Berechnungsmethoden sind weitestgehend identisch. Zum Ende der Strömungsphase FP3 ist die untere Konzentrationsfront des Modells FWInf gegenüber dem numerischen Modell weiter in die Tiefe verlagert, da im numerischen Modell die Entwässerung der fiktiven Bodensäule nach 30 d noch nicht vollständig auf den Ausgangswassergehalt erfolgt ist. Für den Fall mit kinetischer Sorption zeigt die mit Hilfe des Modells HYDRUS1D berechnete Konzentrationsverteilung eine zusätzliche Dispersion durch die zeitliche Änderung der sorbierten Schadstoffmasse. Die hierdurch verursachte Änderung der Schadstoffkonzentration in der Bodenlösung wird auch durch das Modell FWInf berechnet. Die hohe zeitliche und räumliche Diskretisierung des numerischen Modells führt dazu, dass im Fall der kinetischen Sorption geringe Schadstoffmengen auch in tiefe Bodenbereiche verlagert werden, wobei die resultierende Tiefenverlagerung der

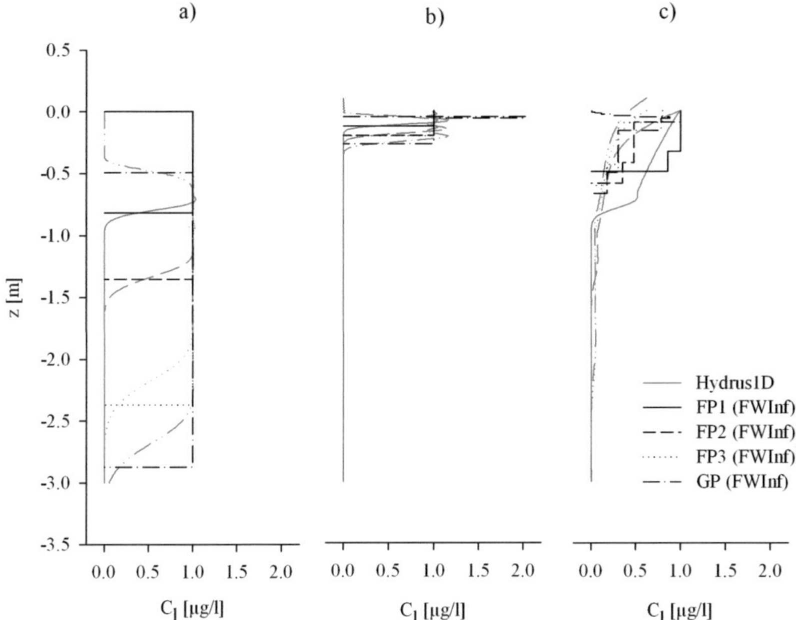

Abbildung 6.11.: Vergleich der Konzentrationsverteilung zwischen dem Modell FWInf und HYDRUS1D, a) konservativer Stoff, b) Gleichgewichtssorption, c) kinetische Sorption

Schadstoffe ein Ergebnis sowohl der kinetischen Sorptionsprozesse als auch der künstlichen numerischen Dispersion ist und mit zunehmender Sorptionsrate λ_{sorb} abnimmt. Im Falle des Modells FWInf kann dieses Phänomen auf Grund der Aufteilung des Simulationszeitraums in nur 4-6 Transportschritte nicht simuliert werden, so dass die Tiefenverlagerung der Schadstoffe geringfügig unterschätzt wird. Da für den Anwendungsfall in der Regel größere als die hier verwendeten Sorptionsraten auftreten (Tab. 3.3), kann davon ausgegangen werden, dass dies nur eine untergeordnete Rolle für die Berechnung der Schadstoffverlagerung spielt.

Die Berechnung des Schadstoffeintrags über den Sedimentbereich (Strömungsphase GP) erfolgt nur in den Fällen b) und c). Im Modell FWInf wird im Fall mit Gleichgewichtssorption während der Strömungsphase GP die gesamte Schadstoffmasse aus dem Sedimentspeicher in den Oberboden verlagert. Im numerischen Modell hingegen wird der Transport der Schadstoffe innerhalb der Sedimentschicht explizit berechnet, wodurch ein geringerer Massenfluss in den Oberboden berechnet wird. Dies führt dazu, dass die Konzentrationen im oberen Bodenbereich im Modell FWInf doppelt so hoch liegen wie im numerischen Modell. Auch im Fall mit kinetischer Sorption ist die berechnete Schadstoffkonzentration im Sediment beim Massenbilanzmodell FWInf deutlich geringer und die Schadstoffkonzentration im oberen Bodenbereich höher als im numerischen Modell. Durch die Verwendung des Speicherzellenansatzes im Modell FWInf wird der Masseaustrag aus den Sedimenten somit überschätzt. Ein Einfluss auf den berechneten Schadstoffaustrag in den Aquifer wird hierdurch insbesondere bei langen Grundwasserneubildungsphase oder bei wiederholten Überflutungen auftreten.

In Abbildung 6.12 sind die Volumen- und Massenbilanzen (kinetische Sorption) am Ende der Strömungsphasen (FP1-3 und GP) für die FWInf- und HYDRUS1D-Berechnung dargestellt. Im Boden befindet sich zu Beginn der Simulationen ein Volumen von ca. $0.9\ m^3$ in der Deckschicht (V_{ds}). Schadstoffmasse lag zu diesem Zeitpunkt im Modell nicht vor. Durch das explizite Berechnungsverfahren sind die Bilanzfehler bei den FWInf-Berechnungen vernachlässigbar klein. Beim Modell HYDRUS1D wird der Bilanzfehler durch das Konvergenzverhalten der numerischen Lösung bestimmt. Je nach Komplexität (räumliche und zeitliche Diskretisierung) traten Gesamtfehler zwischen $<$0.01-0.01 $m^3 m^{-2}$ bei der Strömung und 0.01 - 0.02 $mg\ m^{-2}$ beim Massentransport auf.

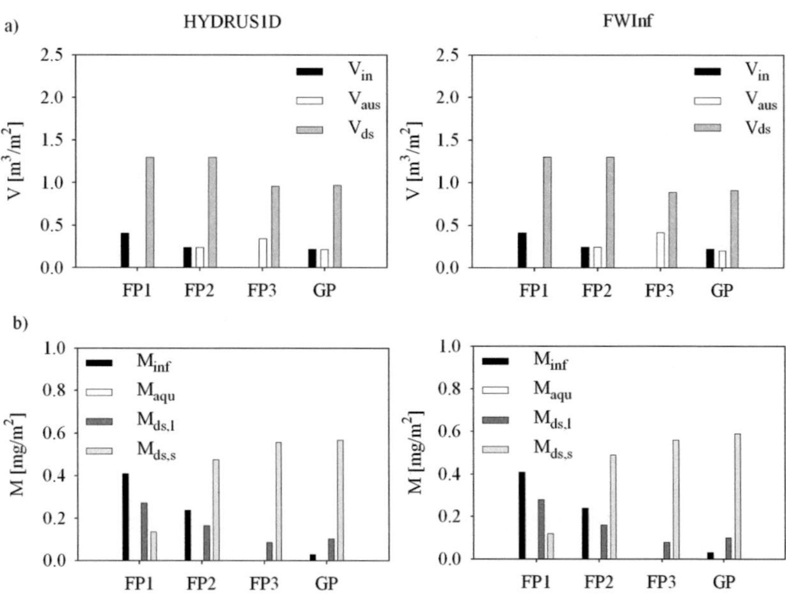

Abbildung 6.12.: Volumenbilanzen (a) und Massenbilanzen (b) für das Modell FWInf und HYDRUS1D

Der mit Hilfe des Modells FWInf berechnete Volumenzustrom ist während der Strömungsphase FP1 am größten. Volumenausfluss tritt während dieser Strömungsphase nicht auf. In der Strömungsphase FP2 ist der Volumenzu- und -abstrom (V_{inf} und V_{aqu}) ausgeglichen. Während der Strömungsphase FP3 tritt nur Volumenabstrom aus der Modellbodensäule auf. Der Wassergehalt V_{ds} am Ende der Strömungsphase FP3 und GP entspricht dem Anfangswassergehalt. In Abbildung 6.13 a) sind die Differenz der Volumenströme zwischen den Modellen FWInf und HYDRUS1D dargestellt. In den Strömungsphasen FP1 und FP2 treten vernachlässigbar kleine Differenzen auf. Während der Strömungsphase FP3 überschätzt das Modell FWInf die Entwässerung um ca. 0.07 m^3, was einer mittleren Differenz im Wassergehalt von 2% entspricht. Die Entwässerung erfolgt für die vorgegebene Sinkgeschwindigkeit der unteren Randbedingung im Modell FWInf schneller als im Modell HYDRUS1D.

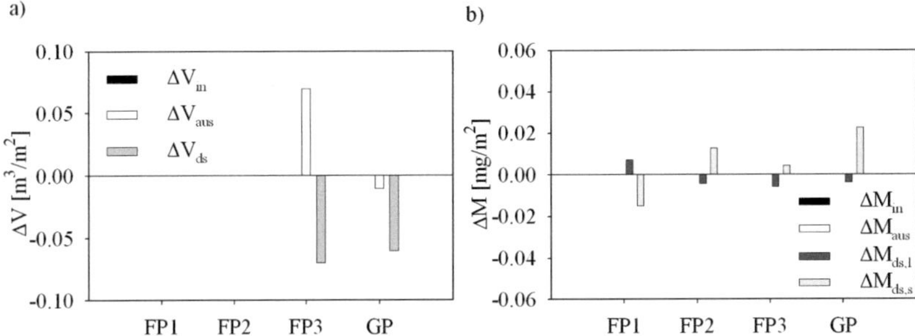

Abbildung 6.13.: Differenzen zwischen den mit dem Modell FWInf und HYDRUS1D berechneten Volumenbilanzen (a) und Massenbilanzen (b). Bei positiven Vorzeichen ist der vom Modell FWInf berechnete Wert höher als der vom Modell HYDRUS1D.

In Abbildung 6.12 sind die mit dem Modell FWInf berechneten Massenflüsse in den einzelnen Strömungsphasen für die Variante mit kinetischer Sorption dargestellt. Neben dem Massenzufluss M_{inf} und -abfluss M_{aqu} ist auch die Massenspeicherung in der Flüssig- und Festphase ($M_{ds,l}$, $M_{ds,s}$) aufgeführt. Entsprechend der Übereinstimmung der Volumenzuflüsse zwischen den Modellen werden auch die gleichen Massenzuflüsse für jede Strömungsphase berechnet. Ein Massenaustrag aus der Deckschicht wird mit beiden Modellen über den Simulationszeitraum nicht berechnet. Die Aufteilung der gespeicherten Schadstoffmasse auf die Flüssig- und Festphase ist für den Modelllauf mit Sorption nahezu gleich. In der Strömungsphase FP1 berechnet das Modell FWInf eine geringe Sorption an die Bodenmatrix. Bei den späteren Strömungsphasen ist hingegen die Sorption an die Bodenmatrix im Vergleich zum numerischen Modell etwas höher.

Die Validierung des Modells FWInf mit dem numerischen Modell HYDRUS1D ergab eine gute Übereinstimmung der Konzentrationsverteilungen und Massenbilanzen. Gegenüber dem Modell HYDRUS1D zeigten sich bei den Strömungsvorgängen vor allem Unterschiede bei der Beschreibung der Bodendrainage (Strömungsphase FP3). Insbesondere bei schnellen Grundwasserdruckhöhenänderungen wird die Drainage durch das Modell FWinf überschätzt, auch wenn die Sinkgeschwindigkeit des Grundwassers durch die hydraulische

Leitfähigkeit der Deckschicht beschränkt ist (Kap. 6.2). Bei den Transportvorgängen ergaben sich vor allem Unterschiede bei der Massenfreisetzung aus dem Sedimentspeicher sowie der Beschreibung der kinetischen Sorptionsvorgänge. Die Freisetzung aus dem Sedimentspeicher wird insbesondere bei langjährigen Simulationen an Bedeutung gewinnen (wiederholte Überflutungsereignisse).

Bei der kinetischen Sorption wurden verhältnismäßig geringe Differenzen in der Massenverteilung zwischen Porenwasser und Bodenmatrix berechnet. Für den Vergleich wurden sehr niedrige Sorptionsraten gewählt, um den Einfluss der Kinetik darzustellen. Unter natürlichen Vorgängen werden jedoch deutlich höhere Sorptionsraten erwartet (Tab. 3.3), wodurch der Einfluss der Kinetik auf die Stoffverlagerung abnehmen wird.

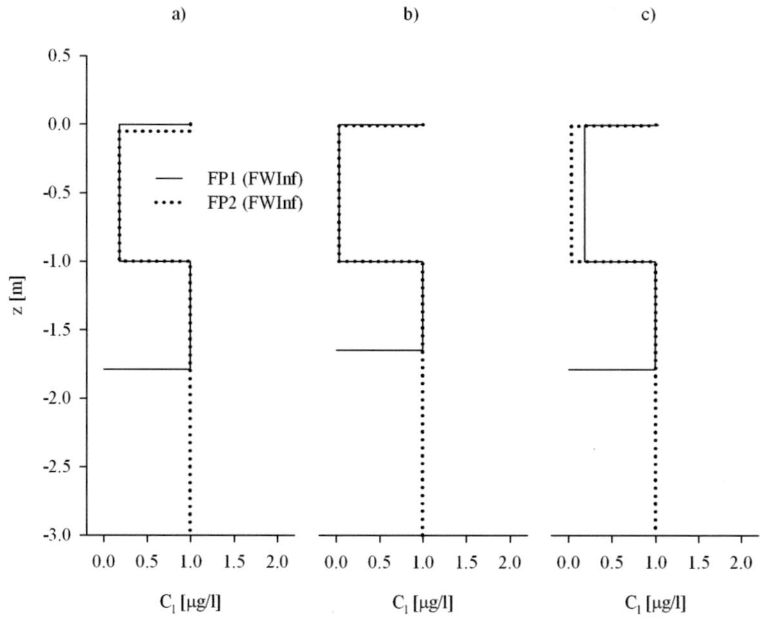

Abbildung 6.14.: Mit dem Modell FWInf berechente Konzentrationsverteilungen unter Berücksichtigung von Makroporen: a) konservativer Stoff, b) Gleichgewichtssorption, c) kinetische Sorption

Die Berücksichtigung von Makroporen bei der Strömungs- und Transportmodellierung wirkt sich insbesondere auf die Volumen- und Massenzuflüsse während der Strömungsphasen FP1 und FP2 aus. Die Darstellung von Makroporen in den verfügbaren numerischen Strömungs- und Transportmodellen befindet sich bisher noch in der Entwicklung. Verfügbare numerische Verfahren zur Beschreibung des verwendeten Dual-Permeabilitätsansatzes (z.B. MACRO (LARSBO & JARVIS, 2003)) konnten für die gegebene obere hydraulische

Randbedingung (Überstau) nicht verwendet werden, so dass ein quantitativer Vergleich des Modells FWInf mit etablierten numerischen Verfahren zum gegenwärtigen Zeitpunkt nicht möglich ist.

Für eine Makroporenporosität von $n_{mp} = 0.001$ sind in Abbildung 6.14 die Konzentrationsprofile für die drei Simulationsvarianten (konservativ, Gleichgewichtssorption und kinetische Sorption) jeweils am Ende der beiden Strömungsphasen FP1 und FP2 dargestellt. Durch die Makroporeninfiltration wird der überwiegende Anteil der infiltrierenden Schadstoffmasse in den unteren Modellhorizont verlagert, so dass die Schadstofffront im Vergleich zur Simulation ohne Makroporen größere Tiefen erreicht und in der Strömungsphase FP2 auch Schadstoffe über die Untergrenze des Modells hinaus verlagert werden. Für den oberen Modellhorizont wird durch die Verdünnungseffekte während der Aufsättigung eine geringe Konzentration berechnet. Der geringe Anteil der Matrixinfiltration zeigt sich in einer geringen Eindringtiefe der entsprechenden Schadstofffront. Aufgrund des niedrigen Verteilungskoeffizienten im unteren Modellhorizont findet Sorption nur in geringem Maße statt, so dass sich die Schadstoffverlagerungstiefen zwischen den Simulationsvarianten kaum unterscheiden. Für den Fall mit kinetischer Sorption wird durch die fortschreitende Sorption der Schadstoffe an die Bodenmatrix ein leichter Konzentrationsrückgang im oberen Modellhorizont berechnet.

In Abbildung 6.15 sind die unter Berücksichtigung von Makroporenströmung mit dem Modell FWInf berechneten Volumen- und Massenflüsse dargestellt. Der Volumenzustrom während der Strömungsphase FP1 wird ausschließlich durch das auffüllbare Porenvolumen bestimmt. Die berechneten Volumen- und Massenzuflüsse entsprechen somit dem Zustrom ohne Makroporen (Abb. 6.12). Während der Strömungsphase FP2 wird durch die Makroporen die effektive Leitfähigkeit der Deckschicht erhöht. Bei gleichen hydraulischen Gradienten erhöht sich infolge der Makroporenströmung der Volumen- und Massenzufluss während der Strömungsphase FP2 gegenüber der Berechnung ohne Makroporen um eine Größenordnung.

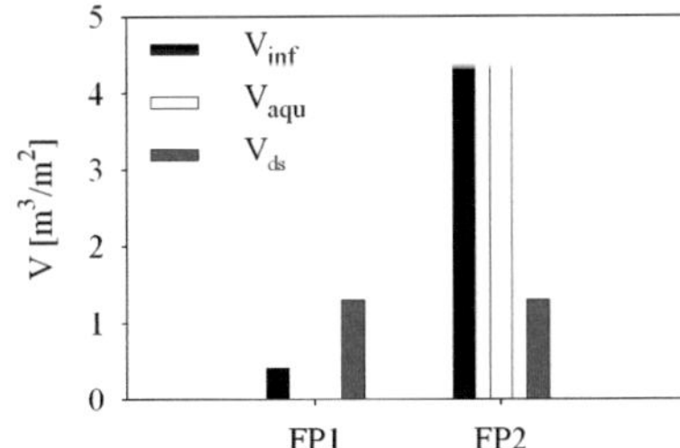
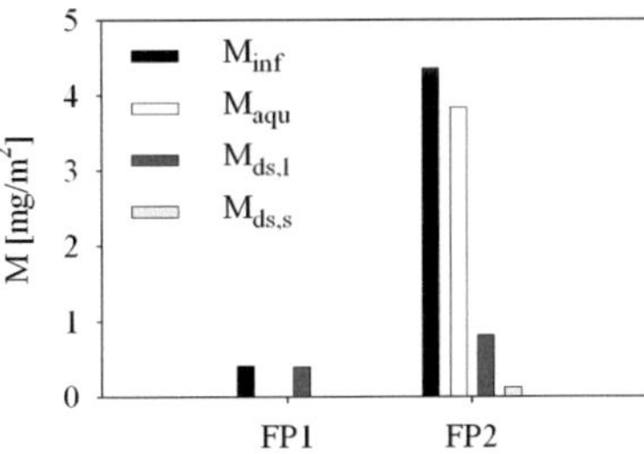

Abbildung 6.15.: Volumen- und Massenbilanzen für das Modell FWInf unter Berücksichtigung von Makroporen

Der Einfluss, den ein Bereich mit erhöhter Leitfähigkeit im Oberboden auf die Tiefenverlagerung von Schadstoffen ausüben kann, wurde mit Hilfe eines zweidimensionalen Modells (HYDRUS2D, SIMUNEK ET AL. (2006)) simuliert (Abb. 6.16). Für die Simulation wurden die selben hydraulischen Parameter des oberen und unteren Modellbereichs (Ober- und Unterboden) sowie die selben hydraulischen und stofflichen Randbedingungen wie für die eindimensionale Simulation gewählt. Die Makroporen wurden durch einen Bereich mit erhöhter Leitfähigkeit im Oberboden repräsentiert (Abb. 6.16 a)), wobei das Produkt aus Fließquerschnitt und Leitfähigkeit den Werten im Modell FWInf entspricht. Durch Anpassung der Porositätswerte und der Lagerungsdichte wurde zudem die Transportaufenthaltszeit in den Makroporen entsprechend den Vorgaben im Modell FWInf angepasst. Auf Grund der verbleibenden großen Leitfähigkeitsunterschiede im zweidimensionalen Modell konnte keine stabile Simulation für die Aufsättigung des oberen Modellbereichs erreicht werden. Zudem ist durch die Reduzierung der Makroporen auf einen zusammenhängenden Bereich die Austauschoberfläche zwischen Makroporen und Matrix gegenüber dem Makroporenbündelansatz im Modell FWInf deutlich reduziert. Die zweidimensionale Simulation für die Strömungsphase FP1 wurde daher mit abgeschlossener Aufsättigung des oberen Modellbereichs gestartet. Zur Stabilisierung der Berechnung musste zudem eine geringere Dispersion verwendet werden und die scharfen Wassergehaltsfronten entlang der Sättigungslinie im unteren Modellbereich (Lage des Grundwasserspiegels) und zwischen oberem und unteren Modellbereich mussten durch gleichmäßigere Übergänge ersetzt werden. Wegen dieser Einschränkungen ist ein quantitativer Vergleich zwischen den Modellen nicht möglich. Ein qualitativer Vergleich der sich einstellenden Schadstoffverteilungsmuster in der Deckschicht kann entsprechend der in Abbildung 6.16 dargestellten Konzentrationsverteilung erfolgen.

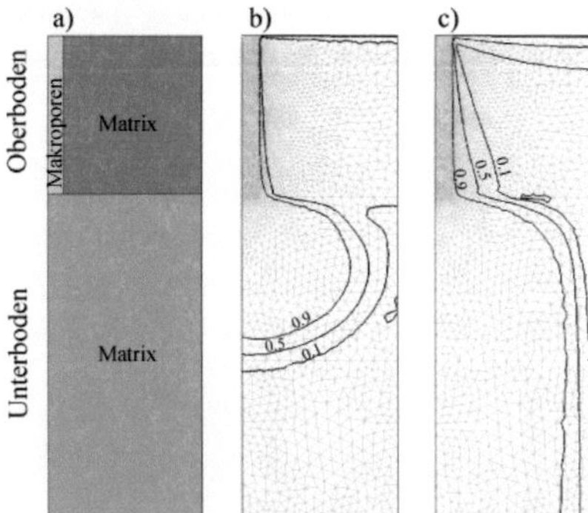

Abbildung 6.16.: Mit dem Modell HYDRUS2D berechnete Konzentrationsverteilungen unter Berücksichtigung eines hoch durchlässigen Bereichs im Oberboden ($C_l = \mu g l^{-1}$) (b): Ende Strömungsphase FP1, c) Ende Strömungsphase FP2

In Abbildung 6.16 ist die Tiefenverteilung der Schadstoffe jeweils am Ende der Strömungsphasen FP1 (b) und FP2 (c) dargestellt. Der hochdurchlässigen Bereich führte wie im

Modell FWInf zu einer deutlichen Tiefenverlagerung der Schadstoffe in den unteren Modellbereich so dass während der Strömungphase FP2 die Schadstofffront die Unterkante des Modells erreicht.

Der Vergleich der Volumen- und Massenbilanzen zwischen den Modellen FWinf und HYDRUS1D zeigte, dass das Modell FWInf für die Simulationen ohne Makroporen in ausreichender Genauigkeit die zugrundeliegenden Strömungs- und Transportprozesse gut abbilden kann. Für die Makroporensimulation zeigt sich trotz begrenzter Vergleichsmöglichkeit zudem eine gute qualitative Übereinstimmung der Konzentrationsverteilung.

In Tabelle 6.5 sind die benötigten Berechnungszeiten für die oben aufgeführten Simulationen dargestellt. Die Berechnungszeit mit dem Modell FWInf liegt um 2-3 Größenordnungen unter der Berechnungszeit mit HYDRUS1D. Für die Berechnung mit Hilfe des Modells HYDRUS2D wurde fast zwei Tage benötigt. Durch die Verwendung der einfachen analytischen Strömungs- und Transportgleichungen im Modell FWInf wurde eine deutliche Einsparung an Rechenzeit erzielt und die Stabilität des Berechnungsvorgangs erhöht, so dass ein Einsatz des Modells im Rahmen der Risikoberechnung plausibel erscheint.

Tabelle 6.5.: Vergleich der Berechnungszeiten von FWInf und HYDRUS1D/2D (CPU=Intel Xeon Dual 2.8 GHz)

	T_{ber} (o.MP) [s]	T_{ber} (m.MP) [s]
HYDRUS1D/2D	8.00	150000.00
FWInf	<0.01	<0.01

6.3.2. Vergleich mit experimentellen Daten (Säulenversuch)

Mit Hilfe eines Säulenversuchs wurden von FEKETE (2008) die Strömungs- und Transportvorgänge während einer Infiltration unter Wasserüberstau experimentell untersucht. Durch den Vergleich der Experiment- mit den Modelldaten sollte überprüft werden, inwieweit die getroffenen Modellannahmen (Kap. 5.3) zutreffen. Hierfür wurde am Institut für Hydromechanik (IfH) an der Universität Karlsruhe(TH) eine Edelstahlsäule bis zu einer Höhe von 0.37 m mit sandigem Bodenmaterial aus dem Gebiet des geplanten Retentionsraums Rappenwört-Bellenkopf (Kap. 8) gefüllt (Abb. 6.17).

Die Textur des Bodenmaterials wurde über Fingerprobe als ein Feinsand (fS) eingestuft. Die Parameter der Wasserretentionskurve wurden aus Literaturwerten übernommen (DIN4220: α_{vg} : 5.46 $m^{-1}, n_{vg} = 1.50, \theta_r = 0.04, \theta_s = 0.43, k_s = 3.47 \cdot 10^{-5}\ ms^{-1}$). Der volumetrische Wassergehalt im Boden zu Beginn des Experiments ($\theta_0 = 0.08$) wurde durch Ofentrocknung (24 h bei 105 $C°$) und Bestimmung des Gewichtsverlustes und mit Hilfe der Lagerungsdichte des eingebauten Säulenmaterials ($\rho_b = 1.48\ gcm^{-3}$) bestimmt. In der Bodensäule wurden zur Beobachtung der Matrixspannung im Bodenmaterial drei Mikrotensiometer (UMS T5-04/20) in verschiedenen Tiefen eingebaut (siehe Abb. 6.17). Die

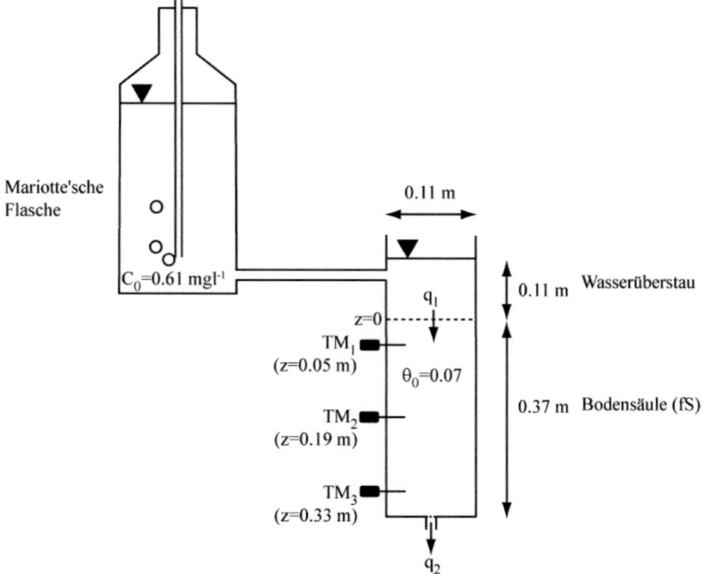

Abbildung 6.17.: Versuchsaufbau für das Infiltrationsexperiment

gemessenen Matrixspannungen wurden unter Verwendung der oben angegebenen Van Genuchten Parameter in Wassergehalte umgerechnet (Gl. 3.25). Der Wasserzufluss in die Bodensäule q_1 erfolgte über ein Vorratsgefäß, das als Mariotte'sche Flasche verwendet wurde. Hierdurch konnte der Wasserüberstau an der Säulenoberkante während des Experiments auf einer konstanten Höhe gehalten werden. Dem Wasser im Vorratsgefäß wurde als Tracer der fluoreszierende Farbstoff Uranin (CAS: 518-47-8) zugegeben ($C_0 = 0.61$ mg/l). Dieser Farbstoff wird in der Literatur auf Grund seiner geringen Sorptivität als nahezu konservativ reagierender Tracer beschrieben (KÄSS, 1992). Die Bestimmung der Konzentration im Zufluss C_0 und im Abfluss C_2 erfolgte durch Messung der Fluoriszenz (Fluorimeter Perkin Elmer, LS 30) und unter Verwendung einer Kalibrierungsgerade.

Zu Beginn des Experiments ($t = 0$) wurde durch den Zustrom aus der Mariotte'schen Flasche ein Wasserüberstau von 0.11 m an der Oberkante der Bodensäule eingestellt und über 2 Stunden aufrechterhalten. Der Wasserstand in der Mariotte'schen Flasche wurde in regelmäßigen Abständen gemessen (dt≈1 min). Der Messfehler war hierbei auf Grund des großen Querschnitts des Vorratsgefäßes relativ groß ($dV = 8$ ml). Am Auslass der Bodensäule wurde kontinuierlich der Ausfluss mit Hilfe von Messzylindern gemessen ($dt \approx$ 0.5 min). Durch die Verwendung von kleinen Messzylindern war hierbei der Messfehler deutlich geringer ($dV = 0.5$ ml). In regelmäßigen Intervallen wurden am Ausfluss zudem Proben zur Konzentrationsbestimmung entnommen ($dt = 1 - 5$ min).

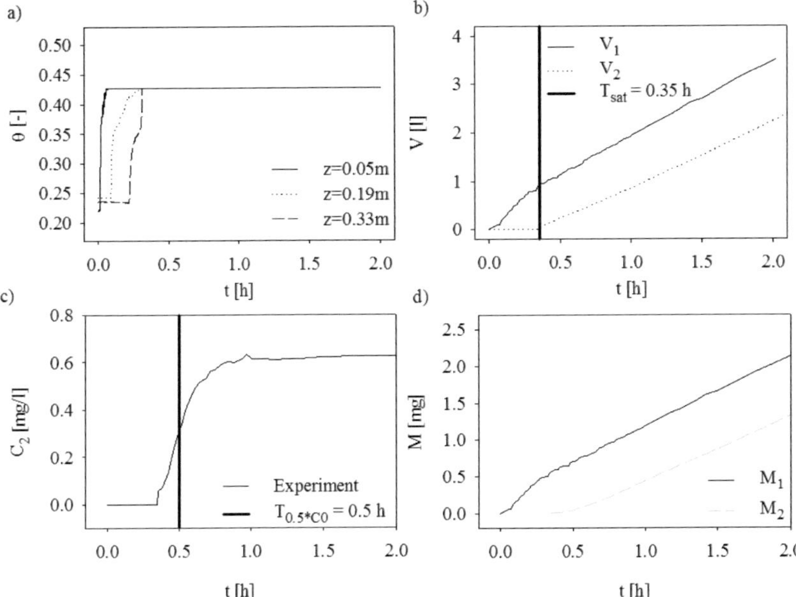

Abbildung 6.18.: Ergebnisse des Säulenexperiments: a)Wassergehaltsentwicklung an den Tensiometern, b) Volumenzu- (V_1) und -abflüsse (V_2), c) Konzentrationsverlauf am Ausfluss, d) Massenzu- (M_1) und -abflüsse (M_2)

In Abbildung 6.18 a) ist der mit Hilfe der Tensiometer gemessene Verlauf des Wassergehalts in drei verschiedenen Tiefen dargestellt. Der Wassergehalt in den jeweiligen Bodentiefen stieg bei Ankunft der Infiltrationsfront von ihrem Ausgangswassergehalt auf den Sättigungswassergehalt θ_s. Der Ausgangswassergehalt lag ca. um das dreifache über dem durch die Ofentrocknung bestimmten Wassergehalt. Da der Einbau der Tensiometer mit Hilfe einer wässrigen Quarzmehlsuspension erfolgte, könnte der Wassergehalt in der Umgebung der Tensiometer lokal erhöht gewesen sein. Die Geschwindigkeit, mit der der Wassergehalt an den Tensiometern beim Durchgang der Infiltrationsfront anstieg, änderte sich mit zunehmender Tiefe. Am obersten Tensiometer war der Sprung vom Ausgangswassergehalt auf den Sättigungswassergehalt annähernd stufenförmig. Im darunterliegenden Tensiometer erfolgte die Aufsättigung langsamer. Der unterste Tensiometer zeigte eine ähnliche zeitliche Verzögerung zwischen dem ersten Anstieg des Wassergehalts und dem Erreichen des Sättigungswassergehalts wie der mittlere Tensiometer. Bei diesem Tensiometer trat zudem ein scharfer Knick in der Aufsättigungskurve auf, der eventuell den Einfluss des Säulenauslasses auf die Entwicklung des Wassergehalts in dieser Tiefe widerspiegelte.

Der kumulative Zufluss in die Säule sowie der Abfluss aus der Säule ist in Abbildung 6.18 b) dargestellt. Der Zufluss in die Säule war während der Aufsättigungsphase $T_{sat} = 0.35\ h$ größer als nach der Aufsättigung der Bodensäule. Eine Abnahme der Zuflussraten während der Bodenaufsättigung, wie sie aus den theoretischen Infiltrationsmodellen folgt (Kap. 3.1), konnte nicht eindeutig nachgewiesen werden. Dies ist unter Umständen auf die geringe zeitliche Auflösung und den Messfehler bei der Bestimmung der Zuflussrate zurückzuführen. Mit der vollständigen Aufsättigung der Bodensäule fand ein Ausfluss aus der Säule statt. Die Zu- und Ausflussraten waren nach der Aufsättigung der Bodensäule annähernd gleich.

In Abbildung 6.18 c) ist der gemessene Konzentrationsverlauf am Säulenausfluss C_2 dargestellt. Bereits im ersten Ausfluss aus der Bodensäule waren geringe Konzentrationen an Tracer vorhanden. $T_{0.5C0} = 0.5\ h$ entspricht der Zeitspanne von Beginn der Infiltration bis zu dem Zeitpunkt, an dem die Ausflusskonzentration die Hälfte der Ausgangskonzentration C_0 erreichte. C_2 erreichte das Niveau von C_0 nach etwa 1 h. In Abbildung 6.18 d) sind die kumulierten Massenzu- und -abflüsse M_1 und M_2 aus der Bodensäule dargestellt. Der Masseneintrag wurde durch Multiplikation des zuströmenden kumulierten Volumens mit der Ausgangskonzentration C_0 berechnet und ist somit in der Form identisch mit den dargestellten Volumenflüssen. Die Stoffaustragsfunktion wurde durch Multiplikation der gemessenen Volumenflüsse und der Konzentrationen am Säulenausfluss berechnet. M_1 stieg ab der Aufsättigungszeit $T_{0.5}$ an. Mit Erreichen der maximalen Ausflusskonzentration verlaufen die Funktionen von M_1 und M_2 annähernd parallel.

Das Infiltrationsexperiment wurde mit Hilfe des Modells FWInf sowie des numerischen Modells HYDRUS1D modelliert. An der Oberkante der Bodensäule wurde für die Infiltration ein hydraulisches Potential von 0.109 m verwendet. Für die Simulation der Infiltration unter gesättigten Verhältnissen wurde angenommen, dass am Säulenauslass ein Matrixpotential von $h = 0\ m$ vorlag. Als mittlere hydraulische Parameter wurden die oben beschriebenen Werte nach DIN 4220 (2005) verwendet.

In Abbildung 6.19 sind die kumulativen Volumen- und Massenausflüsse aus dem Säulenexperiment und die mit Hilfe der Modelle HYDRUS1D und FWInf berechneten Daten dargestellt. Der Beginn des Volumenausflusses (Abb. 6.19 a) entspricht der gemessenen oder berechneten Aufsättigungszeit T_{sat}. Die berechneten Aufsättigungszeiten liegen jeweils über den beobachteten Werten, wobei FWinf T_{sat} stärker überschätzt. Auch die Dauer bis zum beginnenden Massenaustrags aus der Bodensäule wird durch die Modelle überschätzt. Nach erfolgter Aufsättigung sind die berechneten Volumen- und Massenausflüsse aus der Bodensäule sowohl im Vergleich zwischen den beiden Modellenansätzen als auch mit den experimentellen Daten nahezu identisch.

Da für die hydraulischen Parameter des Bodenmaterials nur Literaturwerte vorlagen, spielt die Unsicherheit der Bodenparameter beim Vergleich von Experiment und Modell eine entscheidende Rolle. Für die Simulation wurden daher Minimal- und Maximalwerte der hydraulischen Leitfähigkeit verwendet, um so Spannweiten für die Modellergebnisse angeben zu können. Die Intervallgrenzen der Leitfähigkeit wurden durch Verwendung der Parameterwerte für eine feinere (Su2: $1.47 \cdot 10^{-5}\ ms^{-1}$) und gröbere (mS: $5.67 \cdot 10^{-5}\ ms^{-1}$) Texturklasse festgelegt (DIN 4220, 2005).

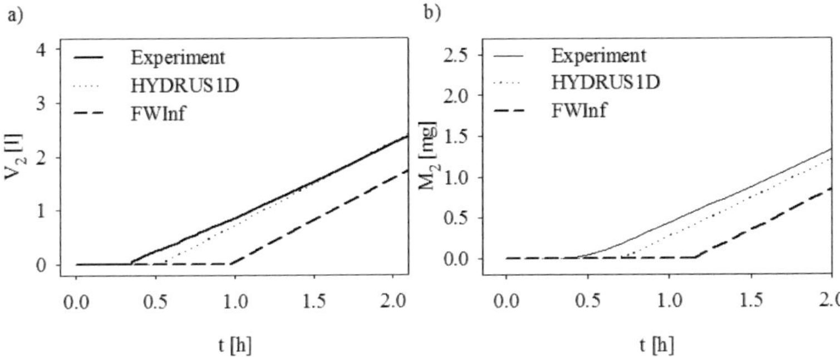

Abbildung 6.19.: Kumulative Volumen (a) und kumulative Massenausflüsse (b) des Säulenexperiments und der Modelle HYDRUS1D und FWInf

In Tabelle 6.6 sind die gemessenen und berechneten Werte der Aufsättigungszeiten, des infiltrierenden Volumens während der Aufsättigung ($V_1(t = T_{sat})$ und des zu- und abfließenden Volumens am Ende des Infiltrationsversuchs (V_1, V_2 bei t=2 h) aufgeführt. Die Intervallgrenzen für die experimentellen Daten wurden über Fehlerrechnung aus den Einzelfehlern der Zu- und Abflussmessung bestimmt. Die Spannweiten der Modellwerte ergeben sich aus den Parameterintervallen der hydraulischen Leitfähigkeit.

Tabelle 6.6.: Vergleich der Volumenbilanzen des Säulenexperiments und der Modelle FWInf und HYDRUS1D

| | T_{sat} | $V_1(t = T_{sat})$ | $V_1(t = 2h)$ | $V_2(t = 2h)$ |
	[h]	[l]	[l]	[l]
Experiment	0.35	0.74-1.06	2.88-4.16	2.22-2.24
FWInf	0.72-1.71	1.14	1.32-4.12	0.18-2.98
Hydrus1D	0.33-1.26	1.12	1.57-5.03	0.45-3.91

Bei der Bestimmung der Aufsättigungszeit überschätzte das Modell FWInf die beobachtete Zeit um das zwei- bis fünffache. Beim Modell HYDRUS1D lag die gemessene Aufsättigungszeit am unteren Ende des Werteintervalls für T_{sat}. Auch das aus der Messungenauigkeit resultierende Intervall des Infiltrationsvolumens bis zum Aufsättigungszeitpunkt $V_1(t = t_{sat})$ lag etwas niedriger als die mit den Modellen FWInf und HYDRUS1D berechneten Werte. Bei den Modellen entsprach der berechnete Volumenfluss während der Aufsättigung dem aus dem Anfangs- und Sättigungswassergehalt berechneten auffüllbaren Porenvolumen im Bodenmaterial. Die Differenz zwischen beobachteten und berechneten Werten für T_{sat} kann aus der Unter- bzw. Überschätzung der Werte für θ_0 und θ_s folgen oder aus der unvollständigen Aufsättigung der Bodensäule bis zum Zeitpunkt $t = t_{sat}$. Das Intervall der Messungenauigkeiten für den Volumenzu- und -abfluss (V_1, V_2) zum Zeitpunkt $t = 2\,h$ lag innerhalb der berechneten Volumenintervalle der Modelle FWInf und HYDRUS1D.

In Tabelle 6.7 sind die gemessenen und berechneten Massenbilanzen sowie die aus der Fehleranalyse und der Unsicherheit der hydraulischen Leitfähigkeit abgeleiteten Intervalle dargestellt. Die Massenbilanz bestätigt den bereits in der Volumenbilanz beobachteten Trend. Die mittlere Traceraufenthaltszeit ($T_{0.5C0}$) wurde durch das Modell FWInf um das zwei- bis sechsfache überschätzt. Das Modell HYDRUS1D lag bei der Berechnung des Tracerdurchbruchs näher an den experimentellen Daten, überschätzte diese jedoch ebenfalls. Der Vergleich des Massenzu- und -abflusses ($M_1(t = t_{sat})$, $M_1(t = 2h)$ und $M_2(t = 2h)$) entsprach den Beobachtungen bei der Volumenbilanz zu diesen Zeitpunkten.

Tabelle 6.7.: Vergleich der Massenbilanzen des Säulenexperiments und der Modelle FWInf und HYDRUS1D

	$T_{0.5C0}$	$M_1(t = T_{sat})$	$M_1(t = 2h)$	$M_2(t = 2h)$
	[h]	[mg]	[mg]	[mg]
Experiment	0.35	0.45-0.65	1.76-2.54	1.27-1.38
FWInf	0.83-2.13	0.70	0.81-2.51	0-1.83
HYDRUS1D	0.44-1.70	0.68	0.96-3.07	0.28-2.23

Trotz des relativ einfachen Modellaufbaus (homogene Bodenverhältnisse) konnte für die Beschreibung der Infiltrationszeiten T_{sat} auch unter Berücksichtigung der Parameterunsicherheit keine gute Übereinstimmung zwischen den experimentellen Daten und beiden Modellen gefunden werden. Die durch das Modell FWInf berechneten Aufsättigungszeiten liegen in etwa um den Faktor 2 über den Werten des numerischen Modells HYDRUS1D. Die zu geringen Infiltrationsraten während der Aufsättigung der Bodensäule können möglicherweise auf eine Unterschätzung der Saugspannung vor der Infiltrationsfront zurückgeführt werden (Gl. 3.30).

Neben der fehlerhaften Beschreibung der Infiltrationsprozesse kann auch die Annahme einer frei beweglichen Luftphase nicht uneingeschränkte Gültigkeit besitzen. Während der Infiltration im Experiment findet evtl. nur eine Teilaufsättigung des Porenraums statt.

Der Vergleich der Volumen- und Massenbilanzen zeigt, dass unter Berücksichtigung der jeweiligen Parameterunsicherheiten die experimentell ermittelten Werte durch beide Modelle hinreichend gut wiedergegeben werden können. Insbesondere die Berechnung der Strömung und der Transport nach Aufsättigung der Bodensäule stimmt bei beiden Modelle für die gegebenen Randbedingungen sehr gut mit den experimentellen Daten überein. Im welchen Maße die leichte Überschätzung der Aufsättigungszeit durch das Modell FWInf die Berechnung der Schadstoffverlagerung während eines Flutungsereignisses beeinflusst, hängt von der Bedeutung der Strömungsphase FP1 für den Schadstofftransport über die Deckschicht ab. Dies wird im folgenden Kapitel 7 näher untersucht.

7. Sensitivitätsuntersuchung

7.1. Parameterstudie

Im folgenden Abschnitt wird der Einfluss der Modellparameter auf die berechneten Wasserströmung und Schadstoffbewegung in der Bodenzone dargestellt. Die Parameter können in drei Hauptgruppen unterteilt werden (Abb. 7.1). Die Parametergruppe zum Flutungsszenario umfasst die Parameter des Flutungsereignisses. Die Parametergruppe zur Simulationseinheit umfasst die Parameter zur Lage und Struktur der Simulationseinheit sowie die Strömungs- und Transportparameter des Ober- und Unterbodens. Die Parametergruppe der Schadstoffeigenschaften beschreibt das Sorptionsverhalten und die Abbaubarkeit des Schadstoffs.

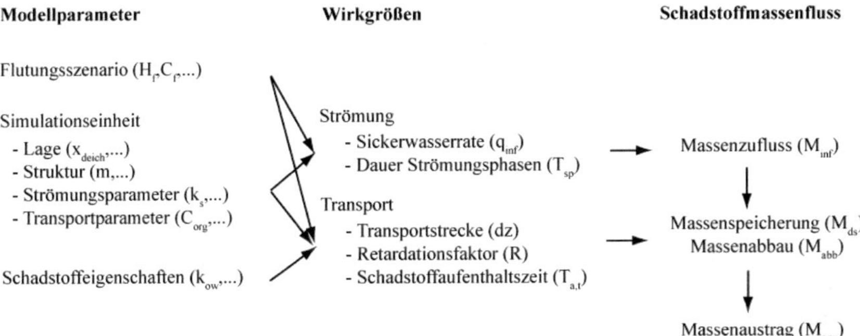

Abbildung 7.1.: Übersicht über die Einflussfaktoren auf den Masseaustrag in den Aquifer (M_{aqu})

Die Modellparameter können zu Wirkgrößen zusammengefasst werden, die entweder den Massezufluss M_{inf} oder die Massenspeicherung M_{ds} und den Massenabbau M_{abb} beeinflussen. Als Ergebnis aus Massenzufluss-, -speicherung und -abbau ergibt sich der Massenausfluss in den Aquifer M_{aqu}. Unter den Wirkgrößen zur Strömung tritt die Sickerwasserrate in der Deckschicht q_{inf} sowie die Dauer der Strömungsphasen T_{sp} auf. Bei den Wirkgrößen, die den Transport beeinflussen, findet sich insbesondere die Länge der Transportstrecke durch die Deckschicht dz und der Retardationsfaktor R. Die Schadstoffaufenthaltszeit $T_{a,t}$ beschreibt auch die Schadstoffverlagerung innerhalb der Deckschicht, stellt aber eine integrale Größe aus Strömungsgeschwindigkeit, Retardationsfaktor und Transportstrecke dar. $T_{a,t}$ sowie der Abbaurate λ_{abb} bestimmen den Schadstoffabbau in der Deckschicht.

Im Verlauf der Sensitivitätsstudie wird der Einfluss der Modellparameter auf den Schadstoffmassenfluss unter besonderer Berücksichtigung des Massenaustrags in den Aquifer M_{aqu} untersucht. Die Darstellung von Änderungen von Massenflüssen hat gegenüber der Beschreibung von Konzentrationsänderungen in der Bodenzone den Vorteil, dass der Umfang der Schadstoffbewegung über einen Zeitraum erfasst werden kann.

Für die Sensitivitätsstudie wurde ein Referenz-Parametersatz für die Simulationseinheit, das Flutungsereignis und die Schadstoffeigenschaften festgelegt. Für alle untersuchten Parameter wurde ein Werteintervall definiert, über das der jeweilige Parameter variiert wurde. Neben einer graphischen Darstellung der Abhängigkeit des Modellergebnisses vom jeweiligen Modellparameter wurde auch ein Sensitivitätsindex für den jeweiligen Parameter berechnet. Dieser beschreibt die Änderung von des Schadstoffmassenfluss in den Aquifer während der Strömungsphasen FP1-GP (dM_{aqu}) nach Änderung der Modellparameter (dx). Die Parameterwerte wurden mit Hilfe des jeweils maximalen Parameterwertes x_{max} im Intervall normiert. Da für einige Modellparameter ein nichtlinearer Zusammenhang zwischen dx und dy zu beobachten ist, wurde zum Vergleich der Modellparameter jeweils der maximale Sensitivitätsindex herangezogen, der im vorgegebenen Parameterbereich berechnet wurde.

$$SI[-] = max \left| \frac{\frac{dM_{aqu}}{dx}}{x_{max}} \right| \tag{7.1}$$

In Abbildung 7.2 ist der mittlere Aufbau des Hochwasserückhalteraums dargestellt. Dieser erstreckt sich über eine Breite von 1000 m zwischen dem Fluss und dem landseitigen Deich. Die Geländeoberkante L_{gok} des Retentionsraums liegt auf 106.0 m ü.NN. Die Mächtigkeit der Bodenzone beträgt 3 m und besitzt eine hydraulische Leitfähigkeit von $1.0 \cdot 10^{-5}$ ms^{-1}. Der darunterliegende Aquifer erstreckt sich über eine Mächtigkeit von 50 m mit einer hydraulischen Durchlässigkeit von $5.0 \cdot 10^{-4}$ ms^{-1}. Der Grundwasserspiegel im Retentionsraum zu Beginn des Flutungsereignisses fällt von 105.5 m ü.NN am landseitigen Deich ($H_{gw,drain}$) auf eine Druckhöhe von 104.0 m ü.NN ($H_{f,0}$) am Vorfluter ab.

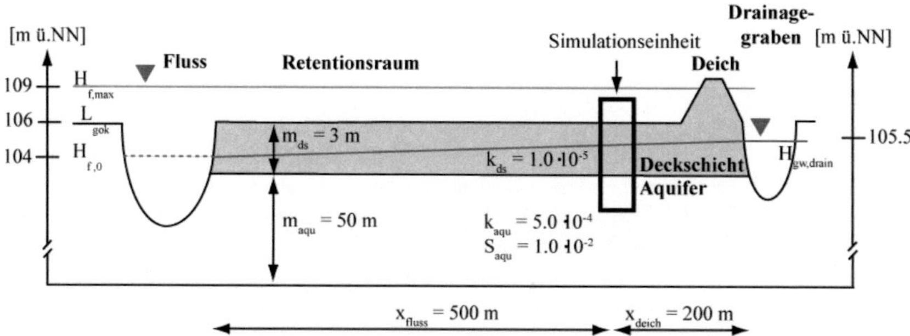

Abbildung 7.2.: Übersicht über den Aufbau des Retentionsraums für die Sensitivitätsanalyse

In Abbildung 7.3 ist die in der Sensitivitätsstudie verwendete mittlere Hochwasserganglinie dargestellt. Der Wasserstand steigt innerhalb von 7 d, ausgehend von einer Höhe von 104.0 m ü.NN ($H_{f,0}$), auf seinen Maximalwert $H_{f,max}$ von 109.0 m ü.NN an. Auf dieser Höhe verbleibt der Wasserstand für 2 d und fällt dann innerhalb von 50 d auf sein Ausgangsniveau ab. Während des Flutungsereignisses wird angenommen, das sich die Grundwasserdruckhöhe am landseitigen Deich nicht ändert. Das Sickerwasservolumen, dass in der Grundwasserneubildungsphase über die Deckschicht in den Aquifer strömt, beträgt im Mittel 0.3 m^3 je m^2. Dieses Volumen wird auf sechs Grundwasserneubildungsereignisse mit je einer Dauer von 7 d aufgeteilt, in denen eine Grundwasserneubildungsrate von 5 $mm\ d^{-1}$ angenommen wird. Der zeitliche Abstand der Neubildungsereignisse beträgt 47 d.

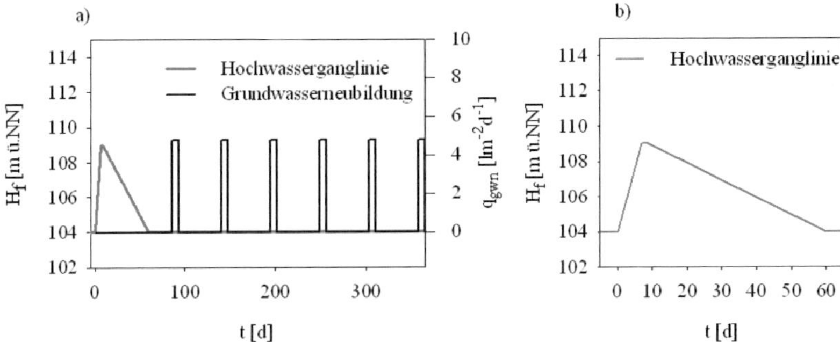

Abbildung 7.3.: Darstellung des in der Sensivitätsanalyse verwendeten Flutungsszenario, a) Hochwasserganglinie und Grundwasserneubildungsrate während des gesamten Berechnungszeitraum, b) Hochwasserganglinie während der Flutungsphase

In Tabelle 7.1 und 7.2 sind die in der Sensitivitätsstudie verwendeten Modellparameter mit ihren mittleren Werten und Intervallen dargestellt. Die Parameter wurden jeweils unabhängig über die dargestellten Parameterbereiche variiert. Während der Variation eines Parameters wurde für die übrigen Parameter ihr mittlerer Wert verwendet. In Tabelle 7.1 sind die Parameter der Bodeneigenschaften dargestellt. Für den Oberboden wurde eine mittlere Mächtigkeit von 1.0 m und für den Unterboden 2.0 m gewählt. Die mittleren hydraulischen Parameter sowie Variationsbreiten dieser Parameter wurden in Anlehnung an CARSEL & PARRISH (1988) bestimmt, wobei für den Oberboden die USDA-Textur „loam" (im deutschen Klassifikationssystem ungefähr Ut4) und für den Unterboden „silty sand" (im deutschen Klassifikationssystem ungefähr Slu) zugrundegelegt wurde. Für den mittleren Kornradius des Ober- und Unterbodens (r_1, r_2) wurden mittlere Werte und Parameterspannweiten entsprechend eines Schluffes und Feinsandes gewählt (AG BODEN, 2005). Die Parametrisierung der inneren Porosität der Bodenkörner θ_{i1} und θ_{i2} erfolgte in Anlehnung an RÜGNER ET AL. (2004) (Tab. 3.3). Für alle übrigen in Tabelle 7.1 dargestellten Parametermittelwerte und -spannweiten wurden plausible Werte geschätzt.

Tabelle 7.1.: Parameter der Sensitivitätsanalyse: Strömungs- und Transporteigenschaften des Ober- und Unterbodens

Parameter	Mittelwert	Intervall	SI [-]
Bodeneigenschaften - Oberboden			
m_1 $[m]$	1.0	0.1- 2.9	77.1
α_{vg1} $[1/m]$	2.0	0.1 - 6.0	0.2
n_{vg1} $[-]$	1.4	1.0 - 1.8	0.1
θ_{r1} $[-]$	$7.0 \cdot 10^{-2}$	$2.0 \cdot 10^{-2} - 1.2 \cdot 10^{-1}$	<0.1
θ_{s1} $[-]$	0.5	0.2 - 0.7	0.1
k_{s1} $[ms^{-1}]$	$1.3 \cdot 10^{-6}$	$5.0 \cdot 10^{-7} - 5.0 \cdot 10^{-5}$	1.9
n_{mp} $[-]$	$5.0 \cdot 10^{-6}$	$1.0 \cdot 10^{-7} - 1.0 \cdot 10^{-2}$	530.6
r_1 $[m]$	$1.6 \cdot 10^{-5}$	$1.0 \cdot 10^{-6} - 3.2 \cdot 10^{-5}$	<0.1
ρ_{b1} $[gcm^{-3}]$	1.5	1.2 - 1.8	< 0.1
C_{org1} $[-]$	$3.0 \cdot 10^{-2}$	$1.0 \cdot 10^{-2} - 8.0 \cdot 10^{-2}$	< 0.1
θ_{i1} $[-]$	$2.5 \cdot 10^{-2}$	$1.0 \cdot 10^{-3} - 5.0 \cdot 10^{-2}$	< 0.1
Bodeneigenschaften - Unterboden			
m_2 $[m]$	2.0	0.1 - 2.9	98.3
α_{vg2} $[m^{-1}]$	12.4	0.1 - 20.0	<0.1
n_{vg2} $[-]$	2.3	1.4 - 3.0	<0.1
θ_{r2} $[-]$	$6.0 \cdot 10^{-2}$	$1.0 \cdot 10^{-2} - 1.0 \cdot 10^{-1}$	<0.1
θ_{s2} $[-]$	0.4	0.2 - 0.7	1.4
k_{s2} $[ms^{-1}]$	$4.1 \cdot 10^{-5}$	$5.0 \cdot 10^{-6} - 5.0 \cdot 10^{-4}$	92.6
r_2 $[m]$	$5.0 \cdot 10^{-5}$	$1.0 \cdot 10^{-5} - 1.0 \cdot 10^{-4}$	< 0.1
ρ_{b2} $[gcm^{-3}]$	1.5	1.2 - 1.8	0.2
C_{org2} $[-]$	$1.0 \cdot 10^{-3}$	$5.0 \cdot 10^{-4} - 1.0 \cdot 10^{-2}$	5.2
θ_{i2} $[-]$	$2.5 \cdot 10^{-2}$	$1.0 \cdot 10^{-3} - 5.0 \cdot 10^{-2}$	0.4

In Tabelle 7.2 sind die Modellparameter zur Beschreibung der Lage einer Simulationseinheit innerhalb der Retentionsfläche, die Aquiferparameter sowie die Flutungs- und Schadstoffeigenschaften zusammengestellt. Die Auswahl der Mittelwerte und der Spannweiten der Lage- und Aquiferparameter wurde in Anlehnung an die Untersuchungen im geplanten Retentionsraum Rappenwört - Bellenkopf getroffen (Kap. 8). Für die Spannweite der Parameter zur Beschreibung des Flutungsereignisses wurden sowohl mittlere Hochwasserereignisse am Rhein als auch extreme Ereignisse mit bisher noch nicht gemessenen Pegelständen berücksichtigt. Die Auswahl der Stoffeigenschaften berücksichtigt sowohl nicht bis stark sorbierende sowie mittel bis schwer abbaubare Schadstoffe. In Tabelle 7.1 und 7.2 sind die für die einzelnen Parameter berechneten Sensitivitätsindizes aufgeführt. Im Weiteren wird für ausgewählte Parameter der Einfluss auf die Stoffverlagerung dargestellt.

Tabelle 7.2.: Parameter der Sensitivitätsanalyse: Lage-, Aquifer-, Flutungsparameter und Stoffeigenschaften

Parameter	Mittelwert	Intervall	SI [-]
Lage			
$L_{gok}\ [m]$	106.0	103.5 - 108.5	9772.0
$x_{deich}\ [m]$	200.0	10.0 - 990.0	721.7
Aquifer - Deckschicht			
$m_{aqu}\ [m]$	50.0	25.0 - 75.0	14.1
$k_{aqu}\ [ms^{-1}]$	$5.0 \cdot 10^{-4}$	$1.0 \cdot 10^{-4} - 1.0 \cdot 10^{-3}$	18.62
$S_{aqu}\ [m^{-1}]$	$2.0 \cdot 10^{-3}$	$1.0 \cdot 10^{-3} - 1.0 \cdot 10^{-2}$	<0.1
$m_{ds}\ [m]$	3.0	1.0 - 6.0	18.7
$k_{ds}\ [ms^{-1}]$	$1.0 \cdot 10^{-5}$	$5.0 \cdot 10^{-6} - 5.0 \cdot 10{-}5$	105.7
Flutungsereignis			
$H_{f,max}\ [m]$	109	107.0 - 111.0	302.4
$H_{gw,drain}\ [m]$	105.5	103.0 - 106.0	401.5
$\varphi_{01}\ [m]$	-0.6	-0.1 - -10	<0.1
$\varphi_{02}\ [m]$	-0.6	-0.1 - -10	0.8
$T_{fp1} + T_{fp2}\ [d]$	38.0	10.0 - 70.0	24.1
$M_{fp,sed}\ [kgm^{-2}]$	150.0	150.0-750.0	<0.1
$C_{org,sed}\ [\%]$	0.1	0.1 - 3.0	<0.1
$V_{gwn}\ [m^3m^{-2}]$	0.3	0.05 - 0.5	0.1
$t_{gwn}\ [d]$	7.0	1.0 - 10.0	<0.1
$N_{gp}\ [-]$	6.0	1.0 - 10.0	0.2
Stoffeigenschaften			
$C_f\ [\mu g l^{-1}]$	1.0	$1.0 \cdot 10^{-2} - 10.0$	66.1
$C_{sed}\ [\mu g kg^{-1}]$	$5.0 \cdot 10^{-2}$	$1.0 \cdot 10^{-2} - 1.0$	<0.1
$log(K_{ow}\ [l kg^{-1}])$	2.0	0.0 - 6.0	58.4
$\lambda_{abb}\ [s^{-1}]$	$1.0 \cdot 10^{-8}$	$1.0\ 10^{-9} - 2.0 \cdot 10^{-7}$	1.4

Die Bedeutung der einzelnen Strömungsphasen und damit auch die Bedeutung der jeweiligen Strömungs- und Transportparameter werden wesentlich durch die Lage der Simulationseinheit im Retentionsraum beeinflusst. In Abbildung 7.4 sind die berechneten Massenzu- und abflüsse bei Änderung der Entfernung zum Deich x_{deich} sowie der Höhenlage einer Simulationseinheit L_{gok} dargestellt. Die relative Entfernung der Simulationseinheit zum landseitigen Deich bzw. zum Vorfluter beeinflusst die Grundwasserdruckhöhe während der einzelnen Strömungsphasen. Während der Strömungsphase FP1 nimmt die Grundwasserdruckhöhe vom Deich ausgehend mit zunehmender Entfernung ab, bis durch den Einfluss der Anhebung der Grundwasserdruckhöhe zu Beginn des Flutungsereignisses diese in der Nähe des Vorfluters wieder zunimmt. Während der Strömungsphase FP2 steigt die Grundwasserdruckhöhe vom landseitigen Deich ausgehend annähernd exponentiell bis auf die Flutungshöhe des Oberflächenwassers an. Die größten Druckhöhenunterschiede zwischen Oberflächenwasser und Grundwasser treten während dieser Strömungsphase somit in unmittelbarer Nähe des landseitigen Deiches auf.

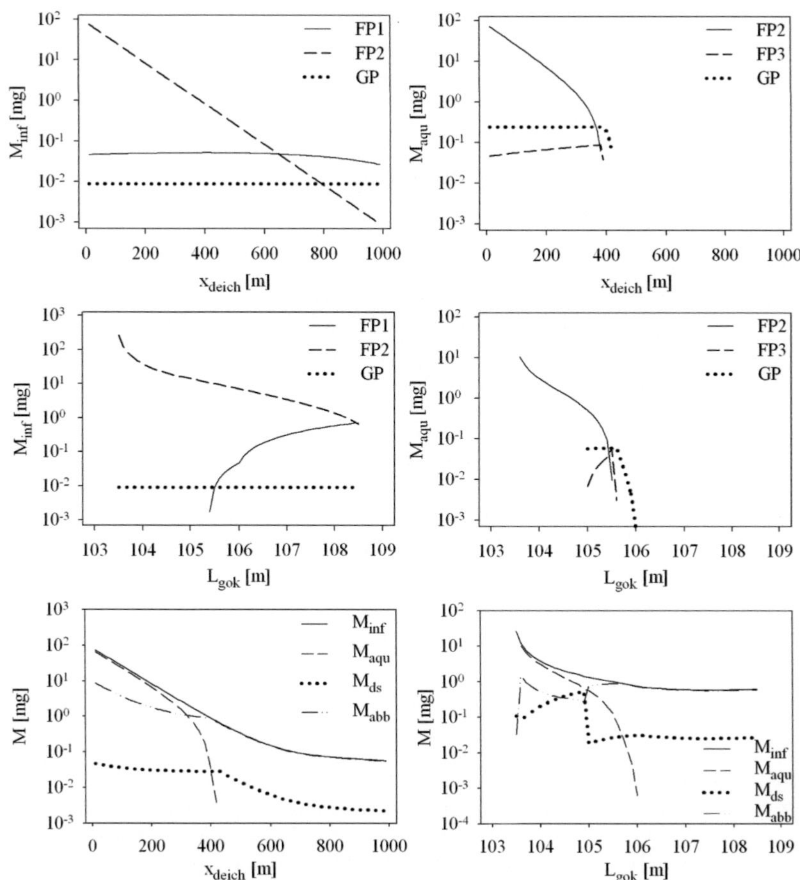

Abbildung 7.4.: Abhängigkeit zwischen den berechneten Massenflüssen und der Lage der Simulationseinheit (L_{gok}, x_{deich})

Aufgrund dieser hydraulischen Verhältnisse nehmen die Massenzuflüsse in der Strömungsphase FP2 mit zunehmender Entfernung vom Deich über mehrere Größenordnungen ab (Abb. 7.4). Bis zu einer Entfernung von ca. 600 m vom Deich liegen sie oberhalb der Zuflüsse während der Strömungsphase FP1. Die Massenzuflüsse während der Strömungsphase FP1 bleiben weitestgehend konstant über die gesamte Breite des Retentionsraums. In Flussnähe (Lage des Flusses bei $x_{deich} = 1000\ m$) ist eine leichte Abnahme festzustellen, die auf die stärkere Anhebung des Grundwasserspiegels zu Beginn des Flutungsereignisses in flussnahen Bereichen und damit auf den geringeren Eintrag während der Strömungsphase FP1 hindeutet. Die Zuflüsse auf Grund von Grundwasserneubildung während der Strömungsphase GP liegen um ein bis zwei Größenordnungen unterhalb der Massenzuflüsse während der Strömungsphase FP1. Ein Massenaustrag aus der Deckschicht wird für das Flutungsszenario bis zu einer Entfernung von ca. 400 m zum Deich berechnet, wobei der Massenaustrag während der Strömungsphase FP2 überwiegt.

Eine zunehmende Höhenlage der Deckschicht beeinflusst vor allem die Schadstoffaufenthaltszeit. Darüber hinaus nimmt die Dauer der Strömungsphase FP1 mit größerer Mächtigkeit der Deckschicht zu, während die Strömungsphase FP2 verkürzt wird. Die hydraulischen Gradienten zwischen Oberflächenwasser und Grundwasser während der Strömungsphase FP2 sinken mit zunehmender Mächtigkeit der Deckschicht. Diese Beeinflussung zeigt sich in der Darstellung der Massenzu- und abflüsse in Abbildung 7.4. Mit zunehmender Mächtigkeit der Deckschicht bzw. Höhenlage der Simulationseinheit nimmt der Massenzustrom während der Strömungsphase FP1 zu und während der Strömungsphase FP2 ab. Der Zustrom während der Strömungsphase FP1 erfolgt erst, wenn die Oberkante der Simulationseinheit oberhalb des Grundwasserspiegels liegt. Der Massenaustrag während der Strömungsphase FP2 nimmt mit zunehmender Mächtigkeit der Simulationseinheit ab. Hingegen gewinnt die Massenverlagerung während der Drainagephase (FP3) zunehmend an Bedeutung. Ab einer Höhe von 106 m ü.NN nimmt der Massenaustrag in der Strömungsphase FP2 und in der Grundwasserneubildungsphase GP deutlich ab, da die gesamte eingetragene Schadstoffmasse im Boden gespeichert werden kann.

In Abbildung 7.4 ist der Einfluss der Lageparameter auf die Schadstoffmassenbilanz am Ende der Grundwasserneubildungsphase (Ende des Berechnungszeitraums) dargestellt. Die Darstellung der über den Berechnungszeitraum kumulierten Bilanzterme deckt sich mit der nach den einzelnen Strömungsphasen differenzierten Massenbilanz. Für die folgende Beschreibung der übrigen Parameter wird daher die kumulierte Massenbilanz herangezogen. Der Einfluss der Modellparameter auf die Massenzu- und -abflüsse in den einzelnen Strömungsphasen sind in Anhang C (Abb. C.1-C.3) dargestellt.

Bei den Parametern zur Beschreibung der Bodeneigenschaften zeigt die Mächtigkeit des Ober- und Unterbodens (m_1, m_2), die Makroporenporosität des Oberbodens n_{mp} sowie die hydraulische Leitfähigkeit und der Gehalt an organischem Kohlenstoff des Unterbodens (k_{s2}, C_{org2}) den größten Einfluss auf den berechneten Schadstoffmassenfluss in den Aquifer. Bei der Variation der Horizontmächtigkeit wurde die Gesamtmächtigkeit des Bodens jeweils konstant gehalten. In Abbildung 7.5 sind die berechneten Schadstoffmassenflüsse (Zustrom: M_{inf}, Abstrom M_{aqu}, Abbau: M_{abb}) sowie die Schadstoffspeicherung in der Deckschicht M_{ds} in Abhängigkeit von der gewählten Ober- und Unterbodenmächtigkeit dargestellt. Der Schadstoffmassenfluss in den Aquifer nimmt mit zunehmender Oberbo-

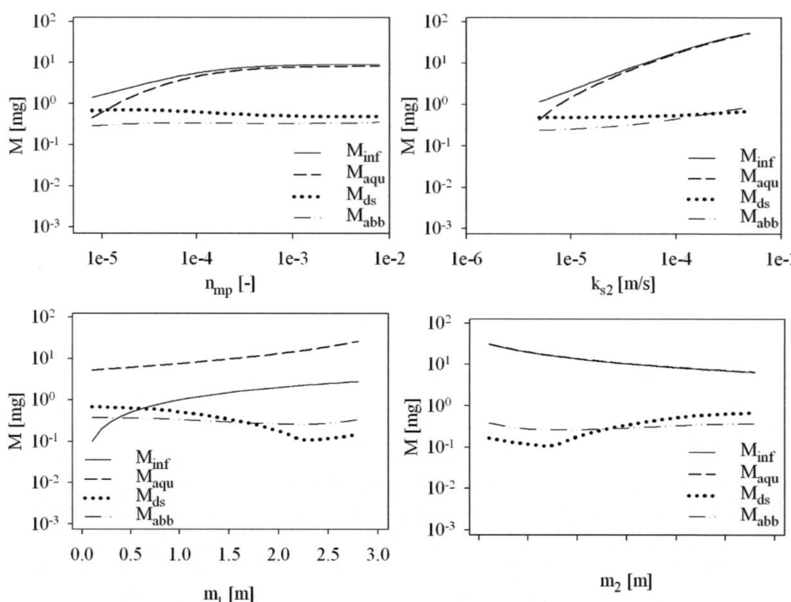

Abbildung 7.5.: Abhängigkeit zwischen den berechneten Massenflüssen und der Makroporenporosität des Oberbodens und der Leitfähigkeit des Unterbodens (n_{mp}, k_{s2}) sowie der Mächtigkeit des Ober- und Unterbodens (m_1, m_2)

denmächtigkeit sowie abnehmender Unterbodenmächtigkeit zu. Dieses entgegengesetzte Verhalten folgt aus dem Einfluss der Makroporen auf die Schadstoffverlagerung im Boden. Durch den Makroporenfluss infiltriert ein Großteil der Schadstoffe an der Oberbodenmatrix vorbei in den Unterboden. Indem der Oberboden vergrößert wird, wird bei gleichbleibender Mächtigkeit gleichzeitig der Unterboden verkleinert, so dass die Transportstrecke der Schadstoffe im Unterboden und damit die Schadstoffaufenthaltszeit verkürzt wird. Eine zunehmende Unterbodenmächtigkeit hat einen gegenteiligen Effekt zur Folge.

Mit zunehmenden Werten für die Makroporosität im Oberboden n_{mp} sowie für die hydraulische Leitfähigkeit des Unterbodens k_{s2} erhöht sich der Massenaustrag in den Aquifer (Abb. 7.5). Eine Erhöhung dieser Parameter führt zu einer erhöhten effektiven Leitfähigkeit der Deckschicht während der Strömungsphase FP2 und damit zu einer höheren Sickerwasserrate in die Deckschicht. Die höhere Makroporenporosität führt zudem zu einer Erhöhung der über die Makroporen in den Unterboden infiltrierenden Schadstoffmasse und somit zu einer größeren Tiefenverlagerung der Schadstoffe während der Strömungsphase FP2. Die

Makroporenströmung dominiert die Strömung im Oberboden während eines Flutungsereignisses. Daher spielen die übrigen hydraulischen Parameter des Oberbodens nur eine untergeordnete Rolle. Die Van Genuchten Parameter der Deckschicht beeinflussen den Anfangswassergehalt im Oberboden sowie die Aufsättigungszeit während der Strömungsphase FP1. Der Einfluss dieser Parameter richtet sich nach der Bedeutung dieser Strömungsphase für den gesamten Schadstoffmassenfluss während eines Hochwasserereignisses.

In Abbildung 7.6 ist der Einfluss des organischen Kohlenstoffgehalts im Ober- und Unterboden C_{org1} und C_{org2} dargestellt. Eine Erhöhung des C_{org}-Gehalts im Oberboden hat keinen Einfluss auf den berechneten Massenaustrag in den Aquifer, da auf Grund des Makroporenflusses die Sorptionsplätze im Oberboden zum großen Teil umgangen werden. Ein zunehmender C_{org}-Gehalt im Unterboden führt hingegen zu einer Zunahme der Schadstoffaufenthaltszeit und somit zu einer Reduzierung des Schadstoffaustrags in den Aquifer.

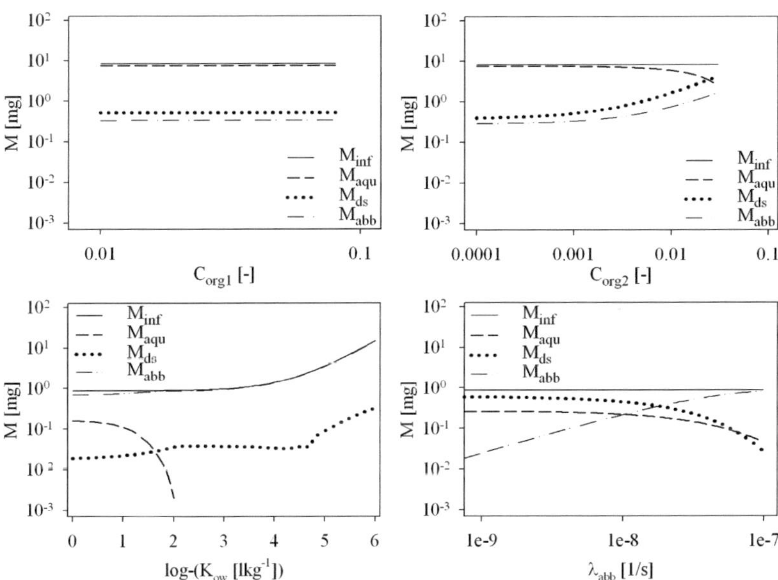

Abbildung 7.6.: Abhängigkeit zwischen den berechneten Massenflüssen und dem organischen Kohlenstoffgehalt im Ober- und Unterboden (C_{org1}, C_{org2}) sowie der Schadstoffabbaurate und des Oktanol-Wasser Verteilungskoeffizienten (λ_{abb}, K_{ow})

Der Einfluss der Schadstoffparameter auf die Massenausträge während der Strömungsphase FP2-GP ist in Abbildung 7.6 dargestellt. Die Schadstoffabbaurate λ_{abb} zeigt erst ab einem

Wert von $1.0 \cdot 10^{-7} s^{-1}$ einen Einfluss auf die Schadstoffverlagerung. Für geringe Werte von λ_{abb} ist die Schadstoffaufenthaltszeit in der Deckschicht zu kurz, um einen nennenswerten Abbau zu ermöglichen. Mit steigendem Oktanol-Wasser Verteilungskoeffizient $log(K_{ow})$ nimmt die Aufenthaltszeit des Schadstoffs in der Deckschicht zu und somit der Schadstoffaustrag in den Aquifer ab. Ab einem Wert von $log(K_{ow}) = 3$ findet während des Flutungsereignisses kein Massenaustrag in den Aquifer mehr statt. Mit steigender Sorptivität erhöht sich der Schadstoffmasseneintrag mit den Sedimenten während eines Flutungsereignisses. Durch die hohe Retardation findet die Tiefenverlagerung jedoch nur sehr langsam statt.

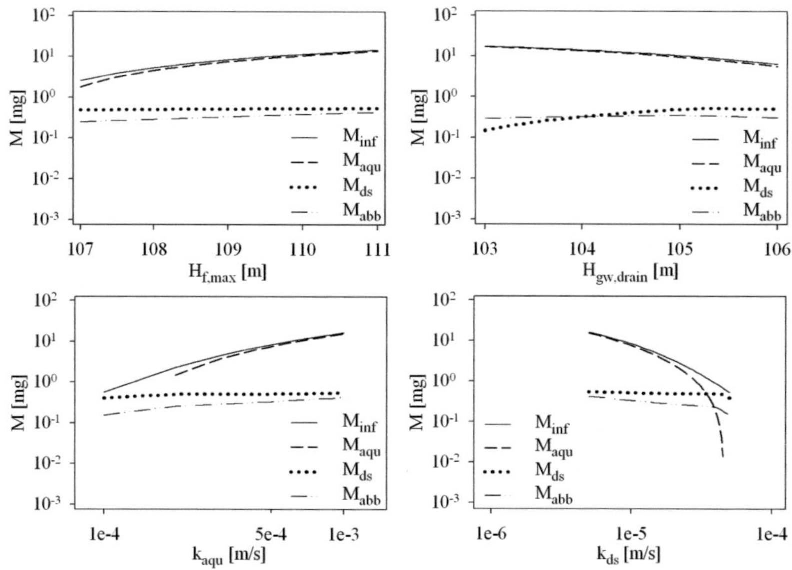

Abbildung 7.7.: Abhängigkeit zwischen den berechneten Massenflüssen und der maximalen Flutungshöhe und der Grundwasserdruckhöhe am landseitigen Deich ($H_{f,max}$, $H_{gw,deich}$)sowie der Aquifer- und mittleren Deckschichtleitfähigkeit (k_{aqu}, k_{ds})

Die Flutungsparameter beeinflussen die berechneten Sickerwasserraten durch die Deckschicht und die Dauer der Strömungsphasen (Abb. 7.7). Bei den Flutungsparametern zeigt die Dauer der Überflutung $T_{fp1} + T_{fp2}$, die Überflutungshöhe $H_{f,max}$ und die Grundwasserdruckhöhe am landseitigen Deich $H_{gw,drain}$ den größten Einfluss auf die Massenverlagerung in den Aquifer (Tab. 7.2). Mit zunehmender Überflutungsdauer nimmt der Masseneintrag in die Deckschicht zu. Eine Erhöhung der maximalen Flutungshöhe oder eine Absenkung der Grundwasserdruckhöhe am landseitigen Deich führt zu einer Erhöhung des hydraulischen Gradienten zwischen Oberflächenwasser und Grundwasser und somit zu einem Anstieg des Schadstoffmassenflusses über die Deckschicht während der Strömungsphase FP2 (Abb. 7.7).

Die mittlere hydraulische Leitfähigkeit und Mächtigkeit der Deckschicht und des Aquifers ($k_{ds}, k_{aqu}, m_{ds}, m_{aqu}$) zeigen ebenfalls eine hohe Sensitivität gegenüber der Berechnung des Schadstoffmassenflusses in den Aquifer (Tab. 7.2). Diese Parameter beeinflussen insbesondere die Berechnung der hydraulischen Druckhöhe während der Strömungsphase FP2. Eine zunehmende Leitfähigkeit des Aquifers k_{aqu} bzw. abnehmende Leitfähigkeit der Deckschicht k_{ds} führt zu einer Erhöhung der Grundwasserdruckhöhe während der Strömungsphase FP2 und damit zu einer Erhöhung der Sickerrate während dieser Strömungsphase (Abb. 7.7).

Für die stochastische Simulation werden die Bodenparameter ausgewählt, die einen besonders großen Einfluss auf die berechneten Schadstoffmassenflüsse in den Aquifer gezeigt haben. In Tabelle 7.3 sind die mit Hilfe der Sensitivitätsanalyse ausgewählten Bodenparameter zusammengestellt.

Tabelle 7.3.: Auswahl der stochastischen Parameter für die Risikoberechnung

Lage	Bodenaufbau	Strömung	Transport
L_{gok}, x_{deich}	m_1, m_2, n_{mp}	k_{s2}	$C_{org,2}$

7.2. Bewertung der Transportprozesse

Die Bodenparameter sind innerhalb eines Retentionsraums nicht zufällig verteilt. Vielmehr können je nach flussgeschichtlicher Entwicklung und den abgelaufenen, bodenbildenden Prozessen typische Standorte mit unterschiedlichem Aufbau sowie Strömungs- und Transporteigenschaften des Bodens beobachtet werden. Auf Grund der üblicherweise ablaufenden Ablagerungs- und Erosionsprozesse entlang eines Tieflandflusses können in einem Retentionsraum z.B. hochgelegene Kiesrücken von tiefliegenden Altarmen des Flusses unterschieden werden. Diese Standorte können im Retentionsraum in beliebiger Entfernung zum Deich auftreten. Um den Einfluss der Variabilität der Bodeneigenschaften auf den Schadstofftransport zu untersuchen, wurden drei Profiltypen (Profil 1-3, Abb. 7.8) definiert. Die Bodenprofile unterscheiden sich im Bodenaufbau, in der Bodentextur und dem Gehalt an organischen Kohlenstoff. Als Textur für den Oberboden wurde für den hochgelegenen Standort (P1) Sand, für den mittleren Standort (P2) eine lehmige/schluffige Bodenart und für den tiefen Standort (P3) ein Ton gewählt. Als Textur für den Unterboden wurde für alle Standorte Sand gewählt. Für die hydraulischen Parameter der Bodenhorizonte wurden die über die Bodenarthauptgruppen gemittelten Werte nach CARSEL & PARRISH (1988) verwendet (Anhang B, Tab. B.2 und B.3).

In Tabelle 7.4 sind die Horizontmächtigkeiten, die Makroporenporosität sowie die hydraulischen Leitfähigkeiten und mittleren C_{org}-Gehalte der Horizonte zusammengestellt. Die

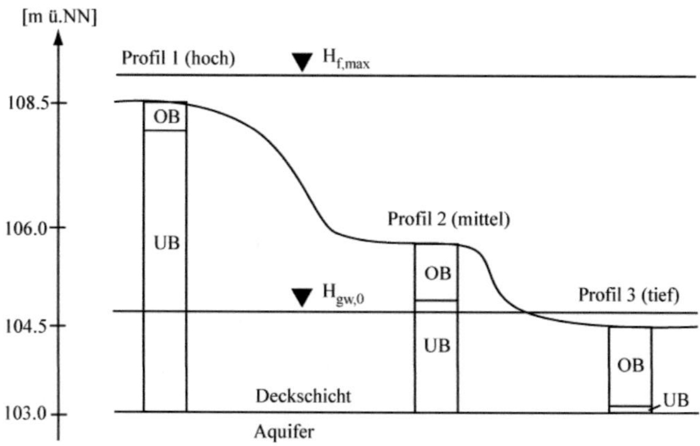

Abbildung 7.8.: Variabilität der Bodenstandorte im Rahmen der Gefährdungsanalyse

Flutungsparameter entsprechen den in Tabelle 7.2 aufgeführten Werten. Die Geländeoberkante des Profils 1 und 2 liegt oberhalb des Ausgangsgrundwasserspiegels. Die Oberkante des tiefen Profils 3 liegt niedriger als der Ausgangsgrundwasserspiegel. Dieses Profil entspricht einem Gewässer (z.B. innerhalb eines Altarms).

Tabelle 7.4.: Zusammenstellung von Strömungs- und Transportparameter der Profile P1-3

	m_1	m_2	n_{mp}	k_{s1}	k_{s2}	C_{org1}	C_{org2}
	$[m]$	$[m]$	$[-]$	$[ms^{-1}]$	$[ms^{-1}]$	$[-]$	$[-]$
Profil 1	0.5	5.0	$1.0 \cdot 10^{-4}$	$5.4 \cdot 10^{-5}$	$5.4 \cdot 10^{-5}$	$3.0 \cdot 10^{-2}$	$1.0 \cdot 10^{-3}$
Profil 2	1.0	2.0	$5.0 \cdot 10^{-4}$	$2.0 \cdot 10^{-6}$	$5.4 \cdot 10^{-5}$	$4.0 \cdot 10^{-2}$	$1.0 \cdot 10^{-3}$
Profil 3	0.75	0.75	$5.0 \cdot 10^{-5}$	$3.0 \cdot 10^{-7}$	$5.4 \cdot 10^{-5}$	$5.0 \cdot 10^{-2}$	$2.0 \cdot 10^{-3}$

Zur Berücksichtigung der unterschiedlichen Sorptions- und Abbaueigenschaften der Schadstoffe wurden Stoffklassen definiert. Hierbei wurden drei Sorptionsklassen vorgegeben, die Stoffe von leichter bis starker Sorptivität an den organischen Kohlenstoffgehalt im Boden (Klassenmittel: $\log(K_{ow}[lkg^{-1}])$=1-5) sowie guter bis schwerer Abbaubarkeit unterscheidet (Klassenmittel: $T_{0.5,abb} = 50 - 5000$ d). In Abbildung 7.9 ist die Matrix der Stoffeigenschaften mit einigen charakteristischen Stoffgruppen aufgeführt. Die Halbwertszeiten wurden entsprechend DVWK (1997) und SCHARF (2006) bestimmt und können für einen Stoff je nach mikrobiologischem Milieu stark variieren.

Unter Verwendung des Flutungsszenarios (Abb. 7.3) wurden die Schadstoffausträge aus den Profilen 1-3 für die drei verschiedenen Sorptionsklassen sowie eine Schadstoffhalbwertszeit von $T_{0.5,abb} = 50$ d (Abb. 7.10 a) und $T_{0.5,abb} = 5000$ d (Abb. 7.10 b) berechnet.

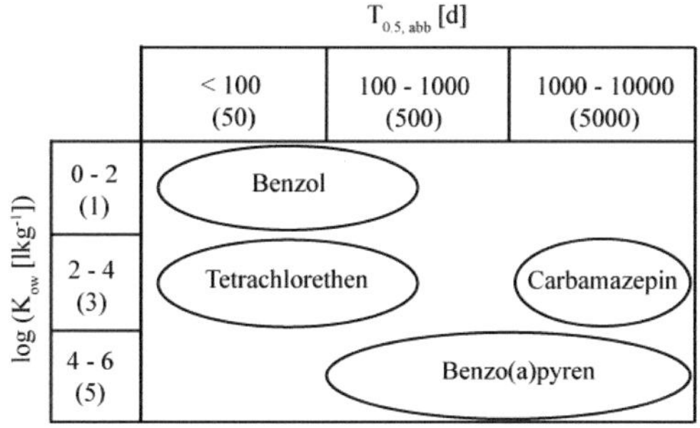

Abbildung 7.9.: Stoffeigenschaftsklassen für die Abbau-Halbwertzeit $T_{0.5,abb}$ und den Oktanol-Wasser Verteilungskoeffizienten (K_{ow}), in Klammer jeweils die Klassenmittel

Die höchsten Schadstoffausträge treten an den deichnahen und tiefgelegenen Bereichen auf. Mit zunehmender Höhenlage und Entfernung vom Deich nehmen die Schadstoffausträge in den Aquifer ab. Hierbei fallen die Schadstoffausträge für die Stoffe mit einem $\log(K_{ow})=3$ nur um 10-15% geringer aus als bei der Berechnung mit einem $\log(K_{ow})=1$. Für die stark sorbierenden Stoffe ($\log(K_{ow})=5$) finden auf den Standorten keine Schadstoffausträge in den Aquifer mehr statt.

Der Einfluss des Schadstoffabbaus auf den Massenaustrag ist nur in sehr geringem Umfang feststellbar. Der Unterschied zwischen den Berechnungsergebnissen für die hohe (7.10 a) und die niedrige (7.10 b) Abbaurate liegt bei 10-20%. Dies deutet darauf hin, dass die Schadstoffaufenthaltszeiten in der Deckschicht zu gering sind, als dass ein Schadstoffabbau in großem Umfang stattfinden kann.

Die Schadstoffaufenthaltszeit $T_{a,t}$ ist aufgrund der Makroporen- und Matrixinfiltration nicht einheitlich innerhalb einer Deckschicht. Zudem ändern sich die jeweiligen Infiltrationsraten zwischen den einzelnen Strömungsphasen. Zur Berechnung mittlerer Werte von $T_{a,t}$ wurden die Aufenthaltszeiten der einzelnen Strömungszonen über alle Strömungsphasen gemittelt, wobei eine Gewichtung nach dem jeweiligen Durchfluss vorgenommen wurde. In Abbildung 7.11 sind die berechneten mittleren Schadstoffaufenthaltszeiten für die Profile aus Tabelle 7.4 für die Sorptivitätsstufen 1-5 dargestellt. Als Referenzlinien sind zudem die Halbwertszeiten der Schadstoffabbauklassen (Tab. 7.9) dargestellt. Die Aufenthaltszeiten nehmen mit zunehmender Entfernung zum Deich sowie steigender Sorptivität des Schadstoffs zu. Die niedrigsten Aufenthaltszeiten werden für die deichnahen Profile in mittlerer Höhenlage berechnet, für die auch die höchsten Schadstoffausträge berechnet wurden. Die höchsten Werte von $T_{a,t}$ werden für die tief gelegenen Bereiche auf den deichfernen Standorten berechnet. Auf diesen Standorten überwiegt die Wasserbewegung während der Aufsättigungs- und Drainagephase (FP1 und FP3) gegenüber der Infiltration während der Strömungsphase FP2. Da auf den tiefliegenden Profilen durch den hoch liegenden Grundwasserspiegel kein Wasseraustausch in diesen Strömungsphasen stattfindet, sind die mittleren Aufenthaltszeiten auf diesen Standorten geringer als auf den hoch liegenden Pro-

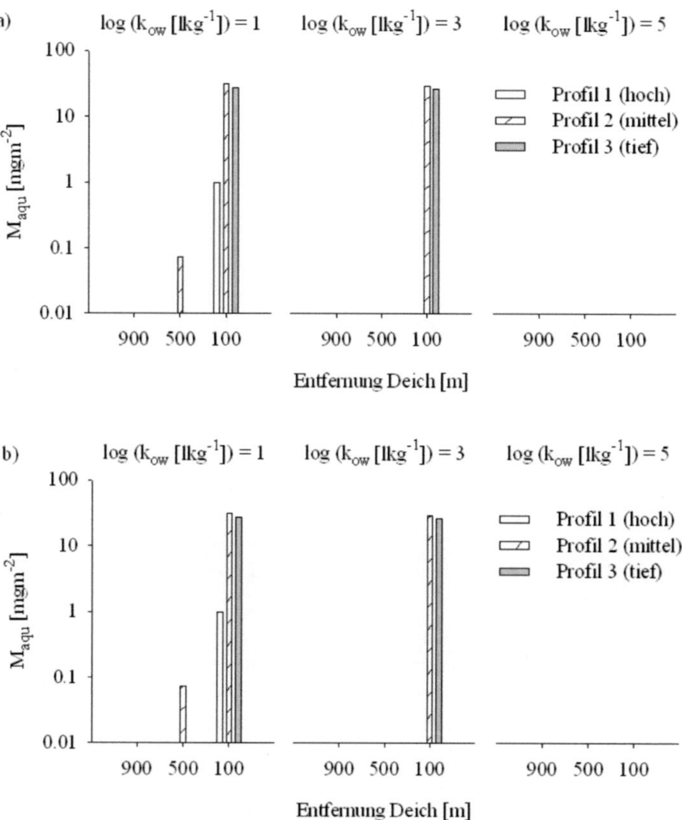

Abbildung 7.10.: Berechnete Massenausträge in den Aquifer (M_{aqu}) für die Profile P1-3 in verschiedenen Entfernungen zum landseitigen Deich (a): $T_{0.5,abb} = 50\ d$, b): $T_{0.5,abb} = 5000\ d$

filen. Der Vergleich mit den Halbwertszeiten zeigt, dass auf den deichnahen Standorten die mittleren Aufenthaltszeiten der Schadstoffe für alle Sorptionsklassen zu gering sind, um einen signifikanten Schadstoffabbau bei der Passage durch die Bodenzone zu ermöglichen. Bei genügend langer Dauer des Infiltrationsereignisses, insbesondere der Strömungsphase FP2, kann auf diesen Standorten auch für stark sorbierende Schadstoffe ein Austrag in den Aquifer stattfindet.

Als weiterer zeitabhängiger Prozess neben dem Schadstoffabbau wurde im Modell FWInf auch die kinetische Sorption berücksichtigt. Ob die Sorption überwiegend durch die Kinetik bestimmt wird oder ob eine Gleichgewichtssorption angenommen werden kann, hängt

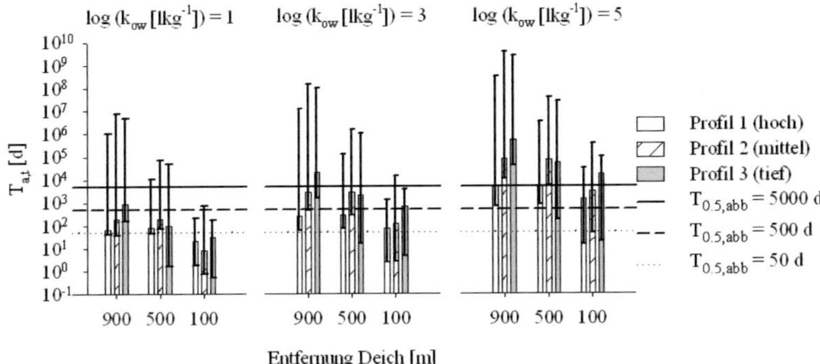

Abbildung 7.11.: Darstellung der Variabilität der Schadstoffaufenthaltszeiten und Vergleich mit den Abbau-Halbwertszeiten ($T_{0.5,abb}$)

von der hydraulischen Aufenthaltszeit $T_{a,s}$ in den einzelnen Strömungszonen ab. In Abbildung 7.12 ist die mittlere hydraulische Aufenthaltszeit für die einzelnen Profile dargestellt. $T_{a,s}$ wurde wie die Schadstoffaufenthaltszeit durch Mittelung der Aufenthaltszeiten der einzelnen Strömungszonen in den Strömungsphasen FP1-GP entsprechend ihres jeweiligen Durchflusses berechnet. Als Referenzlinien sind die Halbwertszeiten der kinetische Sorption $T_{0.5,sorb}$ für den mittleren Korndurchmesser der drei Bodenartgruppen dargestellt (Tab. 3.3). Die hydraulische Aufenthaltszeit liegt für alle Standorte mindestens zwei Größenordnungen über den Halbwertszeiten der kinetischen Sorption, so dass für alle Varianten von einer Gleichgewichtssorption ausgegangen werden kann.

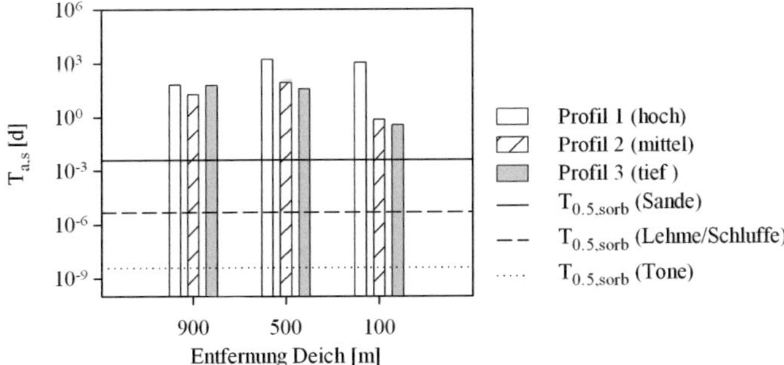

Abbildung 7.12.: Darstellung der Variabilität der hydraulischen Aufenthaltszeiten und Vergleich mit den Sorptions-Halbwertszeiten ($T_{0.5,sorb}$)

Zusammenfassend lässt aus der Sensitivitätsanalyse schließen, dass die größte Schadstoffverlagerung über die Bodenzone, auf Grund der großen hydraulischen Gradienten zwischen Oberflächen- und Grundwasser, entlang des landseitigen Deichs zu erwarten ist. Die Erstreckung der Absenkung der hydraulischen Druckhöhe im inneren Bereich des Retentionsraums ist abhängig vom Wert des Leakagefaktors in Gleichung 3.22. Die Entfernung, bis zu dem die Grundwasserdruckhöhe den Oberflächenwasserspiegel um mehr als 10% ($x_{deich,0.1}$) unterschreitet, kann unter Verwednung von Gleichung 3.24 abgeschätzt werden.

$$x_{deich,0.1} = 0.1\lambda_{aqu}$$
(7.2)

Mit den in Tabelle 7.2 angegebenen Spannweiten der mittleren Deckschicht und Aquifereigenschaften ergeben sich für $x_{deich,0.1}$ Werte zwischen ca. 10 und 700 m Entfernung zum landseitigen Deich, innerhalb der eine deutliche Absenkung der Grundwasserdruckhöhe gegenüber der Oberflächenwasserspiegellage auftreten kann. Innerhalb dieser Zone sind insbesondere die Bereiche mittlerer und niedriger Höhenlage gefährdet. Darüber hinaus wird die Schadstoffverlagerung über die Deckschicht durch eine hohe Makroporenporositäten im Oberboden, eine hohe Leitfähigkeiten des Unterbodens sowie einen geringen C_{org}-Gehalt im Unterboden verstärkt.

8. Modellanwendung Retentionsraum Rappenwört - Bellenkopf

Als Anwendungsbeispiel für die entwickelte Methode zur Risikoberechnung wurde das Gebiet des geplanten Hochwasserrückhalteraums Rappenwört-Bellenkopf gewählt. Für das Gebiet wurden die deterministischen und stochastischen Bodenparameter beschrieben sowie die räumliche Gliederung in Simulationseinheiten durchgeführt. Diese Daten wurden verwendet, um mit Hilfe eines theoretischen Flutungsszenario die räumliche Verteilung des Risikos eines Schadstoffeintrags in den Grundwasserleiter zu berechnen.

Der geplante Hochwasserretentionsraum erstreckt sich zwischen dem Rhein-km 355 und 357 entlang des rechten Rheinufers (ca. 10 km südöstlich von Karlsruhe) (Abb. 8.1). Die Längserstreckung in Nord-Süd-Richtung liegt zwischen 3.5 und 4.5 km. In Ost-West Ausdehnung weist das Gebiet eine Breite von 1 bis 1.5 km auf. Das Gebiet umfasst eine Fläche von 510 ha und wird zu zwei Dritteln forstwirtschaftlich genutzt. Die übrigen Flächen teilen sich auf in landwirtschaftliche Nutzflächen (Acker- und Grünland) sowie Gewässer. Versiegelte Flächen treten im nördlichen Teil des Gebietes durch Bebauungen sowie im gesamten Gebiet durch asphaltierte Wege auf. Die Höhenlage variiert im Gebiet zwischen 103.5 und 108.5 m ü.NN. mit einer mittleren Höhenlage von 106 m ü.NN. Nach dem Bau

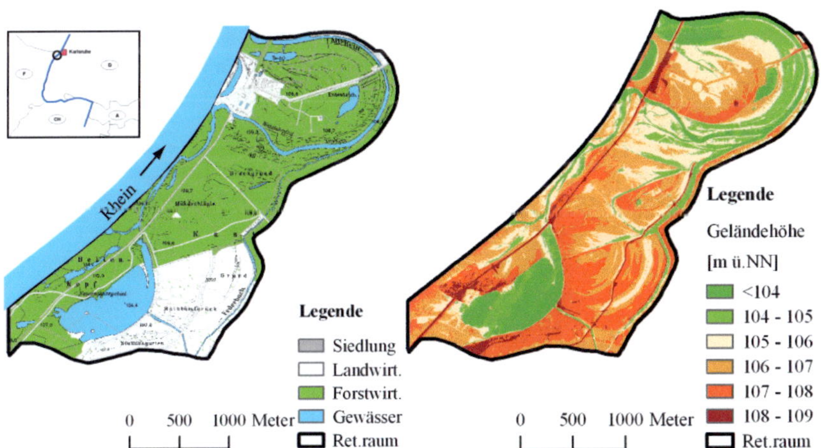

Abbildung 8.1.: Lageplan und Höhenmodell des Retentionsraums Rappenwört - Bellenkopf. Die Kartengrundlagen wurden von den Stadtwerken Karlsruhe zur Verfügung gestellt.

eines Hochwasserdammes im Jahr 1934 traten auf dem überwiegenden Anteil der Flächen des geplanten Retentionsraums keine Überflutungen mehr auf. Regelmäßige Überflutungen finden seitdem nur noch in einem ca. 250 m breiten Streifen entlang des Rheins statt. Die Landesanstalt für Umwelt, Messung und Naturschutz in Baden Württemberg betreibt südlich des geplanten Retentionsraums eine Lysimeter- und Niederschlagsstation (unter Grünland). Über den Zeitraum 1974 - 2004 betrug der mittlere jährliche Niederschlag 750 mm und die mittlere Sickerwassermenge 310 mm.

Das Untersuchungsgebiet liegt in der oberrheinischen Tiefebene (auch Oberrheingraben genannt), einer Grabenbruchzone, die sich im Tertiär abgesenkt hat. Gleichzeitig mit der Absenkung des zentralen Teils der Grabenstruktur wurden die Grabenschultern angehoben. Sie bilden heute die Mittelgebirge des Schwarzwalds und der Vogesen. Der abgesenkte Bereich der Grabenstruktur wurde in der folgenden Zeit mit Sedimenten aufgefüllt. Die Ablagerungen aus dem Jungquartär bilden heute die obersten Sedimentschichten. Sie unterteilen sich in eiszeitliche Kiesschüttungen und warmzeitliche Ablagerungen (Sande, Schluffe mit Torflagen). Im Untersuchungsgebiet erstrecken sich die jüngsten eiszeitlichen Sedimente (Oberes Kieslager) unterhalb der holozän gebildeten Deckschicht über eine Mächtigkeit von ca. 50 m. An der Basis wird das Obere Kieslager durch warmzeitliche Ablagerung (Oberer Zwischenhorizont) begrenzt. Auf Grund seiner Ergiebigkeit stellt das Obere Kieslager den heute vorwiegend genutzten Grundwasserleiter in diesem Bereich dar. Im Zuge von Untersuchungen für ein geplantes Wasserwerk östlich des geplanten Retentionsraums wurde die hydraulische Leitfähigkeit ($k_{aqu} = 1.5 \cdot 10^{-3} \ ms^{-1}$) sowie der Speicherkoeffizient ($S_{aqu} = 9.0 \cdot 10^{-2}$) bestimmt (TEUTSCH & HOFMANN, 1990). Durch die Überlagerung des Aquifers mit der geringer durchlässigen holozänen Deckschicht können z.T. gespannte Verhältnisse auftreten.

Die Deckschicht erstreckt sich zwischen der Geländeoberkante und der Oberkante des Oberen Kieslagers. In 7 Bohrungen des geologischen Landesamtes Baden-Württemberg wurde die Oberkante des Oberen Kieslagers im Untersuchungsgebiet erkundet. Diese tritt in den Bohrprofilen zwischen 100.8 und 104.5 m ü.NN auf. Der Aufbau der Deckschicht im Untersuchungsgebiet variiert auf Grund der wechselnden Ablagerungsbedingungen während der Flussgebietsentwicklung. In den hochgelegenen Bereichen (Sandrücken) finden sich vorwiegend sandige Böden. In den tiefliegenden Bereichen ehemaliger Flussarme treten vor allem lehmige Bodensubstrate auf. Auf den kalkreichen Flusssedimenten entwickelte sich je nach Höhenlage und Grundwassereinfluss der Bodentyp Vega oder Gley-Vega.

Zum Aufbau der Deckschicht liegen Informationen aus Bodenprofilen vor, die sich vorwiegend über eine Tiefe von 1-2 m erstrecken. Bodenprofile für das gesamte Gebiet lagen von Seiten der Stadtwerke Karlsruhe (BECHLER & HOFMANN, 1996) (N=106) sowie dem Geologischen Landesamt Baden-Württemberg (BUSCH & FLECK, 1997) (N=60) vor. Für die forstwirtschaftlich genutzten Standorte konnten zudem Daten aus der forstwirtschaftlichen Standortkartierung (KRAMER, 1987) (N=5) verwendet werden. Für die landwirtschaftlichen Flächen wurden Daten aus der Reichsbodenschätzung von 1939 (N=85) mit Hilfe eines Schlüssels in die Bodensystematik nach AG BODEN (1982) übersetzt (WALLBAUM, 1991). Eine Anpassung auf die aktuell gültige Klassifikation nach AG BODEN (1994) wurde durch Vergleich der jeweiligen Texturanteile vorgenommen. Die bestehenden Bodeninformationen wurden um eigene Untersuchungen ergänzt (Kap. 8.1).

In Tabelle 8.1 sind die über den Zeitraum 1962-2005 am Pegel Maxau (Rhein-km 362) aufgezeichneten maximalen und minimalen sowie mittleren Wasserstände des Rheins aufgeführt. Unter Verwendung eines mittleren Rheingefälles von 0.36 ‰ wurden die Daten auf den oberstromig liegenden Bereich des Retentionsraums umgerechnet. Der mittlere Abfluss des Rheins beträgt 1250 m^3s^{-1}. Das Einzugsgebiet erstreckt sich entlang des Rheins bis in die nördliche Schweiz und umfasst u.a. die Mittelgebirge des Schwarzwalds und der Vogesen, der Hauptanteil des Abflusses wird jedoch in den Alpen gebildet. Der geplante Retentionsraum ist Teil des "Integrierten Rheinprogramms", mit dem durch Maßnahmen auf französischer und deutscher Seite entlang des Oberrheins der Hochwasserschutz verbessert werden soll (Kap. 2.2). Für den Retentionsraum Rappenwört-Bellenkopf ist ein maximales Rückhaltevolumen von 14 Millionen m^3 angesetzt.

Tabelle 8.1.: Hydrologische Kennwerte des Rheins am Pegel Maxau sowie aus diesen berechnete Werte für den Retentionsraum

	Pegel Maxau	Retentionsraum		
	KM 362	KM 359	KM 357	KM 355
H_{min} (10.12.1966)	100.66	101.85	102.57	103.29
H_{mw} (1.1.1962-31.12.2005)	102.63	103.82	104.54	105.26
H_{max} (14.05.1999)	106.51	107.70	108.42	109.14

8.1. Durchgeführte Untersuchungen

In Abbildung 8.2 sind die verfügbaren Bodeninformationen im geplanten Retentionsraum Rappenwört-Bellenkopf dargestellt. Ergänzend zu den bestehenden Daten wurde an 26 Standorten der Bodenaufbau bis 1 m Tiefe mit Hilfe eines Pürkhauer-Bohrstocks erkundet. Zur detaillierten Erfassung der Bodenstruktur wurden an drei Standorten Schürfgruben bis zu einer Tiefe von 1.2 m erstellt. An den Standorten der Schürfgruben wurden zur Untersuchung des Makroporeneinflusses auf die Wasserwegsamkeit in der Bodenzone jeweils drei Infiltrationsexperimente mit einem Doppelringinfiltrometer (DIN 19682, 2007) durchgeführt. Der Verlauf der Infiltrationsrate in den Boden wurde anhand von wiederholten Messungen bestimmt. Hierfür wurde im Infiltrometer ein Wasserüberstau von 0.1 m über einen Zeitraum von ca. 45 Minuten aufrechterhalten und das in die Bodenzone infiltrierende Wasservolumen gemessen. Zur Visualisierung der Fließwege wurden in einem weiteren Infiltrationsexperiment der Farbstoff BrilliantBlue-FCF (CAS: 2650-18-2) dem Wasser im Infiltrometer zugegeben und der Infiltrationsvorgang über ca. 10-15 Minuten durchgeführt. Die Infiltrationsexperimente wurden jeweils an leicht versetzten Standorten durchgeführt, um eine gegenseitige Beeinflussung zu verhindern.

Im Rahmen der Untersuchung wurde ein am Institut für Hydromechanik der Universität Karlsruhe (TH) etabliertes Verfahren zur Bestimmung der Retentionsbeziehungen verwendet (SCHÄFER, 1999; MONTENEGRO, 1994). Hierfür wurden mit Hilfe von Stech-

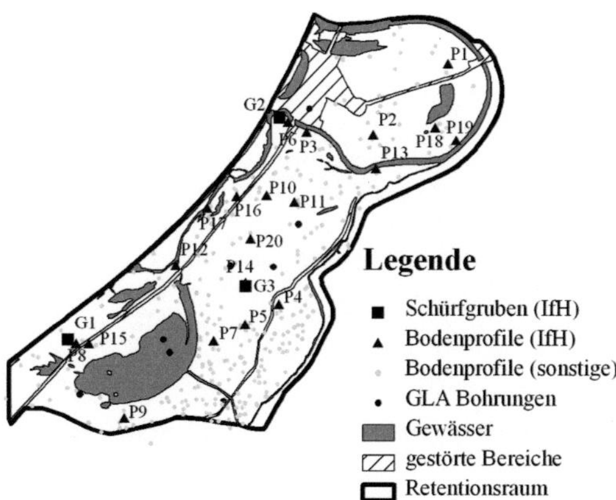

Abbildung 8.2.: Übersicht über die Probenahmestandorte und Verteilung der Standorte mit verfügbaren Bodeninformationen im Untersuchungsgebiet

zylindern ($100\ cm^2$) ungestörte Bodenproben im Feld entnommen. Nach Aufsättigung der Proben wurden diese in Druckzellen eingebaut und durch Einleitung von Überdruck wieder entwässert. Für die Entwässerung wurden ca. 10 Druckstufen durchlaufen, deren Auswahl sich nach der geschätzten Retentionskurve der Bodenprobe richtete. Der maximale Überdruck lag bei sandigen Bodenproben bei 1 *bar*, für tonigere Bodenproben wurden Überdrücke bis 2.5 *bar* verwendet.

Anhand des aufgezeichneten zeitlichen Verlaufs des aus dem Bodenproben ausfließenden Wasservolumens wurde eine inverse Parameteridentifizierung der Retentionsbeziehung der Bodenprobe vorgenommen. Hierfür wurde das Programm SFIT (KOOL & PARKER, 1987) verwendet, das eine numerische Simulation der Strömungsverhältnisse in der Druckzelle auf der Grundlage der Richards-Gleichung und der Van Genuchten Retentionsbeziehung durchführt. Mit Hilfe eines Levenberg-Marquardt Optimierungsalgorithmus (MARQUARDT, 1963) werden die Van Genuchten Parameter bestimmt.

Auf Grund der vorwiegend ungesättigten Verhältnisse während des Entwässerungsversuchs entsprechen die hierbei bestimmten k_s-Werte der hydraulischen Leitfähigkeit der Bodenmatrix. Zur Bestimmung der hydraulischen Leitfähigkeit unter gesättigten Verhältnissen wurden zudem Leitfähigkeitsexperimente durchgeführt, bei denen der Durchfluss durch die wassergesättigten Bodenproben bei einem gegebenen hydraulischen Druckgradient gemessen wurde. Die hierbei bestimmte hydraulische Leitfähigkeit entspricht einer Gesamtleitfähigkeit der Bodenproben unter Berücksichtigung der Makroporen.

Zur Bestimmung der Gesamtporosität der Bodenproben wurden die wassergesättigten Bodenproben in einem Ofen bei 105 $C°$ über 24 Stunden getrocknet. Aus dem Gewicht des getrockneten Bodens wurde die Lagerungsdichte bestimmt (Gl. 3.2). Die ermittelte Trockenmasse wird hierbei auf das Volumen des Stechzylinders bezogen. Fehler können hierbei durch unvollständige Füllung des Stechzylinders auftreten, wodurch die Lagerungsdichte des Boden unterschätzt wird.

Zur Bestimmung des organischen Kohlenstoffgehalts C_{org} wurden im Untersuchungsgebiet Bodenproben aus verschiedenen Tiefen entnommen und am Technologie-Zentrum-Wasser (TZW) in Karlsruhe analysiert. Die Bestimmung des C_{org}-Gehalts erfolgte in Anlehnung an das in DIN 38409 (2008) beschriebene Verfahren (Bestimmungsgrenze 0.1 % C_{org}).

8.2. Beschreibung der Bodeneigenschaften

Durch Auswertung der verfügbaren Daten (Bodenprofile, Laboruntersuchungen) wurden die Strömungs- und Transporteigenschaften der Bodenstandortgruppen im Untersuchungsgebiet erfasst. Die Zuordnung der Bodendaten zu einer der 9 Standortgruppen erfolgte über die Bodenartenhauptgruppe des Oberbodens sowie die Landnutzung des untersuchten Standorts (Kap. 5). Für die Parameter, die im Zuge der Risikoberechnung als stochastische Parameter verwendet wurden (Tab. 7.3), wurden neben den Mittelwerten auch die Verteilungsparameter sowie Minimal- und Maximalwerte ermittelt.

Für die Zuordnung der Labordaten der bodenhydraulischen Eigenschaften auf alle neun Standortgruppen lagen nicht ausreichend Daten zur Verfügung. Für diese Parameter wurde der Einfluss der Landnutzung (z.B. durch die Lagerungsdichte) vernachlässigt und die Parameter nur in Abhängigkeit der Bodenartenhauptgruppe beschrieben. Die Eigenschaften der Bodenstruktur und die Transporteigenschaften wurden, soweit möglich, in Abhängigkeit von der Bodentextur und der Landnutzung beschrieben. Für die Gewässerbereiche lagen jedoch keine Daten zu den Bodeneigenschaften vor. Für diese Bereiche wurden die Werte aus ähnlichen Standortgruppen übertragen.

8.2.1. Bodenaufbau

In Abbildung 8.3 ist für die Standorte der Schürfgruben (Abb. 8.2) der Bodenaufbau dargestellt. Der Standort G1 liegt auf einem höher gelegenen Sandrücken. Das Bodenprofil ist aus einer Vielzahl vorwiegend sandiger Bodenhorizonte aufgebaut, was auf wechselnde Ablagerungsbedingungen an diesem Standort hindeutet. Der Bodentyp entspricht einer Vega. Der Standort G2 liegt in einem tiefer gelegenen Bereich, der bereits bei geringem Anstieg des Flusswasserspiegels überflutet wird. Im oberen Bodenbereich finden sich hier tonige Substrate, die z.T. kiesige Einlagerung aufweisen. Der darunterliegende sandigere Horizont zeigt Vergleyungserscheinungen. Das Profil kann dem Bodentyp Gley-Vega zugeordnet werden. Von den drei Schürfgruben liegt die Grube G3 am tiefgelegensten Standort. Hier findet sich über die gesamte ergrabene Profiltiefe toniges Substrat, dass nur durch eine geringmächtige, sandige Einlagerung unterbrochen wird. Die Vergleyungserscheinungen nehmen mit der Tiefe deutlich zu. Der Bodentyp entspricht wie am Standort G2 einer Gley-Vega.

Neben den Profilabbildungen ist jeweils das Ergebnis des Farbtracerexperiments dargestellt. Die Farbverteilung über das Bodenprofil nach erfolgter Infiltration ist als Schwarz-

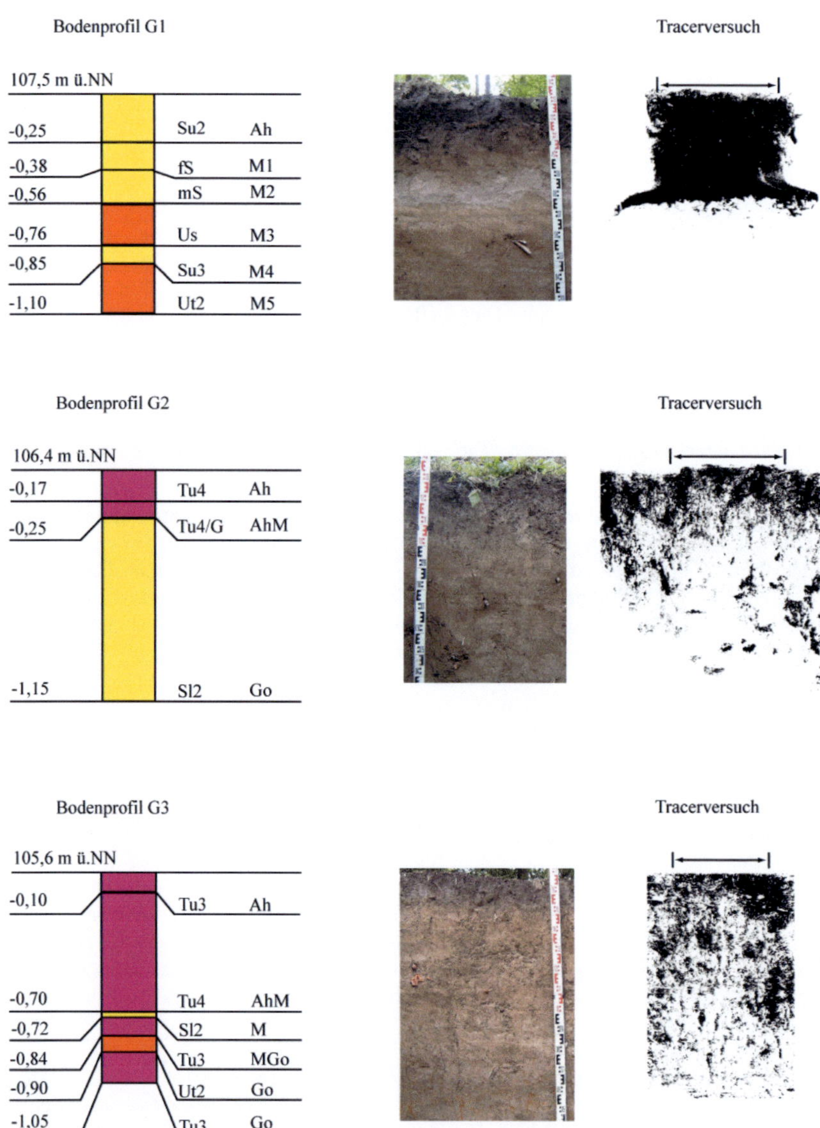

Abbildung 8.3.: Zusammenstellung der Ergebnisse der Bodenuntersuchungen und der Tracerexperimente an den Schürfgruben G1-3

Weiß-Darstellung abgebildet, in der auch die jeweilige Position des Infiltrometers vermerkt ist. Die Verteilung des Farbtracers am Standort G1 deutet auf einen homogenen Infiltrationsvorgang im Untergrund hin. Die Infiltrationsfront breitet sich bei Erreichen des schluffigen Horizonts in ca. 0.5 m Tiefe vorwiegend lateral aus. Am Standort G2 und G3 hingegen zeigen die durch die Farbverteilung visualisierten Fließwege einen deutlichen Makroporeneinfluss. Die kurze Infiltrationszeit von 10-15 Minuten reichte an diesen Standorten jeweils aus, um den Farbstoff über die gesamte Profiltiefe zu verteilen.

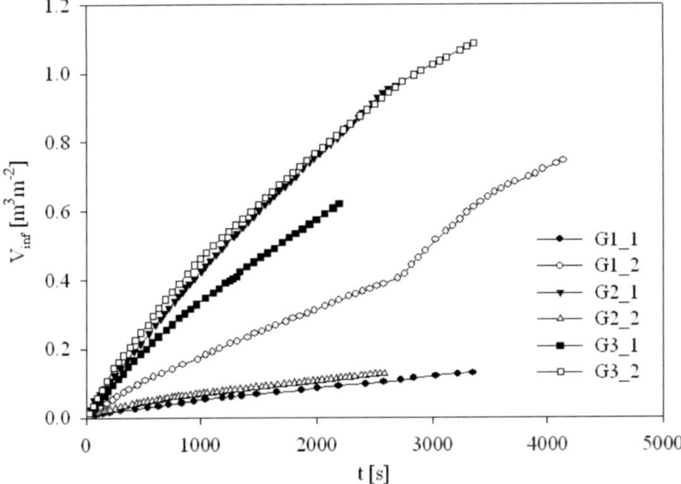

Abbildung 8.4.: Kumulatives Infiltrationsvolumen während der doppelt ausgeführten Infiltrationsversuche an den Standorten G1-3

In Abbildung 8.4 ist das Ergebnis der Infiltrationsexperimente ohne Farbstoffzugabe dargestellt. Die kumulativen Infiltrationsvolumina unterscheiden sich z.T. deutlich sowohl zwischen als auch innerhalb eines Standorts. In Tabelle 8.2 sind die mittleren Infiltrationsraten für die drei Standorte zusammengestellt. Die höchsten Infiltrationsraten wurden auf den tonigen Standorten G2 und G3 gemessen. Die niedrigsten Infiltrationsraten wurde auf dem sandigen Standort G1 ermittelt. Zum Vergleich ist für jeden Standort jeweils für den obersten Horizont der Profile die hydraulische Leitfähigkeit nach CARSEL & PARRISH (1988) aufgeführt (k_s (CP)). Unter der Annahme, dass die Infiltrationsraten sich unter Einheitsgradientbedingungen der Leitfähigkeit des Bodens annähern, wird durch den Vergleich deutlich, dass die gemessenen Flüsse z.T. mehrere Größenordnungen über den Literaturwerten der Leitfähigkeiten der jeweiligen Bodenart liegen.

Zur Beschreibung des Bodenaufbaus wurden die vorhandenen Bodenprofile im Untersu-

Tabelle 8.2.: Mittlere Infiltrationsraten an den Standorten G1-3 sowie mittlere hydraulische Leitfähigkeit für die Bodenart des Oberbodens nach CARSEL & PARRISH (1988)

Profil	Bodenart (1. Horizont)	$q_{inf,exp}$ $[ms^{-1}]$	k_s (CP) $[ms^{-1}]$
G1	Su2	$3.84 \cdot 10^{-5} - 1.80 \cdot 10^{-4}$	$4.05 \cdot 10^{-5}$
G2	Tu4	$3.59 \cdot 10^{-4} - 4.93 \cdot 10^{-4}$	$1.94 \cdot 10^{-7}$
G3	Tu4	$2.83 \cdot 10^{-4} - 3.23 \cdot 10^{-4}$	$1.94 \cdot 10^{-7}$

chungsgebiet hinsichtlich ihrer Mächtigkeit sowie ihrer mittleren Bodenartenhauptgruppe des Ober- und Unterbodenbereichs ausgewertet (Kap. 5.2). Zur Beschreibung des Untergrundes standen Bohrprofile zur Verfügung, die in der Regel mit Hilfe eines Pürkhauer--Bohrstocks erstellt wurden und Tiefen zwischen 0.35 und 2.40 m erreichten (Mittelwert $\bar{x}$: 1.23 m). Zur Bestimmung der Gesamtmächtigkeit der Deckschicht wurde eine konstante Höhenlage der Oberkante des Aquifers von 103 m ü.NN verwendet (s.o.). Die mit Hilfe der Lage der Geländeoberkante berechnete Mächtigkeit liegt zwischen 0.5 und 5.5 m (Mittelwert $\bar{x}$: 3.0 m). Die verfügbaren Daten zum Bodenaufbau decken somit im Mittel nur die oberen 40% der Deckschichtmächtigkeit.

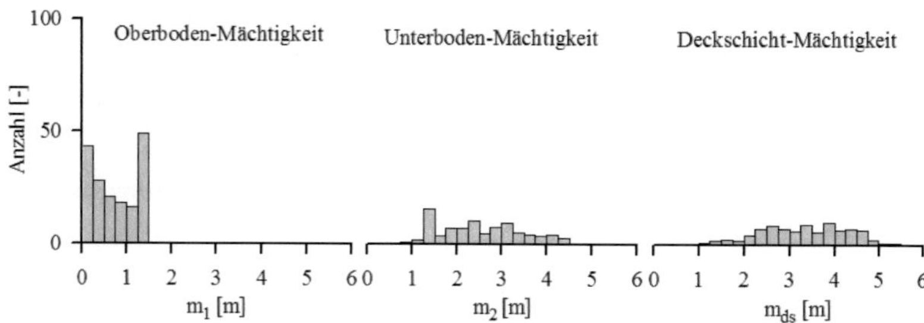

Abbildung 8.5.: Verteilung der Mächtigkeit des Ober- und Unterbodens sowie der Deckschicht im Untersuchungsgebiet

Die Bestimmung der Oberbodenmächtigkeit in den Bodenprofilen erfolgt mit Hilfe der in Kapitel 5.2 beschriebenen Annahmen. Die Unterkante des Oberbodens wurde durch das Auftreten einer mindestens 0.25 m mächtigen Sandschicht oder durch Erreichen der maximale Oberbodenmächtigkeit (1.50 m) festgelegt. Es wurden alle Bodenprofile ausgewertet, deren Profillänge über die gesamte Oberbodenmächtigkeit reichte. In Abbildung 8.5 ist die Verteilung der Ober- und Unterbodenmächtigkeit sowie der Deckschichtmächtigkeit dargestellt. Hierfür wurden insgesamt 175 Profile herangezogen, deren Profillänge über die gesamte Oberbodenmächtigkeit reichte. Die Obermächtigkeit liegt zwischen 0 und 1.50 m. Die Unterbodenmächtigkeit reicht von 0.77 bis 5.18 m.

In Tabelle 8.3 wurde die Oberbodenmächtigkeit in Abhängigkeit der Bodenartenhauptgruppe der Profile gruppiert. Durch landwirtschaftliche Nutzung kann der Aufbau des Oberbodens verändert werden. Für eine getrennte Bestimmung der Oberbodenmächtigkeit für Standorte unter forst- und landwirtschaftlicher Nutzung standen jedoch nicht genügend Daten insbesondere für die sandigen und tonigen Böden zur Verfügung. Die Bestimmung der mittleren Oberbodenmächtigkeit und ihrer Standardabweichung wurde daher ohne Berücksichtigung der jeweiligen Landnutzung durchgeführt. Als minimale Mächtigkeit des Oberbodens wird für alle Standortgruppen eine Mächtigkeit von 0.1 m angenommen, die maximale Mächtigkeit beträgt 1.5 m. Die Unterbodenmächtigkeit ergibt sich bei Kenntnis der Lage der Bodenoberkante und der Oberkante des Aquifers direkt aus der Oberbodenmächtigkeit, so dass keine eigenen Verteilungsparameter angegeben wurden. Für den Unterboden wird ebenfalls eine Minimalmächtigkeit von 0.1 m verwendet, so dass die minimale Mächtigkeit der gesamten Deckschicht 0.2 m beträgt. Für die Gewässerstandorte wurden mittlere Parameter angenommen, wobei eine größere minimale Mächtigkeit verwendet wurde.

Tabelle 8.3.: Mittelwert und Standardabweichung der Oberbodenmächtigkeit der Standortgruppen sowie die in der Risikoberechnung verwendeten Minimal- und Maximalwerte

Nutzung	Bodenarten-hauptgruppen (Oberboden)	m_1 [m]				
		n	$\bar{x}$	sa	min	max
	Sande	13	0.24	0.28	0.10	1.50
Land- und Forstwirtschaft	Lehme/Schluffe	117	0.99	0.54	0.10	1.50
	Tone	6	1.11	0.42	0.10	1.50
Gewässer	Tone - Sande	-	0.75	0.25	0.50	1.50

In Tabelle 8.4 ist für jede Bodenartenhauptgruppe des Oberbodens die prozentuale Verteilung der Bodenartenhauptgruppe im Unterboden aufgeführt. Für die Zusammenstellung konnten nur die Bodenprofile verwendet werden, in denen sowohl der Ober- und Unterboden angetroffen wurde. Für eine getrennte Beschreibung der forst- und landwirtschaftlichen Standorte standen nicht genügend Daten zur Verfügung. Auf den tonigen Standorten treten sowohl sandige als auch tonige Texturen im Unterboden auf. Auf den lehmigen/schluffigen und sandigen Standorten treten überwiegend sandige Bodenarten im Unterboden auf. Für die Risikoberechnung wird angenommen, dass jede Bodenartenhauptgruppe zu mindestens 5% Prozent im Unterboden einer Standortgruppe auftritt. Die hierfür veränderten Anteile sind in der Tabelle 8.4 in Klammern angegeben.

Zur Beschreibung der Makroporosität wurde die aus dem Entwässerungsexperiment bestimmte hydraulische Leitfähigkeit k_s mit der effektiven gesättigten Leitfähigkeit aus den Durchfluss-Experimente k_{eff} verglichen. Für die Gegenüberstellung wurden nur Boden-

Tabelle 8.4.: Verteilung der Bodenartenhauptgruppe des Unterbodens für die Standortgruppen

Nutzung	Bodenarten-hauptgruppen (Oberboden)	N	Sande [%]	Bodenarten-hauptgruppen (Unterboden) Lehme/Schluffe [%]	Tone [%]
Land-, Forstwirtschaft und Gewässer	Sande	13	92(90)	8(5)	0(5)
	Lehme/Schluffe	88	78	20(16)	1(5)
	Tone	6	33	0(5)	67(62)

proben ausgewählt, die aus dem Oberbodenbereich entnommen wurden. Die untersuchten Bodenproben wurden zudem nach der Landnutzung getrennt, um mögliche Unterschiede in der Makroporosität auf land- und forstwirtschaftlichen Flächen zu berücksichtigen. Mit Hilfe von Gleichung 5.3 und den in Tabelle 5.1 aufgeführten Makroporenparametern wurde aus der Differenz zwischen der Matrixleitfähigkeit k_s und der effektiven Leitfähigkeit k_{eff} die Makroporenporosität n_{mp} berechnet (Tab. 8.5).

Tabelle 8.5.: Mittelwerte und Standardabweichunge der Makroporenporosität im Oberboden für die einzelnen Standortgruppen sowie verwendete Minimal- und Maximalwerte

Nutzung	Bodenarten--hauptgruppen (Oberboden)	N	$\bar{x}$	sa	min	max
Forstwirtschaft	Sande	4	$1.9 \cdot 10^{-4}$	$2.2 \cdot 10^{-4}$	$1.0 \cdot 10^{-5}$	$1.0 \cdot 10^{-3}$
	Lehme/Schluffe	5	$3.9 \cdot 10^{-4}$	$3.5 \cdot 10^{-4}$	$1.0 \cdot 10^{-5}$	$1.0 \cdot 10^{-3}$
	Tone	2	$6.9 \cdot 10^{-4}$	$2.8 \cdot 10^{-5}$	$1.0 \cdot 10^{-5}$	$1.0 \cdot 10^{-3}$
Landwirtschaft	Sande	-	$(5.8 \cdot 10^{-5})$	$(5.4 \cdot 10^{-5})$	$1.0 \cdot 10^{-5}$	$1.0 \cdot 10^{-3}$
	Lehme/Schluffe	2	$5.8 \cdot 10^{-5}$	$5.4 \cdot 10^{-5}$	$1.0 \cdot 10^{-5}$	$1.0 \cdot 10^{-3}$
	Tone	-	$(5.8 \cdot 10^{-5})$	$(5.4 \cdot 10^{-5})$	$1.0 \cdot 10^{-5}$	$1.0 \cdot 10^{-3}$
Gewässer	Tone - Sande	-	$(5.0 \cdot 10^{-5})$	$(1.0 \cdot 10^{-5})$	$1.0 \cdot 10^{-6}$	$1.0 \cdot 10^{-4}$

Für die forstwirtschaftlich genutzten Flächen konnte die Makroporenporosität in Abhängigkeit der Bodenartenhauptgruppe im Oberboden bestimmt werden. Auf den tonigen Standorten lag die Makroporosität ca. dreimal höher als auf den sandigen Standorten. Die Lehme und Schluffe weisen mittlere Makroporositäten auf. Auf den landwirtschaftlich genutzten Flächen wurden nur lehmig/schluffige Standorte beprobt. Hier lag die Makroporenporosität etwa bei 20% der Werte der lehmig/schluffigen Standorte bei forstwirtschaftlicher Nutzung. Für die Risikoberechnung wurde den Tonen und Sanden auf den landwirtschaftlich genutzten Flächen Makroporenporosität der ermittelten Werte der Lehme/Schluffe zugewiesen (Werte in Klammern in Tabelle 8.5). Als untere und obere

Grenze für die Makroporenporosität wurde $1.0 \cdot 10^{-5}$ und $1.0 \cdot 10^{-3}$ angenommen. Für die Gewässerstandorte lagen keine Informationen zur Makroporosität vor. Für diese Standorte wurde eine geringe Makroporenporosität in der Größenordnung der landwirtschaftlichen Standorte angenommen sowie geringere Minimal- und Maximalwerte.

8.2.2. Bodenhydraulische Eigenschaften

In Anhang D (Tab. D.1) sind für die untersuchten Bodenarten die Mittelwerte und Spannweiten der hydraulischen Parameter zusammengestellt, die mit Hilfe der Entwässerungsexperimente ermittelt wurden. Es wurden nur die Bodenproben aufgeführt, deren ermittelte Leitfähigkeit um weniger als eine Größenordnung unter den Werten aus der Untersuchung von CARSEL & PARRISH (1988) lag (Anhang B, Tab. B.1). Bei größerer Abweichung wurde angenommen, dass die Proben bei Beginn der Entwässerung nicht ausreichend aufgesättigt waren. Für die Bodenartenhauptgruppen (Sande, Lehme/Schluffe, Tone) wurden jeweils Werte des Mittelwerts und der Standardabweichung der hydraulischen Leitfähigkeit k_s(IfH)) berechnet (Tab. 8.6). Mit Hilfe der in CARSEL & PARRISH (1988) angegebenen Werte wurden ebenfalls Mittelwerte und Standardabweichungen für die Bodenartenhauptgruppen berechnet (Anhang B, Tab. B.2 und B.3). Unter Verwendung der Bayes'schen Inferenz (Kap. 4.2) wurden beide Parameterverteilungen herangezogen, um a posteriori Verteilungen (Mittelwert μ_1, Standardabweichung σ_1) der hydraulischen Leitfähigkeit für die Standortgruppen zu berechnen (k_s(BI)). Die hydraulischen Parameter wurden auf Grund der geringen Anzahl der untersuchten Bodenproben nur für die Bodenartengruppe bestimmt. Die Parameterverteilungen wurden in der Risikoberechnung für alle Landnutzungsarten verwendet.

Tabelle 8.6.: Mittelwert und Standardabweichung der hydraulischen Leitfähigkeiten der Bodenartenhauptgruppen für die Daten aus den Laboruntersuchungen (k_s IfH)) sowie für die mit Hilfe der Bayes'schen Inferenz ermittelten Verteilungen (k_s(BI))

| Bodenarten- | | k_s(IfH) $[ms^{-1}]$ | | k_s(BI) $[ms^{-1}]$ | | | |
hauptgruppen	N	$\bar{x}$	sa	μ_1	σ_1	min	max
Sande	14	$1.8 \cdot 10^{-5}$	$1.6 \cdot 10^{-5}$	$3.3 \cdot 10^{-5}$	$2.7 \cdot 10^{-5}$	$7.5 \cdot 10^{-6}$	$1.0 \cdot 10^{-3}$
Lehme/Schluffe	9	$4.1 \cdot 10^{-6}$	$9.5 \cdot 10^{-6}$	$2.7 \cdot 10^{-6}$	$7.2 \cdot 10^{-6}$	$7.5 \cdot 10^{-7}$	$7.5 \cdot 10^{-6}$
Tone	3	$4.7 \cdot 10^{-7}$	$1.6 \cdot 10^{-8}$	$3.5 \cdot 10^{-7}$	$2.2 \cdot 10^{-7}$	$1.0 \cdot 10^{-8}$	$7.5 \cdot 10^{-7}$

Wie für die hydraulische Leitfähigkeit wurde auch für die Van Genuchten Parameter der Entwässerungskurve Mittelwerte für die drei Bodenartenhauptgruppen aus den experimentell bestimmten Werten und den Werten nach CARSEL & PARRISH (1988) berechnet. Diese Parameterverteilungen wurden wiederum verwendet, um mit Hilfe der Bayes'schen Inferenz a posteriori Verteilung der Van Genuchten Parameter für jede Bodenartenhauptgruppe zu bestimmen. Die Werte sind in Anhang D (Tab. D.2-D.5) zusammengestellt. In Abbildung 8.6 sind für jede Bodenartenhauptgruppe die drei Retentionskurven dargestellt. Die mit Hilfe der Bayes'schen Inferenz berechneten Van Genuchten Parameter ergaben Retentionskurven, die zwischen den experimentell bestimmten Werten und den Werten aus der Literatur liegen. Im Zuge der Risikoberechnung wurden in Abhängigkeit der Bodenartenhauptgruppe des Ober- und Unterbodens die Mittelwerte der a posteriori Verteilungen der Van Genuchten Parameter verwendet.

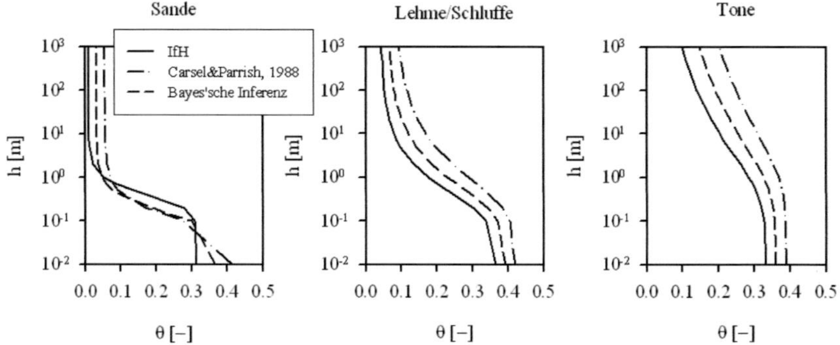

Abbildung 8.6.: Van Genuchten Retentionskurven für die Bodenartenhauptgruppen, Mittelwerte aus den experimentelle Untersuchugen, den Literaturdaten nach CARSEL & PARRISH (1988) sowie nach Bayes'scher Inferenz beider Datensätze

8.2.3. Transporteigenschaften

In Anhang D (Tab. D.7) sind die ermittelten Lagerungsdichten sortiert nach der Bodenart der untersuchten Böden zusammengestellt. Die Lagerungsdichten werden bei der Transportberechnung zur Ermittlung des Retardationskoeffizienten verwendet. Für die Zusammenstellung wurden nur die Untersuchungsergebnisse verwendet, bei denen die ermittelten Lagerungsdichten im Intervall 1.2 - 1.8 gcm^{-3} lagen (AG BODEN, 2005). Bei allen übrigen (niedrigeren) Werten wurde angenommen, dass die Probenahmezylinder nicht vollständig mit Material gefüllt waren. Die verfügbaren Daten zeigen keinen deutlichen Unterschied zwischen den Bodenartenhauptgruppen und den Landnutzungsarten. Für die Risikoberechnung wurde daher eine mittlere Lagerungsdichte für den Ober- und Unterboden aus den Daten bestimmt (Tab. 8.7). Zur Bestimmung der inneren Porosität θ_i wurden die Werte aus der Zusammenstellung von RÜGNER ET AL. (2004) herangezogen (Kap. 3.2). Für die Bodenartenhauptgruppe der Tone sowie der Lehme/Schluffe wurde eine innere Porosität von 0.025 und für die Sande ein Wert von 0.008 verwendet.

In Abbildung 8.7 sind die gemessenen Tiefenprofile des C_{org}-Gehalts für die forstwirtschaftlich genutzten Standorte, gruppiert nach der Bodenartenhauptgruppe im Oberboden, dargestellt. Auf Grund der geringen Anzahl an beprobten Standorten unter landwirtschaftlicher Nutzung erfolgte für diese Landnutzung keine Trennung nach den Bodenartenhauptgruppen des Oberbodens. Alle Profile zeigen eine Abnahme des C_{org}-Gehalts mit

Tabelle 8.7.: Mittelwerte und Standardabweichung der Lagerungsdichte für die Standortgruppen

Nutzung	Bodenarten-	$\rho_b\ [gcm^{-3}]$					
	hauptgruppen	(Oberboden)			(Unterboden)		
	(Oberboden)	N	$\bar{x}$	sa	N	$\bar{x}$	sa
Forst-, Landwirtschaft und Gewässer	Tone - Sande	18	1.34	0.09	14	1.40	0.11

der Tiefe. Die Standorte unter landwirtschaftlicher Nutzung zeigen unabhängig von der jeweiligen Bodentextur ein sehr ähnliches C_{org}-Profil. Die Profile für die forstwirtschaftliche Nutzung unterscheiden sich je nach Bodenartenhauptgruppe z.T. deutlich.

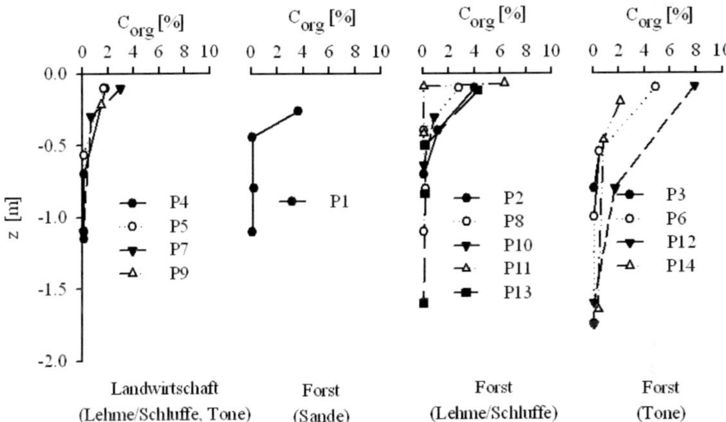

Abbildung 8.7.: Zusammenstellung der gemessenen Profile des organischen Kohlenstoffgehalts

An die Messwerte wurde soweit möglich eine Exponentialfunktion angepasst, die den C_{org}-Gehalt über die Bodentiefe beschreibt (Gl. 5.5). Als minimal möglicher C_{org} wurde hierfür ein Wert von 0.1% gewählt. In Tabelle 8.8 sind für die Bodenartenhauptgruppen unter forstwirtschaftlicher Nutzung sowie für die landwirtschaftlichen Standorte die mittleren Werte von $C_{org,o}$ und a_{org} zusammengestellt. Für die Gewässerstandorte wurden die Werte aus den Flächen unter forstwirtschaftlicher Nutzung übernommen. Für die sandigen Standorte konnte keine plausible Exponentialfunktion angepasst werden. Während der Risikoberechnung werden für diese Standorte die Parameter der lehmig/schluffigen Standorte verwendet, die vergleichbare Profile des C_{org}-Gehalts zeigen (Werte in Klammern in Tabelle 8.8). Der mittlere C_{org}-Gehalt für den Ober- und Unterboden wird mit Hilfe der C_{org}-Funktion aus der Mächtigkeit der Bodenabschnitte berechnet.

Tabelle 8.8.: Mittelwert und Standardabweichung der Parameter der C_{org}-Tiefenfunktion sowie Minimal- und Maximalwerte der Parameter

Nutzung	Bodenarten-hauptgruppen (Oberboden)	N	$C_{org,0}$ [−]				a_{corg} [m^{-1}]			
			$\bar{x}$	sa	min	max	$\bar{x}$	sa	min	max
Forstw. Gewässer	Sande	-	(0.09)	(0.04)	0.05	0.13	(9.59)	(5.02)	5.00	15.00
	Lehme/Schluffe	4	0.09	0.04	0.05	0.13	9.59	5.02	5.00	15.00
	Tone	3	0.10	0.03	0.07	0.13	5.57	3.65	2.00	9.00
Landw.	Tone-Sande	3	0.05	0.02	0.03	0.07	8.94	3.55	5.00	13.00

8.2.4. Bodeneinheiten

Die großräumige Variabilität des Bodenaufbaus im Untersuchungsgebiet ist eine Folge der wechselnden Ablagerungs- und Sedimentationsprozesse während der Auenentwicklung im Flussvorland. Die Folgen dieser flussgeschichtlichen Entwicklung zeigen sich heute auch in Gebieten, in denen seit Jahrzehnten keine Überflutungsereignisse mehr stattgefunden haben, noch deutlich in der Topographie der Flussvorländer. Auf den hoch liegenden Bereichen (ca. 107 - 109 m ü.NN) des Untersuchungsgebiets wurde während Hochwasserereignissen grobkörniges Substrat abgelagert. Diese Sandrücken finden sich heute sowohl im nördlichen Bereich des Untersuchungsgebiets innerhalb eines Altrheinarms als auch im südlichen Bereich westlich des Fermasees, in dem die sandigen Substrate z.T. bereits abgebaut wurden. Demgegenüber finden sich in den tieferen Lagen des Untersuchungsgebiets Rinnenstrukturen, die schon bei geringen Hochwasserhöhen überflutet und mit feinkörnigem Material gefüllt wurden (Höhenlage < 106 m ü.NN). Hierzu zählt der Altrheinarm im nördlichen Bereich des geplanten Retentionsraums sowie tiefliegende Bereiche entlang des östlichen Deiches, die aus früheren und aktuellen Gewässerläufen des Federbaches entstanden sind. Darüber hinaus finden sich westlich des Hauptdeiches tiefliegende Bereiche, die auch heute noch häufig überflutet werden. Der überwiegende Flächenanteil des Untersuchungsgebiets umfasst Bereiche mit einer mittleren Höhenlagen von 106 - 107 m ü.NN. Auch auf diesen Flächen wurde infolge regelmäßiger Überflutungen schluffiges Material abgelagert.

Auf der Grundlage einer von WÄSCH (2007) erstellten Bodenkarte des Untersuchungsgebiets wurden die genannten Höhenstrukturen sowie die unterschiedliche Landnutzung im Untersuchungsgebiet verwendet, um Bodeneinheiten auszuweisen. In Abbildung 8.8 ist die Verteilung der Bodeneinheiten dargestellt. Insgesamt wurden acht Einheiten beschrieben. Unter forstwirtschaftlicher und landwirtschaftlicher Nutzung finden sich sowohl Bereiche mit mittlerer als auch tiefer Höhenlage. Die hohen Lagen sich heute nur auf forstwirtschaftlich genutzten Flächen zu finden. Daneben wurden noch die rezent überfluteten tiefliegenden Bereiche westlich des Hauptdeiches sowie die Gewässer im Untersuchungsgebiet ausgewiesen.

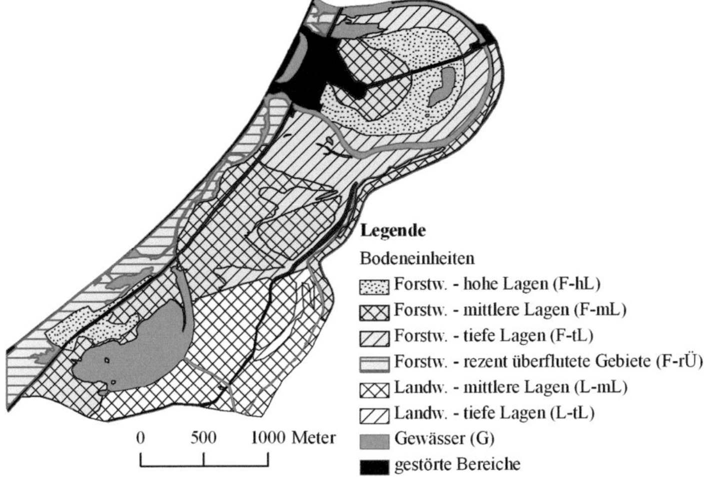

Abbildung 8.8.: Bodeneinheiten im Retentionsraum Rappenwört-Bellenkopf

In Abbildung 8.9 ist für die verfügbaren Bodenprofile jeweils die Bodenartenhauptgruppe des Ober- und Unterbodenbereichs dargestellt. Für den Oberboden bilden Lehme und Schluffe die überwiegende Bodenartenhauptgruppe. Im Bereich der hohen Lagen treten vermehrt Sande auf. In den tiefen Lagen sowie in den rezent überfluteten Bereichen finden sich neben den lehmig-schluffigen Bodenarten auch tonige Substrate. Im Unterbodenbereich treten überwiegend Sande auf. Lehme und Schluffe sowie Tone finden sich vereinzelt in den tiefer liegenden Bereichen.

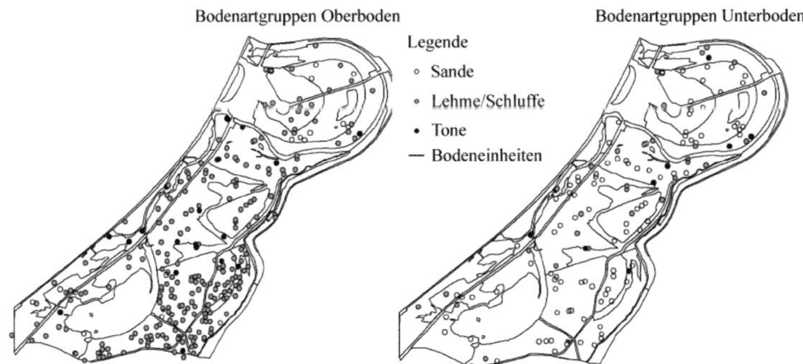

Abbildung 8.9.: Verteilung der Bodenartenhauptgruppen für den Ober- und Unterboden im Retentionsraum Rappenwört - Bellenkopf

Für die Bodenbereiche wurde die Verteilung der Bodenartenhauptgruppen im Oberboden bestimmt (Tab. 8.9). Der höchste Anteil an sandigen Standorten tritt erwartungsgemäß auf den hohen Lagen auf. Die höchsten Anteile an tonigen Standorten finden sich in den tiefliegenden und in den rezent überfluteten Bereichen. Auf den hoch liegenden Bereichen wurden andererseits keine tonigen Substrate gefunden und auf den tief liegenden Bereichen keine sandigen Bodenarten. Dennoch kann angenommen werden, dass auf Grund der kleinräumigen Variabilität der Sedimentations- und Erosionsprozesse auch diese Substrate zu einem geringem Maße in den jeweiligen Bodeneinheiten auftreten. Für die Risikoberechnung wurde daher für diese Substrate ein Mindestanteil von 5% angenommen und vom Anteil der lehmig/schluffigen Substrate abgezogen (Werte in Klammern). Für die Gewässer lagen keine Informationen über den Deckschichtaufbau vor. Hier wurde angenommen, dass die Bodenarthauptgruppenverteilung mit der Verteilung in den tiefliegenden und rezent überfluteten Bereiche identisch ist.

Tabelle 8.9.: Verteilung der Bodenartenhauptgruppen im Oberboden in den Bodeneinheiten des Untersuchungsgebiets

Bodeneinheiten	Bodenartenhauptgruppen (Oberboden)			
	N	Sande [%]	Lehme/Schluffe [%]	Tone [%]
Forstw.: hohe Lagen (F-hL)	24	46	54(49)	0(5)
Forstw.: mittlere Lagen (F-mL)	61	3(5)	92(90)	5
Forstw.: tiefe Lagen (F-tL)	36	0(5)	81(76)	19
Forstw.: rezent überflutete Gebiete (F-rÜ)	14	7	50	43
Landw.: mittlere Lagen (L-mL)	111	5	93(91)	3(5)
Landw.: tiefe Lagen (L-tL)	13	0(5)	92(87)	8
Gewässser (G)	-	(7)	(50)	(43)

8.3. Risikoberechnung

8.3.1. Flutungsszenario

Unter Verwendung einer mittleren Wasserspiegellage im Rhein von 0.36 ‰ wurden für den Retentionsraum drei Flutungsbereiche ausgewiesen (Abb. 8.10), für die im Rahmen der Risikoberechnung jeweils eine Flusswasserganglinie definiert wurde. Zur Berechnung der Flusswasserganglinie wurde für jeden Flutungsbereich die mittlere Wasserspiegeldifferenz gegenüber dem Wasserstand am Rhein-Kilometer 355 angegeben. Die mittlere Grundwasserdruckhöhe am landseitigen Deich H_{deich} in den Flutungsbereichen wird durch die dort durchgeführten Wasserhaltungsmaßnahmen bestimmt (Drainagegräben, Brunnenanlagen etc.). Für das Flutungsszenario wurden Druckhöhen verwendet, die in etwa der Geländeoberkante in den jeweiligen Bereichen entsprechen. Die Druckhöhendifferenzen

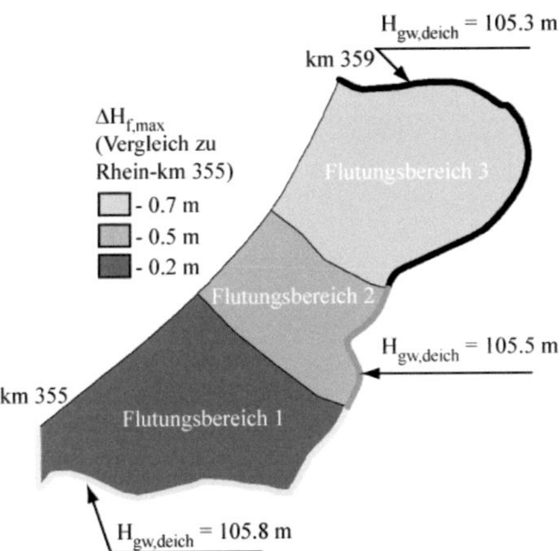

Abbildung 8.10.: Lage der Flutungsbereiche für die Risikoberechnung

zwischen den Deichabschnitten entsprechen zudem der Differenz der Wasserspiegellage im Retentionsraum (Abb. 8.10).

Für das Flutungsszenario wurde ein künstliches Hochwasserereignis verwendet, dass in Anlehnung an das höchste bisher am Pegel Maxau gemessene Hochwasserereignis aus dem Mai 1999 erstellt wurde. Der Rheinabfluss betrug am Scheitelpunkt des Hochwassers (16.05.1999) ca. 4300 m^3s^{-1} und entsprach damit ungefähr einer Jährlichkeit von 25 Jahren. In Abbildung 8.11 ist die Ganglinie dieses Hochwasserereignisses aus dem Mai 1999 für den Rhein-Kilometer 355 dargestellt. Hierfür wurden die vorliegenden Daten vom Pegel Maxau mit Hilfe eines angenommen Rheingefälles von 0.36 ‰ auf die Verhältnisse im Retentionsraum umgerechnet. Für die Hochwasserganglinien der Flutungsbereiche wurde die Anstiegs- und Absinkgeschwindigkeit der gemessenen Hochwasserwelle übernommen. Der maximale Wasserstand für die Flutungsbereiche wurde mit Hilfe der in Abbildung 8.10 dargestellten Wasserspiegeldifferenzen gegenüber dem Rhein-Kilometer 355 berechnet. Dem Hochwasserereignis im Mai 1999 war bereits ein Hochwasserereignis im Februar und März vorausgegangen, so dass der Wasserspiegel im Rhein schon vor dem Anstieg im Mai 1999 ca. 1 m über dem Mittelwasserniveau lag. Für das Flutungszenario wurde ein Ausgangsniveau im Rhein gewählt, dass dem Mittelwasser-Wasserspiegel im Rhein für die Flutungsbereiche entspricht.

Das Grundwasserneubildungsvolumen, das während der gesamten Grundwasserneubildungsphase in den Aquifer infiltriert, wurde in Anlehnung an die in der benachbarten Lysimeterstation in Rheinstetten ermittelten Werte bestimmt. Das langjährige Mittel auf dem dortigen Standort (Grünland) wurde für die landwirtschaftlichen Flächen verwendet (300 mm/a). Für die forstwirtschaftlichen Flächen wird angenommen, dass das Grundwasserneubildungsvolumen durch die erhöhte Evapotranspiration auf diesen Standorten nur halb

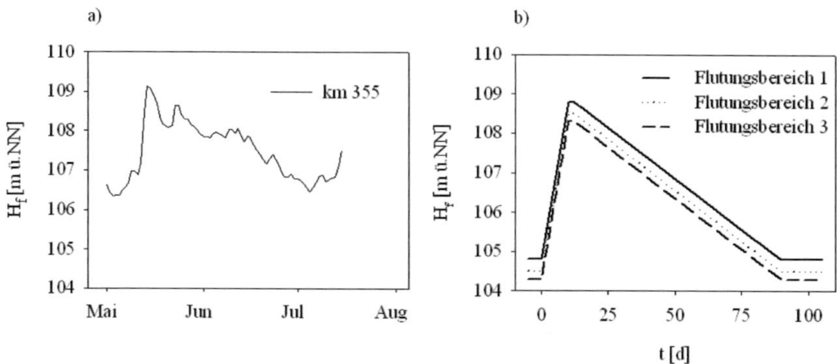

Abbildung 8.11.: Hochwasserganglinie für ein Hochwasserereignis im Mai 1999 (a) und Hochwasserganglinien der Flutungsbereiche für die Risikoberechnung (b)

so hoch ist wie auf den landwirtschaftlichen Flächen (150 mm/a). Für die Gewässerflächen sowie die versiegelten (gestörten Flächen) wurde angenommen, dass keine Grundwasserneubildung stattfindet.

Bei der Auswahl der simulierten Schadstoffe wurden aktuell im Rhein gefundene Belastungen berücksichtigt, sowie Stoffe mit unterschiedlichen Sorptions- und Abbauparametern ausgewählt. Die Risikoberechnung wurde mit den Schadstoffen Carbamazepin (Antiepileptikum) und Benzo(a)pyren (PAK) sowie einem konservativen Stoff durchgeführt.

Tabelle 8.10.: Stoffeigenschaften der Schadstoffe für die Risikoberechnung

	$log(K_{ow})$	$T_{0.5,abb}$	V_{mol}	C_f	C_{grenz}
	$[lkg^{-1}]$	$[d]$	$[cm^{-3}Mol^{-1}]$	$[\mu gl^{-1}]$	$[\mu gl^{-1}]$
konservativ	-	-	-	1.00	0.20
Carbamezepin	2.25	1700	175	1.00	0.20
Benzo(a)pyren	6.11	219	197	1.00	0.20

In Tabelle 8.10 sind die K_{ow}- Werte (EPA, 2009) sowie die mittleren Abbaukonstanten (DVWK, 1997; SCHARF, 2006) aufgeführt. Als Konzentration im Flusswasser wurde ein Wert von 1 μgl^{-1} festgesetzt. Als Grenzkonzentration für die Risikoberechnung wurde der Prüfwert für PAK nach BBODSCHV (1999) verwendet. Die Berechnung der K_{oc} Werte erfolgte mit Hilfe der Regressionsgleichung nach BAKER ET AL. (1997) (Tab. 3.2).

HILLEBRAND (2009) verwendete die Ergebnisse der Wasserstände und Fließgeschwindigkeiten einer stationären Simulation eines zum verwendeten Flutungsszenario vergleichbaren Flutungsereignisses, um die Verteilung der Sedimentmasse im Retentionsraum zu berechnen. Zur Berechnung wurde ein analytisches Verfahren nach MIDDELKOOP & ASSEL-MAN (1998) verwendet. Als Sedimentkonzentration im Flutungswasser wurde 75 mgl^{-1} und als mittlerer Kornradius $r_{sed} = 10.00 \cdot 10^{-6}$ m verwendet.

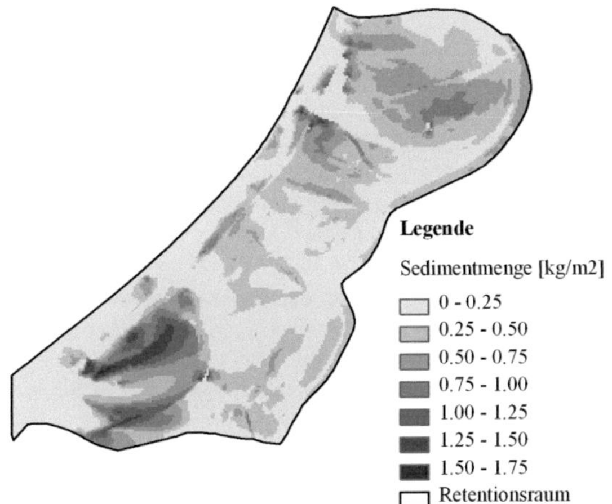

Abbildung 8.12.: Von HILLEBRAND (2009) berechnete Verteilung der Sedimente für die Risikoberechnung

Die hydraulischen Parameter für die Sedimente wurden entsprechend der Parameter der Bodenartenhauptgruppe der Schluffe/Lehme gewählt (Anhang D, Tab. D.2-D.5). Die Lagerungsdichte entspricht dem mittleren Wert für den Oberboden (Tab. 8.7). Als C_{org}-Gehalt wurde für die Sedimente 0.1% verwendet. Die Berechnung der Sedimentbelastung erfolgte unter der Annahme, dass diese im Gleichgewicht stehen mit der Schadstoffkonzentration im Flutungswasser. Hierfür wurde unter Verwendung der Regressiongleichung nach BAKER ET AL. (1997) (Tab. 3.2) der lineare Verteilungskoeffizient für die Sedimente ermittelt (Gl. 3 44).

Die Konstruktion der Simulationseinheiten im Untersuchungsgebiet erfolgte durch räumliche Verschneidung der Bodeneinheiten (Abb. 8.8) mit den Flutungsbereichen (Abb. 8.10). Zusätzlich wurden die so erstellten räumlichen Einheiten in Abständen von 100, 300 und 500 m zum landseitigen Deich unterteilt, um das Auftreten der großen hydraulischen Gradienten in der Grundwasserdruckhöhe in diesen Bereichen zu berücksichtigen. Auf diese Weise ergaben sich 128 Simulationseinheiten für das Untersuchungsgebiet (Anhang E.1, Abb. E.1). Die Flutungsparameter der Simulationseinheiten entsprechen den Werten der jeweiligen Flutungsbereiche. Die Bodenparameter wurden von den Bodeneinheiten übernommen. Für die mittlere Sedimentmenge wurden aus dem berechneten Raster der Sedimentverteilung (Abb. 8.12) Mittelwerte für jede Simulationseinheit berechnet.

Für jede Simulationseinheit wurde mit Hilfe des digitalen Geländemodells der Mittelwert, die Standardabweichung und die minimalen und maximalen Werte der Lage der

Geländeoberkante L_{gok} bestimmt. Mit Hilfe eines Entfernungsrasters, dass für jede Rasterzelle die Entfernung zum landseitigen Deich angibt, wurden für die Simulationseinheiten die Verteilungsparameter für x_{deich} ermittelt. Als Verteilungsform wurde für L_{gok} und x_{deich} eine Normalverteilung angenommen.

8.3.2. Durchführung der Monte Carlo Simulation

Im Rahmen der Monte Carlo Simulation wurden wiederholte Simulationsläufe für jede Simulationseinheit durchgeführt. Hierbei wurden jeweils die Bodenparameter variiert, für die im Zuge der Sensitivitätsanalyse in Kap. 7 ein besonders großer Einfluss auf die Schadstoffverlagerung identifiziert werden konnte (Tab. 7.3). Als Werte der deterministischen Parameter sowie für die Verteilungsfunktion der stochastischen Bodenparameter wurden die in Kap. 8.1 zusammengestellten Werte der Standortgruppen verwendet. Zur Bestimmung der Standortgruppe wurde die Landnutzung der jeweiligen Simulationseinheit herangezongen. Die Bestimmung der Bodenartenhauptgruppe erfolgte für jeden Simulationslauf mit Hilfe der Häufigkeitsverteilung der Bodenartenhauptgruppen in der Simulationseinheit und unter Verwendung eines Zufallsgenerators (Tab. 8.9).

Ebenfalls mit Hilfe des Zufallsgenerators wurde während jedes Simulationslaufs die Höhenlage und die Entferung zum landseitigen Deich mit Hilfe der jeweiligen Verteilungsparameter der Simulationseinheit (Anhang E Tab. E.1) bestimmt. Durch weitere Ziehungen mit Hilfe des Zufallsgenerators wurden in Abhängigkeit der gewählten Landnutzung und Bodenartenhauptgruppe die übrigen stochastischen Bodenparameter Oberbodenmächtigkeit (Tab. 8.3), Bodenartenhauptgruppe des Unterbodens (Tab. 8.4), Makroporenporosität (Tab. 8.5), Leitfähigkeit des Unterbodens (Tab. 8.6) und Profile der C_{org}-Verteilung (Tab. 8.8) ermittelt. Für die deterministischen Parameter der Leitfähigkeit des Oberbodens, der Retentionskurve (Anhang D, Tab. D.2-D.5), der Lagerungsdichte (Tab. 8.7), des Kornradius und der inneren Porosität (Tab. 3.3) wurden die Werte entsprechend der jeweiligen Bodenartenhauptgruppe des Ober- und Unterbodens gewählt.

8.3.3. Ergebnisse der Risikoberechnung

Im Rahmen der Monte Carlo Simulation wurden auf allen Simulationseinheiten 1000 Simulationsläufe durchgeführt. Aus den berechneten Häufigkeitsverteilungen wurden die 50%-Quantile der Volumen- und Massenflüsse bestimmt. Zudem wurde aus den Häufigkeitsverteilungen die Wahrscheinlichkeit einer Grenzwertüberschreitung der Schadstoffkonzentration am Übergang Deckschicht - Aquifer berechnet.

In Abbildung 8.13 ist das berechnete mittlere Infiltrationsvolumen für die Strömungsphasen FP1, FP2 und GP dargestellt. Zudem sind für die Schadstoffe die mittleren Massenflüsse abgebildet. Der Volumenzustrom während der Strömungsphase FP2 lag in etwa eine Größenordnung über dem Zustrom der Strömungsphasen FP1 und GP. Die Infiltration während des Flutungsereignisses (FP1 und FP2) war somit in etwa zehnmal so hoch wie die jährliche Grundwasserneubildung im Retentionsraum. Das gesamte Infiltrationsvolumen im Retentionsraum lag während des Flutungsereignisses bei ca. $1.1 \cdot 10^7\ m^3$.

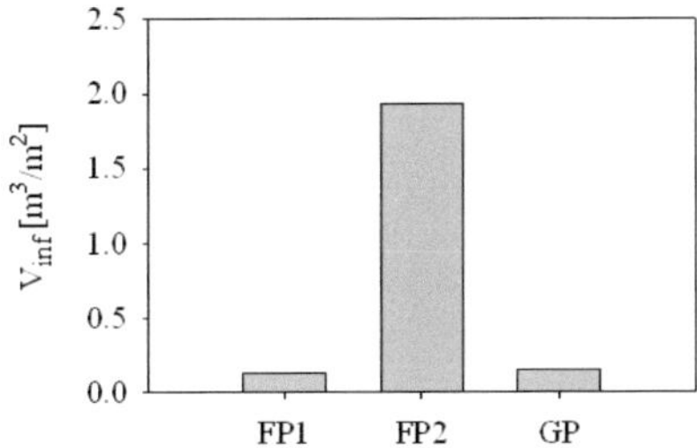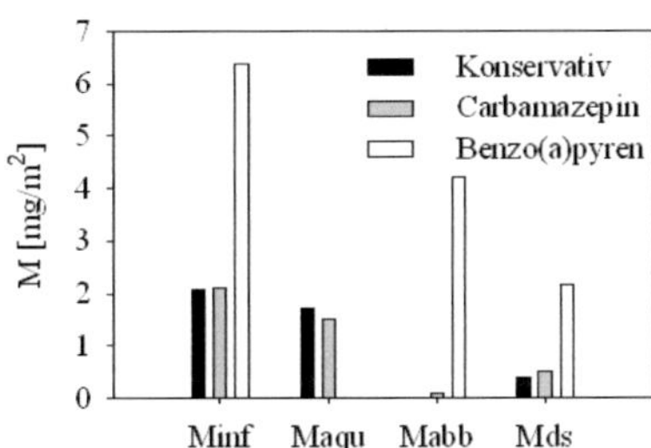

Abbildung 8.13.: Mittlere Volumenzuflüsse und Massenflüsse im Retentionsraum (50%-Quantile der Monte Carlo Simulation)

Der Massenzustrom erfolgte für den konservativen Stoff sowie für das Pharmazeutikum Carbamazepin vorwiegend über das infiltrierende Flusswasser. Der Eintrag der Schadstoffmasse für Benzo(a)pyren erfolgte vorwiegend mit den abgelagerten Schwebstoffen im Retentionsraum. Die hohe Sorptivität dieses Stoffes führt dazu, dass bei gleicher Konzentration im Flusswasser sowie angenommener Gleichgewichtskonzentration an den Schwebstoffpartikeln, der Masseneintrag vier- bis fünfmal so hoch war wie für die nicht oder nur gering sorbierenden Schadstoffe. Die mittleren Schadstoffausträge nahmen mit der Zunahme der Sorptivität erwartungsgemäß ab. Für Benzo(a)pyren wurde im Mittel kein Schadstoffaustrag berechnet. Der Abbau wurde nur für den Stoff Carbamazepin und Benzo(a)pyren berücksichtigt. Für den Schadstoff Benzo(a)pyren wurde aufgrund der kürzeren Halbwertszeit und der längeren Aufenthaltszeit in der Deckschicht ein größerer Anteil der infiltrierenden Masse abgebaut. Mit zunehmender Sorptivität stieg zudem der Anteil der zum Abschluss der Simulation in der Deckschicht verbleibenden Schadstoffmasse.

In Tabelle 8.11 sind die absoluten Werte der Schadstoffmassenflüsse aufgeführt. Die gelöste Schadstoffmasse, die während der Simulationszeit im Retentionsraum in die Deckschicht infiltrierten, war für alle drei Schadstoffe identisch. Bei den nicht oder nur gering sorbierenden Schadstoffen war der Anteil des mit dem Sediment eingetragenen Schadstoffs vernachlässigbar klein. Für den stark sorbierenden Stoff Benzo(a)pyren umfasste der sedimentgebundene Schadstoffeintrag jedoch 2/3 des gesamten Masseeintrags. Von den eingetragenen Schadstoffmassen wurde beim konservativen Stoff sowie beim gering sorbierenden Carbamazepin 70-80 % ausgetragen, wohingegen Benzo(a)pyren vollständig in der Deckschicht zurückgehalten (1/3) oder abgebaut wurde (2/3).

In Abbildung 8.14 ist die räumliche Verteilung der Volumenflüsse in die Deckschicht (Summe über alle Strömungsphasen) für den Retentionsraum dargestellt. Auf den deichnahen und tiefliegenden Rinnen lagen die mittleren Infiltrationsflüsse bei über 10 m^3m^{-2}. Mit zunehmender Entfernung zum Deich nahmen die mittleren Volumenflüsse in die Deckschicht bis auf wenige Liter pro Quadratmeter ab.

Tabelle 8.11.: Berechnete Schadstoffmassenbilanz (50% Quantile) für den Retentionsraum Rappenwört - Bellenkopf

	$M_{inf,l}$ [kg]	$M_{inf,sed}$ [kg]	M_{aqu} [kg]	M_{abb} [kg]	M_{ds} [kg]
konservativ	10.45	0.14	8.71	0.00	1.88
Carbamezepin	10.45	0.15	7.67	0.44	2.49
Benzo(a)pyren	10.45	21.87	0.00	21.36	10.96

Die Verteilung der Infiltrationsflüsse (Abb. 8.14) prägt zusammen mit den Schadstoffeigenschaften die Verteilung der Schadstoffmassenausträge aus der Deckschicht in den Aquifer (Abb. 8.15). Für den konservativen Stoff und das Pharmazeutikum Carbamazepin wurde auf allen Simulationseinheiten ähnliche Mediane der Schadstoffausträge berechnet. In den deichnahen und tiefliegenden Simulationseinheiten wurden Werte zwischen 10 und 100 mgm^{-2} berechnet. Die 50%-Quantile des Masseflusses in den Aquifer für Benzo(a)pyren zeigten auf keinem der Simulationseinheiten einen Wert größer 0 an.

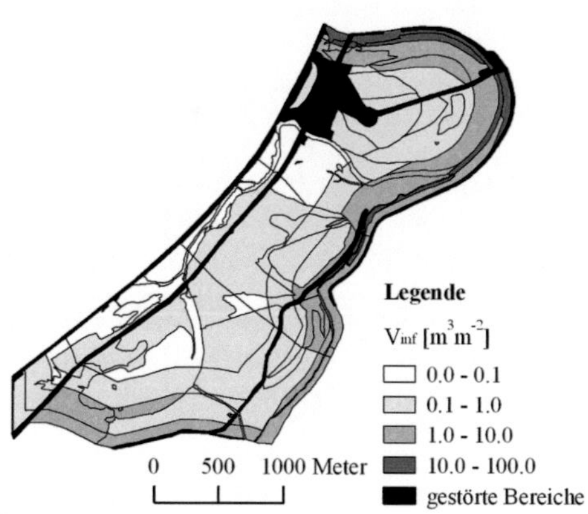

Abbildung 8.14.: Räumliche Verteilung des Volumens des über die Deckschicht infiltrierenden Flusswassers für die Simulationseinheiten (50% Quantile)

In Abbildung 8.16 ist der Mittelwert der berechneten 50%-Quantile der Schadstoffausträge für die einzelnen Bodeneinheiten dargestellt. Die größten Austräge wurden für die tiefliegenden Bereiche unter forstwirtschaftlicher Nutzung sowie die Gewässer berechnet. Auch für die rezent überfluteten Bereiche wurden im Mittel erhöhte Massenflüsse in den Aquifer ermittelt. Die jeweiligen Massenflüsse streuten innerhalb der Einheiten jedoch stark je nach Lage innerhalb des Retentionsraums.

Die berechneten Häufigkeitsverteilungen für die Schadstoffkonzentration am Übergang Deckschicht - Aquifer am Ende des Simulationszeitraums (Ende der Grundwasserneu-

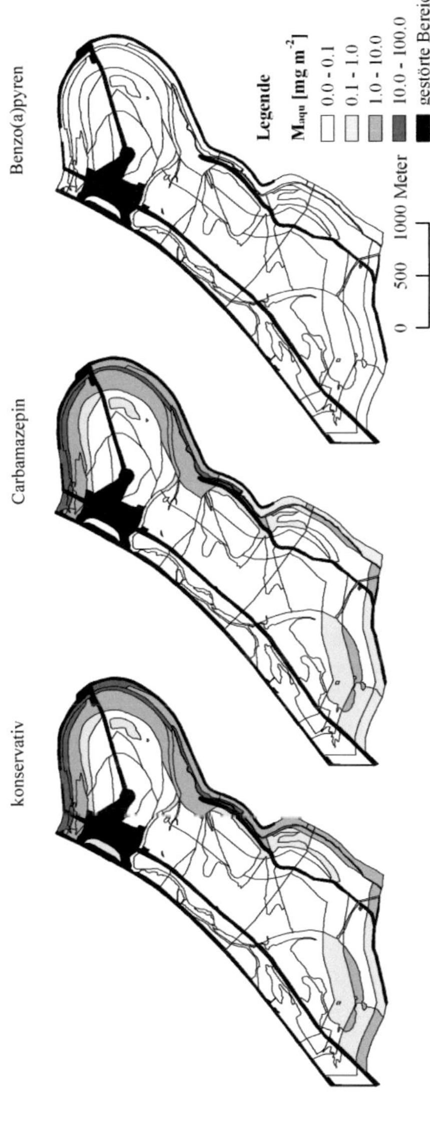

Abbildung 8.15.: Massenausträge in den Aquifer für einen konservativen Stoffe, für Carbamazepin und für Benzo(a)pyren (50% Quantile)

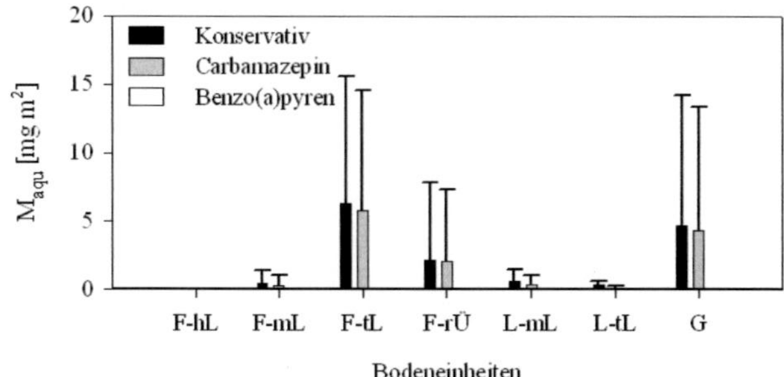

Abbildung 8.16.: Variabilität der Massenausträge je Bodeneinheit für einen konservativen Stoff, für Carbamazepin und für Benzo(a)pyren (Streuung der 50% Quantile der Simulationseinheiten)

bildungsphase) wurden verwendet, um für jede Simulationseinheit das Risiko einer Überschreitung der Grenzkonzentration C_{grenz} zu ermitteln. In Abbildung 8.17 ist die Verteilung des Risikos dargestellt. Entsprechend der berechneten Volumen- und Massenflüsse wurden die höchsten Risikowerte für die deichnahen und tiefliegenden Bereiche berechnet. Für den konservativen Stoff und das Pharmazeutikum Carbamazepin ergab sich das höchste Risiko für den Bereich des Altrheinarms im Norden des Retentionsraums, die Bereiche entlang des landseitigen Deichs sowie für die Baggerseen im Norden und Süden. Mit zunehmender Entfernung zum Deich nahm das Risiko einer Grenzwertüberschreitung ab, wobei für die tiefliegenden Simulationseinheiten und die Gewässer auch noch in größerer Entfernung zum Deich ein erhöhtes Risiko einer Grenzwertüberschreitung ermittelt wurde. Beim Schadstoff Benz(a)pyren wurden auf der überwiegenden Anzahl der Simulationseinheiten nur ein vernachlässigbar geringes Risiko einer Grenzwertüberschreitung berechnet. Nur in unmittelbarer Deichnähe im nördlichen und mittleren Bereich des Retentionsraums war das Risiko eines Schadstoffaustrags für diesen Stoff leicht erhöht.

In Abbildung 8.18 sind beispielhaft drei berechnete Histogramme der Carbamazepin Konzentration am Übergang Deckschicht - Aquifer C_{aqu} dargestellt. In Abbildung 8.18 a) ist die Häufigkeitsverteilung einer Simulationseinheit unter forstwirtschaftlicher Nutzung und mittlerer Höhenlage (Simulationseinheit 21) dargestellt. In 8.18 b) ist das Histogramm einer Simulationseinheit unter landwirtschaftlicher Nutzung in mittlerer Höhenlage (Simulationseinheit 84) abgebildet und in 8.18 ist die Konzentrationshäufigkeitsverteilung für ein Gewässer (Simulationseinheit 94) dargestellt . Die Entfernung zum Deich der drei Simulationseinheiten lag zwischen 150 und 250 m (Anhang E.1). Alle drei Histogramme zeigten eine zweigipflige Konzentrationsverteilung. Die Werte der geringsten Konzentrationsklasse stellten überwiegend Nullwerte dar, entsprechend den Simulationsläufen, bei denen die Schadstofffahne nicht den Übergang zwischen Deckschicht und Aquifer erreicht hatte. Die übrigen Konzentrationswerte ergaben sich je nach erfolgtem Schadstoffabbau

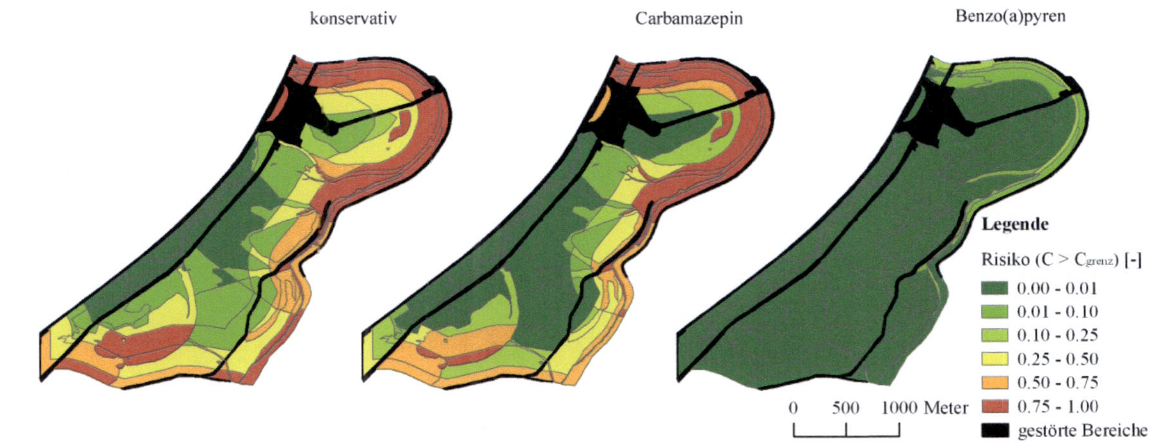

Abbildung 8.17.: Risiko der Überschreitung der Grenzkonzentration (C_{grenz}) am Übergang Deckschicht - Aquifer für einen konservativen Stoff, für Carbamazepin und für Benzo(a)pyren

und Umfang der Schadstoffvermischung am Übergang zwischen Makroporen und Unterboden.

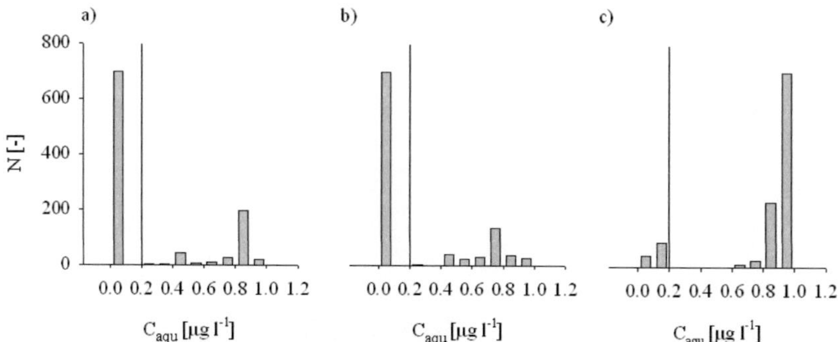

Abbildung 8.18.: Histogramme der Schadstoffkonzentration am Übergang Deckschicht - Aquifer für Carbamazepin, a): Simulationseinheit 21 (forstliche Nutzung, mittlere Höhenlage), b): Simulationseinheit 84 (landwirtschaftliche Nutzung, mittlere Höhenlage), c): Simulationseinheit 94 (Gewässer) ($C_{grenz} = 0.2 \mu g l^{-1}$), Lage der Simulationseinheiten siehe Anhang E.1

Auf den forst- und landwirtschaftlich genutzten Standorten erreichten die Schadstofffahnen in den meisten Simulationsläufen die Oberkante des Aquifers nicht. Auf dem Gewässerstandort findet bei nahezu allen Modelläufen ein Schadstoffaustrag in den Aquifer statt. Nur bei einem geringen Anteil der Simulationen wurden keine Stoffausträge oder Konzentrationen kleiner als die Grenzwertkonzentration ($C_{grenz} = 0.2 \mu g l^{-1}$) berechnet.

146

9. Zusammenfassung

In der vorliegenden Arbeit wurden die Strömungs- und Transportprozesse in der Deckschicht eines Hochwasserretentionsraums analysiert. Für die Bodenwasserströmung während eines Flutungsereignisses wurden drei Strömungsphasen ausgewiesen (FP1-3). Hierauf aufbauend wurde unter Verwendung von analytischen Lösungen der Strömungsgleichungen das Transportmodell FWInf entwickelt. Das Modell beschreibt den eindimensional vertikalen und advektiven Transport von Schadstoffen über die Deckschicht in den darunterliegenden Aquifer. Mit Hilfe des Modells FWInf wurden die relevanten Strömungs- und Transportparameter für einen Schadstoffeintrag über die Deckschicht in den Aquifer identifiziert. Unter Berücksichtigung der großräumigen und lokalen Variabilität der Bodeneigenschaften wurde basierend auf dem Modell FWInf eine Methode zur Risikoberechnung der Grundwassergefährdung für einen Hochwasserretentionsraum entwickelt. Als Anwendungsbeispiel für diese Methode wurde der geplante Retentionsraum Rappenwört-Bellenkopf am Rhein (südwestlich Karlsruhe) gewählt. Für dieses Gebiet wurden die verfügbaren Daten zum Deckschichtaufbau um eigene Untersuchungen ergänzt sowie die Unsicherheiten der relevanten Strömungs- und Tranportparameter zusammengestellt. Die Bodenparameter wurden, soweit Informationen vorlagen, in Abhängigkeit der Landnutzung im Gebiet (Forst-, Landwirtschaft und Gewässer) aus den verfügbaren Daten bestimmt. Für drei verschiedene Schadstoffarten (konservativ, Carbamazepin und Benzo(a)pyren) sowie ein definiertes Flutungsereignis wurde anschließend das Risiko der Überschreitung einer Grenzkonzentration am Übergang Deckschicht - Aquifer berechnet.

Im Folgenden werden die wesentlichen Ergebnisse der Arbeit zusammengefasst.

- Das entwickelte Modell FWInf konnte mit Hilfe eines numerischen Modells (HYDRUS1D) erfolgreich validiert werden. Für die verwendeten mittleren Strömungsverhältnisse ergab sich eine gute Übereinstimmung zwischen den Konzentrationsverteilungen sowie den Volumen- und Massenflüssen. Die größten Abweichungen ergaben sich für die Schadstoffverlagerung während der Bodendrainage (Strömungsphase FP3) sowie für die Schadstofffreisetzung aus den Sedimenten. In beiden Fällen ermittelt das Modell FWInf im Vergleich zum numerischen Modell geringfügig überhöhte Schadstoffflüsse. Für die Strömungsphase FP1 berechnete das Modell FWInf zu lange Aufsättigungszeiten. Durch Vergleich mit einem Säulenexperiment wurde gezeigt, dass sowohl das beide Modelle (HYDRUS1D und FWInf) die gemessene Aufsättigungszeit überschätzen. Dies kann unter Umständen auf eine nicht vollständige Aufsättigung der Bodensäule während des Infiltrationsvorgangs zurückgeführt werden. Im Vergleich mit dem numerischen Modell konnte durch die Verwendung des Modells FWInf die erforderliche Berechnungszeit deutlich reduziert werden, wodurch die Verwendung des Modells im Rahmen der Risikoberechnung ermöglicht wurde.

9. Zusammenfassung

- Im Rahmen einer Sensitivitätsanalyse wurden die Bodenparameter identifiziert, die den größten Einfluss auf die berechnete Schadstoffverlagerung in den Aquifer aufweisen. Eine besonders große Sensitivität wurde für die Lageparameter innerhalb des Retentionsraums ermittelt. Mit zunehmender Nähe zum landseitigen Deich nimmt die berechnete Druckhöhendifferenz zwischen Flutungswasserspiegel und Grundwasserdruckhöhe im Aquifer zu, wodurch auch die Schadstoffflüsse über die Deckschicht ansteigen. Die Druckhöhendifferenz wird neben den Deckschicht- und Aquifereigenschaften durch die Grundwasserabsenkung auf Grund von Wasserhaltungsmaßnahmen entlang des landseitigen Deichs beeinflusst. Die Höhenlage eines Standorts beeinflusst die Mächtigkeit der Deckschicht. Auf den höheren Lagen werden daher sowohl geringere hydraulische Gradienten zwischen Geländeoberkante und Aquifer als auch längere Aufenthaltszeiten von Schadstoffen berechnet, wodurch sich geringere Schadstoffflüsse ergeben. Insbesondere in Bereichen mit geringmächtiger Deckschicht (z.B. Flächen in Niederungen oder Gewässerbereiche) ergeben sich dem gegenüber hohe Schadstoffflüsse in den Aquifer. Bei den hydraulischen Parametern dominiert im Oberboden die Makroporenporosität, da bei Anwesenheit von Makroporen nahezu der gesamte Schadstofffluss im Oberboden über diese erfolgt. Im Unterboden zeigte die wassergesättigte hydraulische Leitfähigkeit des Bodenmaterials den größten Einfluss auf die Schadstoffverlagerung. Durch die Makroporenströmung können auch stark sorbierende Schadstoffe in den Unterboden verlagert werden, so dass unter den Transportparametern insbesondere der Gehalt an organischem Kohlenstoff im Unterboden eine wichtige Rolle spielt. Bei den Schadstoffeigenschaften zeigt der Oktanol-Wasser Verteilungskoeffizient einen wesentlich Einfluss auf die Schadstoffverlagerung in den Aquifer. Bei hohen Verteilungskoeffizienten ($K_{ow} > 3-4$) trat im Mittel kein Massenfluss in den Aquifer mehr auf. Auch das Verhältnis zwischen den über das Flutungswasser und über die Sedimente in die Deckschicht eingetragenen Schadstoffmassen hängt stark vom Verteilungskoeffizienten des Schadstoffs ab. Bei hohen Verteilungskoeffizienten kann je nach Sedimentkonzentration und -belastung der Eintrag mit den Sedimenten dominieren.

- Neben den Bodenparametern wurde auch versucht, den Einfluss der berücksichtigten Strömungs- und Transportprozesse zu bewerten. Der Einfluss der kinetischen Sorption auf die Schadstoffverlagerung wird durch die mittlere hydraulische Aufenthaltszeit in der Deckschicht bestimmt. Hierbei zeigte sich, dass für das betrachtete Flutungsszenario die berechneten Sorptionsraten zu groß sind, um einen Einfluss auf die Schadstoffverlagerung auszuüben. Es kann daher davon ausgegangen werden kann, dass die Sorption vorwiegend unter Gleichgewichtsbedingungen stattfindet. Die Untersuchung des möglichen Schadstoffabbaus in der Deckschicht ergab, dass die hierfür maßgeblichen Schadstoffaufenthaltszeiten im Hochwasserretentionsraum sehr unterschiedlich sind. Insbesondere auf deichnahen Standorten sowie für geringe und mittlere Schadstoffsorptivität sind die berechneten Aufenthaltszeiten zu kurz, um einen signifikanten Schadstoffabbau während des Transports durch die Deckschicht zu ermöglichen.

- Im Rahmen eines Anwendungsbeispiels für die Risikoberechnung konnte die räumliche Variabilität der Schadstoffflüsse und das Risiko eines Schadstoffaustrags in den Aquifer auf dem Gebiet des geplanten Retentionsraum Rappenwört-Bellenkop ermittelt werden. Die Ergebnisse stützen die mit Hilfe der Sensitivitätsuntersuchung identifizierten wesentlichen Bodenparameter für die Schadstoffverlagerung. Die größten Schadstoffeinträge in den Aquifer wurden auf den deichnahen und tief liegenden Flächen ermittelt. Wie erwartet, nehmen die berechneten Schadstoffflüsse mit zunehmender Entfernung zum landseitigen Deich ab. Auf den tief liegenden Gewässerstandorten mit geringmächtiger Deckschicht wurden jedoch auch in größerer Entfernung zum Deich signifikante Massenverlagerungen in die Deckschicht und in den Aquifer berechnet. Der Vergleich der Ergebnisse der landwirtschaftlichen und forstwirtschaftlichen Standorte zeigte, dass wegen geringerer Makroporenporosität auf den landwirtschaftlichen Standorten bei ähnlicher Lage im Retentionsraum etwas niedrigere Schadstofffrachten berechnet wurden. Die berechneten Schadstoffausträge in den Aquifer für einen konservativen Schadstoff sowie das schwach sorbierende Pharmazeutikum Carbamazepin unterschieden sich nur geringfügig. Für das stark sorbierende PAK Benzo(a)pyren wurde jedoch für das gewählte Flutungsereignis im Mittel keine Schadstoffverlagerung in den Aquifer berechnet.

Die in Kapitel 1 dargelegte Zielsetzung konnte im Zuge der Arbeit umgesetzt werden. Im Zusammenhang mit der Bearbeitung des Themas traten jedoch einige Fragestellungen auf, die im Weiteren kurz dargestellt werden sollen und als Anlass für weiterführende Forschungstätigkeit dienen können.

Die Berechnung der Schadstoffverlagerung beruht auf einigen Annahmen zu den hydraulischen Verhältnissen im Retentionsraums während eines Flutungsereignisses. Zur Überprüfung der sich hieraus ergebenden Modellvorhersagen wäre es hilfreich, diese mit den hydraulischen Bedingungen während der Flutung eines bestehenden Retentionsraums zu vergleichen (z.B. Reichweite der Absenkung der Grundwasserdruckhöhe innerhalb des Retentionsraums).

Für die Makroporen im oberen Bereich der Deckschicht wurde angenommen, dass sich ihre hydraulische Wirksamkeit während der Strömungsphasen FP1 und FP2 nicht ändert. Durch Kolmationsprozesse kann jedoch eine teilweise Inaktivierung der Makroporen erfolgen. Das Verständnis des Makroporenverhaltens unter Überstaubedingungen ist jedoch bisher nur ungenügend untersucht worden.

In der vorliegenden Arbeit wurde von einer vollständigen Aufsättigung des Bodens während der Strömungsphase FP1 ausgegangen. Wird der Porenraum des Bodens nur unvollständig aufgesättigt, kann durch die resultierenden Lufteinschlüsse die hydraulische Leitfähigkeit des Bodens reduziert werden. Durch die Berücksichtigung der Luftphase bei der Modellierung könnte eine bessere Abschätzung der Infiltrationsprozesse ermöglicht werden.

Das RedOx-Milieu im Boden kann sich während eines Flutungsereignisses ändern. Dies kann u.a. zur Änderung der Löslichkeit von Metallen im Boden führen oder die Abbaubarkeit von organischen Schadstoffen beeinflussen. Ob und unter welchen Randbedingungen eine Berücksichtigung dieser Prozesse erforderlich ist, könnte Gegenstand weiterführender Forschung sein.

Im vorliegenden Fall wurde die Risikoanalyse für den Schadstoffeintrag während eines einmaligen Flutungsereignisses mit großen Einstauhöhen untersucht. Ein interessanter Aspekt ergäbe sich aus der Untersuchung des Schadstoffeintrags und -transports in der Bodenzone für wiederholte Hochwasserereignisse mit z.T. geringen Einstauhöhen. Diese Form des Betriebs wird u.a. für bestehende Retentionsräume verwendet, damit die dort vorhandenen Tier- und Pflanzengesellschaften sich wieder an die ursprünglichen Bedingungen in Flussauen anpassen können. Hierbei könnte u.a. untersucht werden, in welchem Maße Schadstoffe in die Auenböden eingetragen werden und ob der Schadstoffabbau in der Deckschicht gegenüber dem Schadstofftransport in tiefere Bodenbereiche überwiegt.

Literaturverzeichnis

AG Boden (1982). *Bodenkundliche Kartieranleitung - 3. Auflage.* Beil, Hannover.

AG Boden (1994). *Bodenkundliche Kartieranleitung - 4. Auflage.* E. Schweizerbart'sche Verlagsbuchhandlung, Stuttgart.

AG Boden (2005). *Bodenkundliche Kartieranleitung - 5. Auflage.* E. Schweizerbart'sche Verlagsbuchhandlung, Stuttgart.

Ahuja, L. & Hebson, C. (1992). *Root zone water quality model.* Number 2. USDA, ARS, Fort Collins.

Baalousha, H. M. (2004). *Risk assessment and uncertainty analysis in groundwater modelling.* Dissertation, RWTH Aachen.

Baker, J., Mihelcic, J., Luehrs, D. & Hickey, J. (1997). Evaluation of estimation methods for organic carbon normalized sorption coefficients. *Water Environ Res*, 69, 136–145.

BBodSchV (1999). Bundes-Bodenschutz- und Altlastenverordnung vom 12. Juli 1999. *BGBl*, 1, 1554.

Bear, J. (1979). *Hydraulics of groundwater.* McGraw Hill, Columbus.

Bechler, K. & Hofmann, B. (1996). *Bodenkundliche Untersuchungen im Bereich des geplanten Polders Kastenwört/Bellenkopf, Arbeitsbericht 09-2/96.* Stadtwerke Karlsruhe, Karlsruhe.

Beven, K. & Clarke, R. (1986). On the variation of infiltration into a homogeneous soil matrix containing a population of macropores. *Water Resour Res*, 22, 383–388.

Beven, K. & Germann, P. (1982). Macropores and water flow in soils. *Water Resour Res*, 18(5), 1311–1325.

Bouma, J. & Dekker, L. (1978). A case study on infiltration into dry clay soil. i. morphological observations. *Geoderma*, 20, 27–40.

Bronstert, A. (1999). Capabilities and limitations of detailed hillslope hydrological modelling. *Hydrol Process*, 13, 121–148.

Brooks, R. & Corey, A. (1964). *Hydraulic properties of porous media - Hydrology Paper 3.* Colorado State University, Fort Collins.

Brown, B. & Lovato, J. (2008). Ranlib, library of fortran routines for random number generation. http://lib.stat.cmu.edu/general/Utexas/ranlib.readme.

Brusseau, M., Larsen, T. & Christensen, T. (1991). Rate-limited sorption and nonequilibrium transport of organic chemicals in low organic carbon aquifer materials. *Water Resour Res*, 27(6), 1137–1145.

Buckingham, E. (1907). *Studies in the movement of soil moisture, No. 38.* U.S. Department of Agriculture, Washington D.C.

Busch, R. & Fleck, W. (1997). *Bodenkarte von Baden-Württemberg, Blatt 7015 Rheinstetten.* Geologisches Landesamt Baden-Württemberg, Freiburg.

Carsel, R. F. & Parrish, R. S. (1988). Developing joint probability distributions of soil water retention characteristics. *Water Resour Res*, 24(5), 755–769.

Casella, G. & George, E. (1992). Explaining the Gibbs sampler. *Am Stat*, 46, 167–174.

Cawlfield, J. & Wu, M.-C. (1993). Probabilistic analysis for one-dimensional reactive transport in porous media. *Water Resour Res*, 29, 661–672.

Chen, C. & Wagenet, R. (1992). Simulation of water and chemicals in macropore soils. Part1. Representation of the equivalent macropore influence and its effect on soilwater flow. *J Hydrol*, 130, 105–126.

Cheng, Y. & Melching, C. (1986). *Stochastic and risk analysis in hydraulic engineering*. Water Resources Publications, Highlands Ranch.

Dagan, G. (1989). *Flow and transport in porous formation*. Springer Verlag, New York.

Darcy, H. (1856). *Les fontaines publiques de la Ville de Dijon*. Victor Dalmont, Paris.

Deutsch, C. (2002). *Geostatistical reservoir modelling*. Oxford University Press, New York.

Diester, E. (2000). Einführung. In K. Friese, B. Witter, G. Miehlich, & M. Rode (Eds.), *Stoffhaushalt von Auenökosystemen*: Springer Verlag, Berlin.

DIN 19682 (2007). *Bodenuntersuchungsverfahren im landwirtschaftlichen Wasserbau - Felduntersuchungen. Teil 7: Bestimmung der Infiltrationsrate mit dem Doppelzylinder - Infiltrometer*. Deutsches Institut für Normung e.V. (DIN), Berlin.

DIN 19700 (2005). *Stauanlagen*. Deutsches Institut für Normung e.V. (DIN), Berlin.

DIN 38409 (2008). *Deutsche Einheitsverfahren zur Wasser-, Abwasser- und Schlammuntersuchung*. Deutsches Institut für Normung e.V. (DIN), Berlin.

DIN 4220 (2005). *Bodenkundliche Standortbeurteilung, Kennzeichnung, Klassifizierung und Ableitung von Bodenkennwerten*. Deutsches Institut für Normung e.V. (DIN), Berlin.

Durner, W. (1994). Hydraulic conductivity estimation for soils with heterogeneous pore structure. *Water Resour Res*, 30, 211–223.

DVWK (1997). *Sanierung kontaminierter Böden - Schriftenreihe des DVWK Nr. 116*. Wirtschafts- und Verl.-Ges. Gas und Wasser, Bonn.

EPA (2009). *US EPA. [2009]. Estimation programs interface suite for microsoft windows, v 4.00*. United States Environmental Protection Agency, Washington D.C.

Fekete, Z. (2008). Beschreibung der Strömungs- und Transportvorgänge in der Bodenzone bei Infiltrationsereignissen unter Wasserüberstau. Diplomarbeit, Institut für Hydromechanik, Universität Karlsruhe.

Fetter, C. (1993). *Contaminant hydrogeology*. Prentice Hall, New Jersey.

Fiskell, J., Mansell, R., Selim, H. & Martin, F. (1979). Kinetic behavior of phosphate sorption by acid, sandy soil. *J Environ Qual*, 8, 579–584.

Fittschen, R. & Gröngröft, A. (2000). Eisen- und Manganverteilung in eingedeichten Auenböden der Mittelelbe. In K. Friese, B. Witter, & M. Rode (Eds.), *Stoffhaushalt von Auenökosystemen*: Springer Verlag Berlin.

Flerchinger, G., Watts, F. & Bloomsburg, G. (1988). Explicit solution to Green-Ampt equation for nonuniform soils. *J Irrig Drain E-ASCE*, 114, 561–565.

Flühler, H., Durner, W. & Flury, M. (1996). Lateral solute mixing processes - a key for understanding field-scale transport of water and solute. *Geoderma*, 70, 168–183.

Flury, M., Flühler, H., Jury, W. & Leuenberger, J. (1994). Susceptibility of soils to preferential flow of water: A field study. *Water Resour Res*, 30, 1945–1954.

Gelman, A., Carlin, J., Stern, H. & Rubin, D. (1995). *Bayesian data analysis*. Chapman & Hall, New York.

Gerke, H. & Van Genuchten, M. (1993). A dual-porosity model for simulating the preferential movement of water and solutes in structured porous media. *Water Resour Res*, 29, 305–319.

Gerstl, Z. (1990). Estimation of organic chemical sorption by soils. *J Contam Hydrol*, 6, 357–375.

Grathwohl, P. & Reinhard, M. (1993). Desorption of trichloroethylene in aquifer material: Rate limitation at the grain scale. *Environ Sci Technol*, 27(12), 2360–2366.

Green, W. & Ampt, G. (1911). Studies on soil physics: I. flow of air and water through soils. *J Agr Sci*, 4, 1–24.

Harbaugh, W., Banta, E. R., Hil, M. C. & McDonald, M. G. (2000). *MODFLOW-2000, the U.S. Geological Survey modular ground-water model*. U.S. Geological Survey (USGS), Reston.

Hassett, J., Banwart, W. & Griffen, R. (1983). Correlation of compound properties with sorption characteristics of nonpolar compounds by soil and sediments: Concepts and limitations. In C. Francis & S. Auerbach (Eds.), *Environmental and solid wastes characterization, treatment and disposal*. Butterworth Publishers, Newton.

Haverkamp, R., Parlange, J., Starr, J., Schmitz, G. & Fuentes, C. (1990). Infiltration under ponded conditions. 3. a predicitive equation based on physical parameters. *Soil Sci*, 149, 292–300.

Hilfer, R. (2002). Review on scale dependent characterization of the microstructure of porous media. *Transport Porous Med*, 46, 373–390.

Hillebrand, G. (2009). nicht veröffentlicht. Institut für Wasser und Gewässerentwicklung, Universität Karlsruhe (TH).

Hillier, F. & Lieberman, G. (1990). *Introduction to Operation Research*. McGraw-Hill, New York.

Holzbecher, E. (2006). Calculating the effect of natural attenuation during bank filtration. *Comput Geosci*, 32(9), 1451–1460.

Horton, R. (1940). An approach towards a physical interpretation of infiltration capacity. *Soil Sci Soc Am Pro*, 5, 399–417.

Iden, S., Gronwald, N., Peters, A., Buczko, U. & Durner, W. (2003). Erfaooung der Parameterunsicherheit im Rahmen der Sickerwasserprognose durch Markov-Chain-Monte-Carlo-Simulation (MCMC). *Mitt D Bodenkundl Gesell*, 102, 89–90.

Iman, R. & Shortencarier, M. (1984). *A FORTRAN 77 program and user's guide for the generation of latin hypercube and random samples for use with computer models, SAND83-2365*. Sandia National Laboratories, Albuquerque.

Katzenmaier, D., Fritsch, U. & Bronstert, A. (2000). Influences of land-use and land-cover changes on storm-runoff generation. In L. M. A. Bronstert, C. Bismuth (Ed.), *European conference on advances in flood research (PIK Report No. 65)* (pp. 276–284).

Kenaga, E. & Goring, C. (1980). Relationship between water solubility, soil sorption, octanol-water partitioning and concentration of chemicals in biota. In J. Eaton, P. Parrish, & A. Hendricks (Eds.), *Aquatic Toxicology ASTM STP 707, American Society for Testing and Ma-*

terials, Philadelphia.

Kitanidis, P. K. (1986). Parameter uncertainty in estimation of spatial functions: Bayesian analysis. *Water Resour Res*, 22, 499–507.

Kiureghian, A. D. & Liu, P. (1986). Structural reliability under incomplete probability information. *J Eng Mech-ASCE*, 112(1), 85–104.

Kleineidam, S., Rügner, H. & Grathwohl, P. (1999). Slow sorption in heterogeneous aquifer material. *Environ Toxicol Chem*, 19, 1673–1678.

Klimo, E. & Hager, H. (2001). *The floodplain forests in Europe: current situation and perspectives.* Brill Academic Publishers, Boston.

Klir, G. (1994). The many faces of uncertainty. In B. Ayyub & M. Gupta (Eds.), *Uncertainty Modeling and Analysis: Theory and applications*: Elsevier Science, München.

Klute, A. (1986). *Methods of Soil Analysis.* American Society of Agronomy / Soil Science Society of America, Madison.

Kool, J. & Parker, J. (1987). *Estimating Soil Hydraulic Properties from Transient Flow Experiments - SFIT's Users Guide.* Virginia Polytechnic Institute and State University, Blacksburg.

Kramer, W. (1987). *Erläuterungen zu den Standortskarten der Rheinauewaldungen zwischen Mannheim und Karlsruhe.* Ministerium für Ernährung, Landwirtschaft und Forsten, Stuttgart.

Kroiss, H., Zessner, M., Schilling, C., Kavka, G., Farnleitner, A., Mach, R., Blaschke, A. P., Kimbauer, R., Tentschert, E., Hassler, C. & Strelec, H. (2006). *Auswirkung von Versickerung und Verrieselung von durch Kleinkläranlagen mechanisch-biologisch gereinigtem Abwasser in dezentralen Lagen.* Lebensministerium Österreich, Wien.

Käss, W. (1992). *Lehrbuch der Hydrogeologie, Band 9: Geohydrologische Markierungstechnik.* Gebrüder Borntraeger, Stuttgart.

Kutílek, M. & Nielsen, D. R. (1994). *Soil Hydrology.* Catena Verlag, Reiskirchen.

Larsbo, M. & Jarvis, N. (2003). *MACRO 5.0. a model of water flow and solute transport in macroporous soil.* Department of Soil Science, Swedish University of Agricultural Science, Uppsala.

Lee, P. M. (1997). *Bayesian Statistics.* Oxford University Press, New York.

Leonard, J., Esteves, M., Perrier, E. & de Marsily, G. (1999). A spatialized overland flow approach for the modelling of large macropores influence on water infiltration. In *International workshop of EurAgEng's field of interest on soil and water, Leuven* (pp. 313–322).

Li, Y. & Ghodrati, M. (1997). Preferential transport of solute through soil columns containing constructed macropores. *Soil Sci Soc Am J*, 61, 1308–1317.

Logsdon, S., Nachabe, M. & Ahuja, L. (1996). *Macropore Modeling: State of the Science - Information Series No. 86.* Colorado State University, Fort Collins.

Mantoglou, A. & Gelhar, L. (1987). Stochastic modeling of large-scale transient unsaturated flow systems. *Water Resour Res*, 23, 37–46.

Marquardt, D. (1963). An algorithm for least-square estimation of nonlinear parameters. *J Soc Ind Appl Math*, 11, 431–441.

Massmann, G., Sültenfuß, J., Dünnbier, U., Knappe, A., Taute, T. & Pekdeger, A. (2008). Investigation of groundwater residence times during bank filtration in Berlin: A multi-tracer approach. *Hydrol Process*, 22(6), 788–801.

Meyberg, K. & Vachenauer, P. (1999). *Höhere Mathematik 1.* Springer Verlag, Berlin.

Meyer, P., Rockhold, M. & Gee, G. (1997). *Uncertainty Analyses of Infiltration and Subsurface Flow and Transport for SDMP Sites, Rep. NUREG/CR-6565.* U.S. Nuclear Regulatory Commission, Washington D.C.

Middelkoop, H. & Asselman, N. (1998). Spatial variability of flood plain sedimentation at the event scale in the Rhine-Meuse-delta, The Netherlands. *Earth Surf Proc Land,* 23, 561–573.

Miehlich, G. (2000). Eigenschaften, Genese und Funktionen von Böden in Auen Mitteleuropas. In K. Friese, B. Witter, G. Miehlich, & M. Rode (Eds.), *Stoffhaushalt von Auenökosystemen.* Springer Verlag, Berlin.

Münchener Rück (2005). *Weather catastrophes and climate change, Is there still hope for us?* Münchener Rück, München.

Mohrlok, U. (2001). *Grundwasserdynamik in Vorland- und Auenbereichen: Teilprojekt des BMBF-Verbundprojekts Morphodynamik der Elbe.* Institut für Hydromechanik, Universität Karlsruhe (TH), Karlsruhe.

Montenegro, H. (1994). *Parameterbestimmung und Modellierung der Wasserbewegung in heterogenen Böden.* Dissertation, Universität Karlsruhe (TH), Institut für Hydromechanik.

Montenegro, H., Holfelder, T. & Wawra, B. (2000). Modellierung der Austauschprozesse zwischen Oberflächen- und Grundwasser in Flussauen. In K. Friese, B. Witter, & M. Rode (Eds.), *Stoffhaushalt von Auenökosystemen*: Springer Verlag, Berlin.

Mualem, Y. (1976). A new model for predicting the hydraulic conductivity of unsaturated porous media. *Water Resour Res,* 12, 513–522.

Neuman, S. (1976). Wetting front pressure head in the infiltration model of green and ampt. *Water Resour Res,* 12(3), 564–566.

Neuweiler, I. & Cirpka, O. (2005). Homogenization of Richards equation in permeability fields with different connectivities. *Water Resour Res,* 41(2), W02009.

Nielsen, D., Van Genuchten, M. & j.W. Biggar (1986). Water flow and solute transport in the unsaturated zone. *Water Resour Res,* 22(9), 89–108.

Nkedi-Kizza, P., Biggar, J., Selim, H., van Genuchten, M., Wierenga, P., Davidson, J. & Nielsen, D. (1984). On the equivalence of two conceptual models for describing ion exchange during transport through an aggregated oxisol. *Water Resour Res,* 20, 1123–1130.

Philip, J. (1957). The theory of Infiltration: 1. the infiltration equation and its solution. *Soil Sci,* 84, 257–267.

Piggott, J. & Cawlfield, J. (1996). Probabilistic sensitivity analysis for one-dimensional contaminant transport in the vadose zone. *J Contam Hydrol,* 24, 97–115.

Plate, E. (1993). *Statistik und angewandte Wahrscheinlichkeitslehre für Bauingenieure.* Ernst & Sohn Verlag, Berlin.

Raiffa, H. & Schlaifer, R. (1961). *Applied Statistical Decision Theory.* Harvard University.

Reincke, H. & Spott, D. (2000). *Protokoll einer Wiederholungs-Messfahrt auf der Mittelelbe.* Arbeitsgemeinschaft für die Reinhaltung der Elbe, Magdeburg.

Rügner, H., Holder, T., Ronecker, U., Schiffler, G., Grathwohl, P. & Teutsch, G. (2004). Natural Attenuation-Untersuchungen Teerölproduktefabrik/ehemaliges Gaswerk Kehl. *Grundwasser,* 1, 43–53.

Literaturverzeichnis

Richards, L. (1931). Capillary conduction of liquids through porous mediums. *Physics*, 1, 318–333.

Roberts, P., Goltz, M., Summers, R., Crittenden, J. & Nkedi-Kizza, P. (1987). The influence of mass transfer on solute transport in column experiments with an aggregated soil. *J Contam Hydrol*, 1, 375–393.

Ruan, H. & Illangasekare, T. (1998). A model to couple overland flow and infiltration into macroporous vadose zone. *J Hydrol*, 210, 116–127.

Russo, D. (1992). Determining soil hydraulic properties by parameter estimation: On the selection of a model for the hydraulic properties. *Water Resour Res*, 28, 397–409.

Schafmeister, M. (1999). *Geostatistik für die hydrogeologische Praxis*. Springer Verlag, Berlin.

Scharf, S. (2006). *Carbamazepin und Koffein - Potenzielle Screeningparameter für Verunreinigungen des Grundwassers durch kommunales Abwasser?* Umweltbundesamt, Wien.

Scheffer, F. & Schachtschabel, P. (1998). *Lehrbuch der Bodenkunde*. Enke Verlag Stuttgart.

Schäfer, D. (1999). *Bodenhydraulische Eigenschaften eines Kleineinzugsgebietes - Vergleich und Bewertung unterschiedlicher Verfahren*. Dissertation, Universität Karlsruhe (TH).

Schüth, C. (1994). *Sorptionskinetik und Transportverhalten von polyzyklischen aromatischen Kohlenwasserstoffen (PAK) im Grundwasser - Laborversuch*. Dissertation, Tübinger Geowissenschaftliche Arbeiten (TGA), C19, Universität Tübingen.

Schulz, E., Heinrich, K. & Klimanek, E.-M. (2000). Abschätzung der Mobilität und Verfügbarkeit von Organochemikalien im Boden. In K. Friese, B. Witter, & M. Rode (Eds.), *Stoffhaushalt von Auenökosystemen*: Springer Verlag Berlin.

Schwarzenbach, R., Gschwend, P. & Imboden, D. (2003). *Environmental Organic Chemistry*. John Wiley & Sons, New Jersey.

Selim, H., Davidson, J. & Mansell, R. (1976). Evaluation of a two-site adsorption-desorption model for describing solute transport in soil. In *Proceedings of the computer simulation conference. American Institute of Chemical Engineers, Washington D.C.* (pp. 444–448).

Serrano, S. & Workman, S. (1998). Modeling transient stream/aquifer interaction with the non-linear Boussinesq equation and its analytical solution. *J Hydrol*, 206, 245–255.

Simunek, J., Jarvis, N. J., Van Genuchten, M. & Gärdenäs, A. (2003). Review and comparison of models for describing non-equilibrium and preferential flow and transport in the vadose zone. *J Hydrol*, 272, 14–35.

Simunek, J., Van Genuchten, M. & Sejna, M. (2005). *The HYDRUS-1D software package for simulating the one-dimensional movement of water, heat and multiple solutes in variably-saturated media*. University of California, Riverside.

Simunek, J., Van Genuchten, M. & Sejna, M. (2006). *The HYDRUS software package for simulating the two- and three-dimensional movement of water, heat and multiple solutes in variably-saturated media*. PC Progress, Prag.

Sommer, T. (2004). *Das unsichtbare Hochwasser - Auswirkungen des August-Hochwassers 2002 auf das Grundwasser im Stadtgebiet von Dresden*. Dresdner Grundwasserforschungszentrum e.V., Dresden.

Teutsch, G. & Hofmann, B. (1990). *Großpump- und Tracerversuch, Technischer Bericht Nr. 90/5*. Universität Stuttgart, Stuttgart.

Torquato, S. (2002). *Random heterogeneous materials.* Springer, New York.

TrinkwV (2001). Verordnung über die Qualität von Wasser für den menschlichen Gebrauch. *BGBl,* 1, 959.

USDA (1998). *Keys to soil taxonomy.* United States Department of Agriculture Natural Resources Conservation Service, Washington D.C.

Van Genuchten, M. (1980). A closed-form equation for predicting the hydraulic conductivity of unsaturated soils. *Soil Sci Soc Am J,* 58, 647–652.

Van Genuchten, M., Davidson, J. & Wierenga, P. (1974). An evaluation of kinetic and equilibrium equaions for the prediction of pesticide movement through porous media. *Soil Sci Soc Am Pro,* 38, 29–35.

Van Genuchten, M. & Waganet, R. (1989). Two-site/two-region models for pesticide transport and degradation: Theoretical development and analytical solutions. *Soil Sci Soc Am J,* 53(5), 1303–1310.

Vischer, D. & Huber, A. (1993). *Wasserbau.* Springer-Lehrbuch Berlin.

Vrugt, J. & Bouten, W. (2002). Validity of first-order approximations to describe parameter uncertainty in soil hydrologic models. *Soil Sci Soc Am J,* 66, 1740–1751.

Wallbaum, E. (1991). *Ableitungen von Informationen zur Bodenkartierungen aus Ergebnissen der Reichsbodenschätzung.* Dissertation, Humboldt Universität Berlin.

Wang, W., Neuman, S., m. Yao, T. & Wierenga, P. (2003). Simulation of large-scale field infiltration experiments using a hierachy of models based on public, generic and site data. *Vadose Zone J,* 2, 297–312.

WBGU (1998). *Welt im Wandel - Strategien zur Bewältigung globaler Umweltrisiken, Jahresbericht des Wissenschaftlichen Beirats der Bundesregierung Globale Umweltverändung.* Springer Verlag Berlin.

Weiler, M. (2005). An infiltration model based on flow variability in macropores: Development, sensitivity analysis and applications. *J Hydrol,* 310, 294–315.

Weiler, M. & Naef, F. (2003). An experimental tracer study of the role of macropores in infiltration in grassland soils. *Hydrol Process,* 17, 477–493.

Wilson, G., Jardine, P. & Gwo, J. (1991). Modeling the hydraulic properties of a multi-region soil. *Soil Sci Soc Am J,* 56, 1731–1737.

Winde, F. (2000). Der hochwassergebundene Schwermetalltransport als Ursache der Bodenkontamination in der Saaleaue bei Halle. In K. Friese, B. Witter, & M. Rode (Eds.), *Stoffhaushalt von Auenökosystemen.* Springer Verlag, Berlin.

Witter, B., Francke, W., Franke, S., Knauth, H.-D. & Miehlich, G. (1998). Distribution and mobility of organic micropollutants in river elbe floodplains. *Chemosphere,* 37, 63–78.

Workman, S., S.E.Serrano & Liberty, K. (1997). Development and application of an analytical model of stream/aquifer interaction. *J Hydrol,* 200, 149–163.

WRRL (2000). Richtlinie 2000/60/EG des europäischen Parlaments und des Rates vom 23. Oktober 2000 zur Schaffung eines Ordnungsrahmens für Maßnahmen der Gemeinschaft im Bereich der Wasserpolitik. *ABl,* L 327, 1–72.

Wäsch, M. (2007). Bestimmung von Parametern des Schadstofftransports im Boden für den geplanten Hochwasserrückhalteraum Bellenkopf/Rappenwört. Diplomarbeit, Institut für Geographie und Geoökologie I, Universität Karlsruhe (TH).

Wu, S. & Gschwend, P. (1986). Sorption kinetics of hydrophobic organic compounds to natural sediments and soils. *Environ Sci Technol*, 20(7), 715–725.

Wu, S. & Gschwend, P. (1988). Numerical modeling of sorption kinetics of organic compounds to soil and sediment particles. *Water Resour Res*, 24, 1373–1383.

Zhang, D. (2002). *Stochastic methods for flow in porous media*. Academic Press.

Zheng, C. & Bennett, G. (2002). *Applied contaminant transport modeling*. Wiley Interscience, New Jersey.

A. Vergleich der Bodenarten nach DIN 4220 und USDA

Tabelle A.1.: Vergleich der Bodenarten nach DIN 4220 (2005) und USDA Klassifikation

Bodenartenhauptgruppen (KA5)	Bodenarten (KA5)	Bodenarten (USDA)
Sande	Ss	sand
Sande	St2	loamy sand
Sande	Su2	loamy sand
Sande	Sl2	sandy loam
Sande	Sl3	sandy loam
Sande	Su3	sandy loam
Sande	Su4	sandy loam
Lehme	Slu	loam
Lehme	Sl4	sandy loam
Lehme	St3	sandy clay loam
Lehme	Ls4	sandy clay loam
Lehme	Ls3	loam
Lehme	Ls2	loam
Lehme	Ts4	sandy clay loam
Lehme	Lts	clay loam
Lehme	Lt2	clay loam
Lehme	Ts3	sandy clay
Schluffe	Us	silt loam
Schluffe	Uu	silt
Schluffe	Uls	silt loam
Schluffe	Ut2	silt loam
Schluffe	Ut3	silt loam
Schluffe	Lu	silt loam
Schluffe	Ut4	silt loam
Tone	Lt3	silty clay loam
Tone	Tu3	silty clay loam
Tone	Tu4	silty clay loam
Tone	Ts2	clay
Tone	Tl	clay
Tone	Tu2	silty clay
Tone	Tt	clay

B. Bodenhydraulische Werte nach Carsel u. Parrish (1988)

Tabelle B.1.: Bodenhydraulische Parameter nach CARSEL & PARRISH (1988)

Bodenarten (USDA)	Bodenarten- hauptgruppen (KA5)	θ_r [−]		θ_s [−]		α_{vg} [m^{-1}]		n_{vg} [−]		k_s [ms^{-1}]	
		μ_0	σ_0	μ_0	σ_0	μ_0	σ_0	μ_0	σ_0	μ_0	σ_0
sand	Sande	0.05	0.01	0.43	0.06	1.45	2.90	2.68	0.29	$8.25 \cdot 10^{-5}$	$4.33 \cdot 10^{-5}$
sandy loam	Sande	0.07	0.02	0.41	0.09	0.75	3.70	1.89	0.17	$1.23 \cdot 10^{-5}$	$1.56 \cdot 10^{-5}$
loamy sand	Sande	0.06	0.02	0.41	0.09	1.24	4.30	2.28	0.27	$4.05 \cdot 10^{-5}$	$3.16 \cdot 10^{-5}$
sandy clay loam	Lehme	0.10	0.01	0.39	0.07	5.90	3.80	1.48	0.13	$3.64 \cdot 10^{-6}$	$7.61 \cdot 10^{-6}$
loam	Lehme	0.08	0.01	0.43	0.10	0.04	2.10	1.56	0.11	$2.89 \cdot 10^{-6}$	$5.06 \cdot 10^{-6}$
clay loam	Lehme	0.10	0.01	0.41	0.09	0.02	1.50	1.31	0.09	$7.22 \cdot 10^{-7}$	$1.94 \cdot 10^{-6}$
sandy clay	Lehme	0.10	0.01	0.38	0.05	2.70	1.70	1.23	0.10	$3.33 \cdot 10^{-7}$	$7.78 \cdot 10^{-7}$
silt	Schluffe	0.03	0.01	0.46	0.11	1.60	0.7	1.37	0.05	$6.94 \cdot 10^{-7}$	$9.17 \cdot 10^{-7}$
silt loam	Schluffe	0.10	0.02	0.45	0.08	2.00	1.20	1.41	0.12	$1.25 \cdot 10^{-6}$	$3.42 \cdot 10^{-6}$
silty clay loam	Tone	0.10	0.01	0.43	0.07	1.00	0.60	1.23	0.06	$1.94 \cdot 10^{-7}$	$5.28 \cdot 10^{-7}$
clay loam	Tone	0.10	0.01	0.41	0.09	1.90	1.50	1.31	0.09	$7.22 \cdot 10^{-7}$	$1.94 \cdot 10^{-6}$
clay	Tone	0.07	0.03	0.38	0.09	0.8	1.2	1.09	0.09	$5.56 \cdot 10^{-7}$	$1.17 \cdot 10^{-6}$

Tabelle B.2.: Residual- und Sättigungswassergehalt für Bodenartenhauptgruppen nach Carsel & Parrish (1988)(1)

Bodenarten-	θ_r $[-]$		θ_s $[-]$	
hauptgruppen	$\bar{x}$	sa	$\bar{x}$	sa
Sande	$5.57 \cdot 10^{-2}$	$1.40 \cdot 10^{-2}$	0.42	0.08
Lehme/Schluffe	$7.90 \cdot 10^{-2}$	$1.12 \cdot 10^{-2}$	0.42	0.08
Tone	$7.52 \cdot 10^{-2}$	$2.20 \cdot 10^{-2}$	0.39	0.08

Tabelle B.3.: Van Genuchten Parameter für Bodenartgruppen nach Carsel & Parrish (1988)(?)

Bodenarten-	α_{vg} $[m^{-1}]$		n_{vg} $[-]$		k_s $[ms^{-1}]$	
hauptgruppe	μ_0	σ_0	μ_0	σ_0	μ_0	σ_0
Sande	11.47	3.63	2.28	0.24	$4.51 \cdot 10^{-5}$	$3.22 \cdot 10^{-5}$
Lehme/Schluffe	4.43	5.68	1.39	0.10	$1.59 \cdot 10^{-6}$	$4.09 \cdot 10^{-6}$
Tone	0.77	0.77	1.14	0.07	$2.69 \cdot 10^{-7}$	$3.52 \cdot 10^{-7}$

C. Sensitivitätsstudie

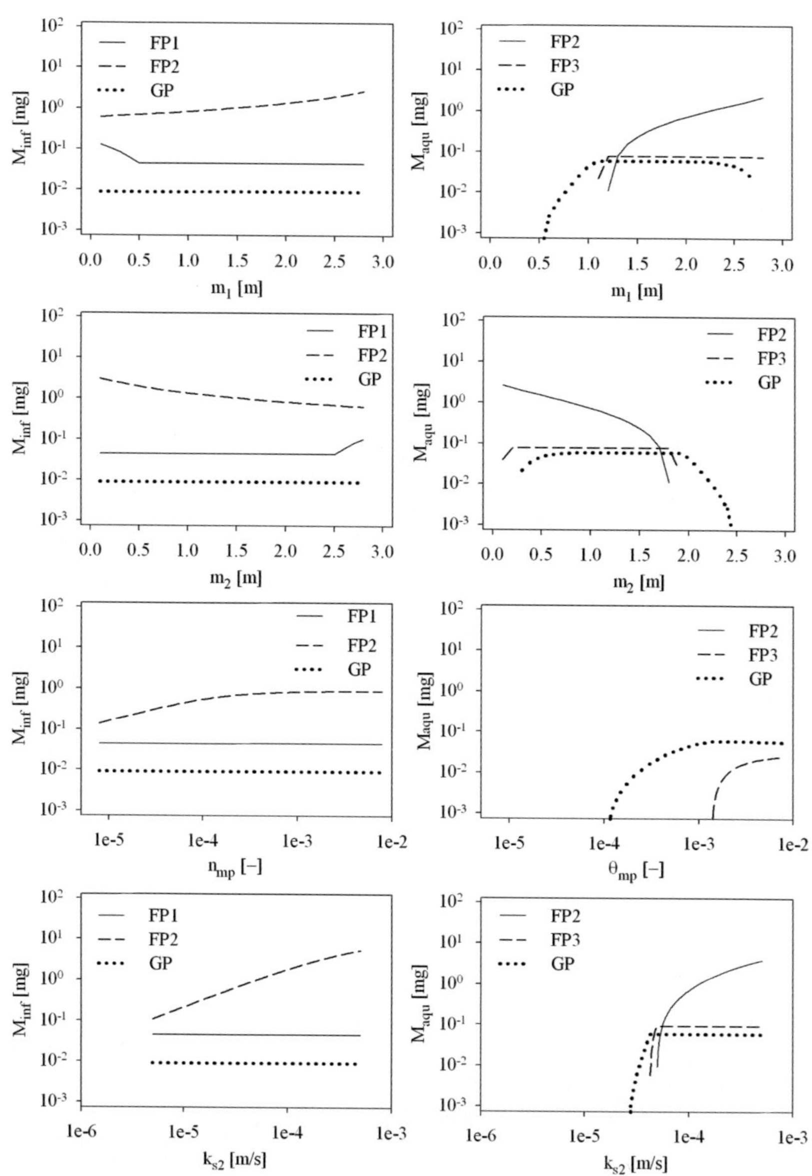

Abbildung C.1.: Ergebnisse der Sensitivitätsanalyse für die Lage- und Strömungsparameter differenziert nach den Strömungsphasen

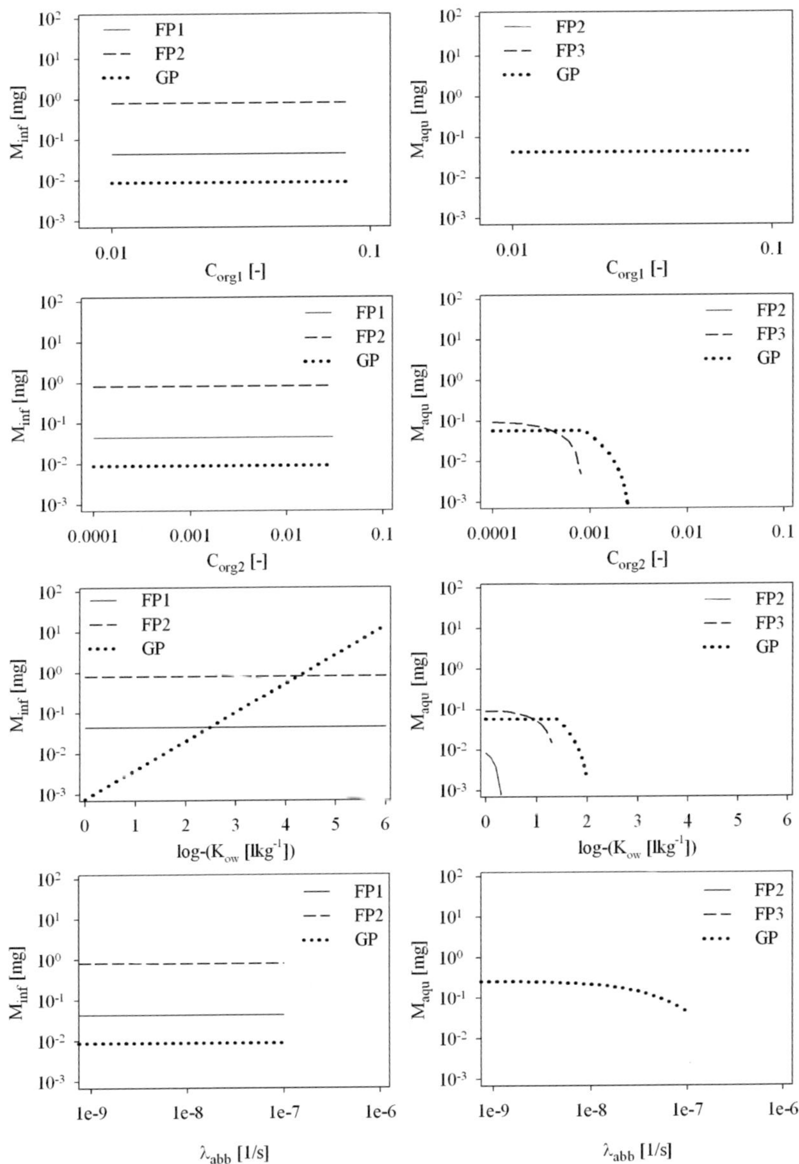

Abbildung C.2.: Ergebnisse der Sensitivitätsanalyse für die Transportparameter differenziert nach den Strömungsphasen

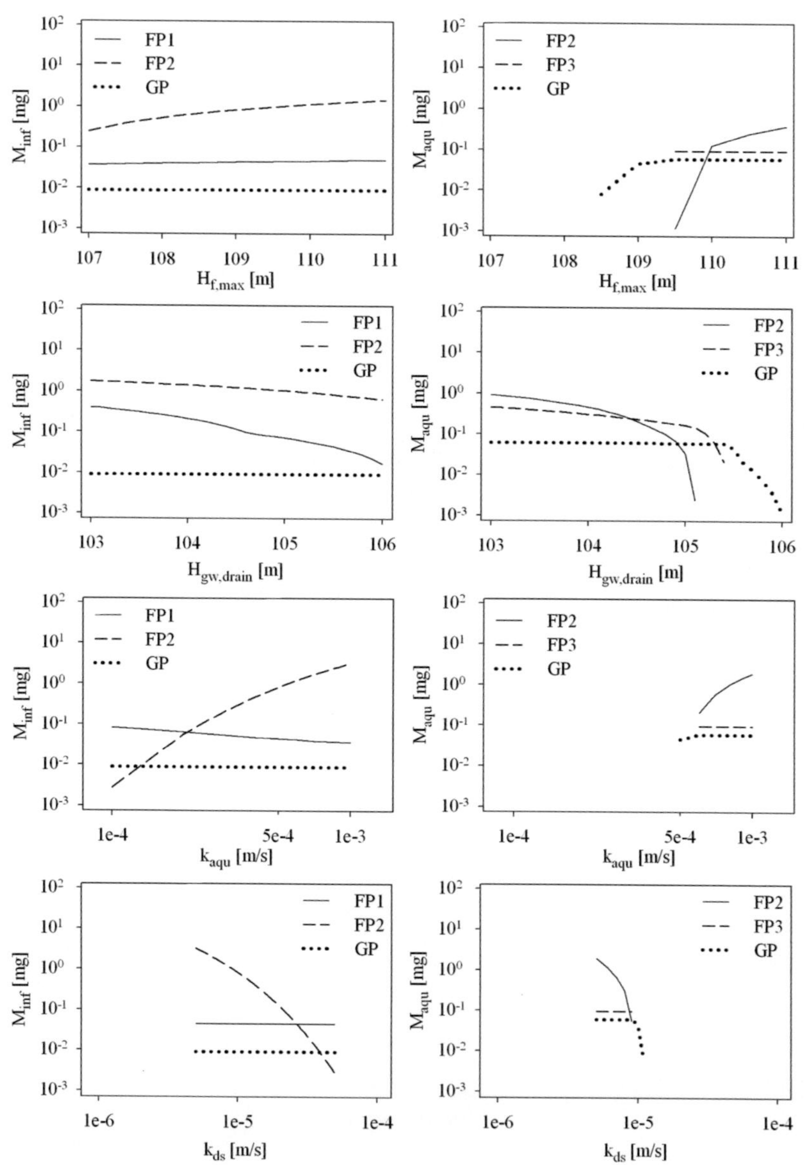

Abbildung C.3.: Ergebnisse der Sensitivitätsanalyse für die Flutungs- und Aquiferparameter differenziert nach den Strömungsphasen

D. Labordaten der Strömungs- und Transportparameter

Tabelle D.1.: Labordaten der bodenhydraulischen Parameter für Bodenarten aus dem Gebiet Rappenwört-Bellenkopf

Bodenarten	Bodenarten -hauptgruppen	N	θ_r [$-$]	θ_s [$-$]	α_{vg} [m^{-1}]	n_{vg} [$-$]	k_s [ms^{-1}]	$k_{s,eff}$ [ms^{-1}]
fS	Sande	1	0.01	0.33	1.00	3.02	$9.58 \cdot 10^{-6}$	$2.53 \cdot 10^{-5}$
mS	Sande	5	0.00-0.01	0.27-0.36	1.34-3.64	1.70-3.43	$6.18 \cdot 10^{-6} - 2.16 \cdot 10^{-5}$	$9.54 \cdot 10^{-6} - 2.45 \cdot 10^{-4}$
gS	Sande	3	0.00-0.01	0.26-0.31	3.05–3.56	2.93-4.74	$3.12 \cdot 10^{-5} - 6.26 \cdot 10^{-5}$	$5.35 \cdot 10^{-5} - 2.05 \cdot 10^{-4}$
Su2	Sande	2	0.01	0.28-0.35	1.37-3.68	1.72-2.92	$6.22 \cdot 10^{-6} - 8.23 \cdot 10^{-6}$	$1.83 \cdot 10^{-5} - 7.55 \cdot 10^{-5}$
Sl3	Sande	1	0.01	0.37	6.96	1.17	$1.22 \cdot 10^{-5}$	$1.57 \cdot 10^{-5}$
Su3	Sande	2	0.01	0.30-0.43	1.84-2.71	1.64-3.79	$5.28 \cdot 10^{-6} - 8.85 \cdot 10^{-6}$	$2.17 \cdot 10^{-5} - 1.13 \cdot 10^{-4}$
Ls4	Lehme	1	0.20	0.35	18.45	1.55	$2.95 \cdot 10^{-5}$	$1.49 \cdot 10^{-6}$
Us	Schluffe	2	0.01	0.32-0.41	0.79-1.18	1.63-2.65	$4.91 \cdot 10^{-7} - 9.62 \cdot 10^{-7}$	$3.86 \cdot 10^{-6} - 2.85 \cdot 10^{-5}$
Ut3	Schluffe	1	0.01	0.39	1.21	1.58	$8.25 \cdot 10^{-7}$	$9.17 \cdot 10^{-6}$
Ut4	Schluffe	3	0.01	0.28-0.41	1.49-7.80	1.14-1.46	$3.26 \cdot 10^{-7} - 1.97 \cdot 10^{-6}$	$1.52 \cdot 10^{-4} - 2.53 \cdot 10^{-4}$
Lu	Schluffe	2	0.01-0.10	0.35-0.37	2.32-3.63	1.23-1.55	$5.60 \cdot 10^{-7} - 1.39 \cdot 10^{-6}$	$7.41 \cdot 10^{-6}$
Tu4	Tone	3	0.02-0.03	0.32-0.34	0.67-2.18	1.18-1.20	$4.51 \cdot 10^{-7} - 4.82 \cdot 10^{-7}$	$1.18 \cdot 10^{-4} - 2.13 \cdot 10^{-4}$

Tabelle D.2.: Labordaten-(IfH) und a posteriori (BI) Verteilung des Residualwassergehalts (Bodenartengruppen)

Bodenarten-hauptgruppen	θ_r $[-]$ IfH		θ_r $[-]$ BI	
	$\bar{x}$	sa	μ_1	σ_1
Sande	$9.23 \cdot 10^{-3}$	$4.90 \cdot 10^{-3}$	$3.25 \cdot 10^{-2}$	$3.31 \cdot 10^{-2}$
Lehme/Schluffe	$4.14 \cdot 10^{-2}$	$6.78 \cdot 10^{-2}$	$6.02 \cdot 10^{-2}$	$6.14 \cdot 10^{-2}$
Tone	$2.47 \cdot 10^{-2}$	$2.58 \cdot 10^{-3}$	$5.02 \cdot 10^{-2}$	$3.61 \cdot 10^{-2}$

Tabelle D.3.: Labordaten-(IfH) und a posteriori (BI) Verteilung des Sättigungswassergehalts (Bodenartenhauptgruppen)

Bodenarten-hauptgruppen	θ_s $[-]$ IfH		θ_s $[-]$ BI	
	$\bar{x}$	sa	μ_1	σ_1
Sande	0.31	0.05	0.37	0.08
Lehme/Schluffe	0.36	0.04	0.39	0.05
Tone	0.33	0.01	0.36	0.04

Tabelle D.4.: Labordaten-(IfH) und a posteriori (BI) Verteilung des Van Genuchten Parameters α_{vg} (Bodenartenhauptgruppen)

Bodenarten-hauptgruppen	α_{vg} $[m^{-1}]$ IfH		α_{vg} $[m^{-1}]$ BI	
	$\bar{x}$	sa	μ_1	σ_1
Sande	2.90	1.53	7.18	6.18
Lehme/Schluffe	2.95	1.83	3.69	4.75
Tone	1.64	0.84	1.20	0.92

Tabelle D.5.: Labordaten-(IfH) und a posteriori (BI) Verteilung des Van Genuchten Parameters n_{vg} (Bodenartenhauptgruppen)

Bodenarten-		n_{vg} $[-]$		
hauptgruppen	IfH		BI	
	$\bar{x}$	sa	μ_1	σ_1
Sande	2.83	0.97	2.56	0.88
Lehme/Schluffe	1.57	0.44	1.48	0.38
Tone	1.19	$9.03 \cdot 10^{-3}$	1.16	$3.98 \cdot 10^{-2}$

Tabelle D.6.: Parameter der Tiefenverteilung des organischen Kohlenstoffgehalts für die entnommenen Bodenproben

Probe	Nutzung	Bodenartenhauptgruppe (Oberboden)	C_{org} $[-]$	$C_{org,0}$ $[-]$	k_{corg} $[m^{-1}]$
P1	Forstw.	Sande	$1.00 \cdot 10^{-3} - 3.60 \cdot 10^{-2}$	-	-
P2	Forstw.	Lehme/Schluffe	$1.00 \cdot 10^{-3} - 4.00 \cdot 10^{-2}$	0.06	4.34
P3	Forstw.	Lehme/Schluffe	$1.00 \cdot 10^{-3}$	-	-
P4	Landw.	Lehme/Schluffe	$1.00 \cdot 10^{-3} - 1.80 \cdot 10^{-2}$	0.03	6.47
P5	Landw.	Lehme/Schluffe	$1.00 \cdot 10^{-3} - 1.67 \cdot 10^{-2}$	0.06	13.00
P6	Forstw.	Tone	$1.00 \cdot 10^{-3} - 4.90 \cdot 10^{-2}$	0.08	5.05
P7	Landw.	Lehme/Schluffe	$1.00 \cdot 10^{-3} - 7.00 \cdot 10^{-3}$	0.06	7.35
P8	Forstw.	Lehme/Schluffe	$1.00 \cdot 10^{-3} - 2.80 \cdot 10^{-2}$	0.08	10.91
P9	Landw.	Lehme/Schluffe	$1.47 \cdot 10^{-2}$	-	-
P10	Forstw.	Lehme/Schluffe	$1.00 \cdot 10^{-3} - 9.00 \cdot 10^{-3}$	0.06	6.00
P11	Forstw.	Lehme/Schluffe	$1.00 \cdot 10^{-3} - 6.30 \cdot 10^{-2}$	-	-
P12	Forstw.	Tone	$1.00 \cdot 10^{-3} - 7.90 \cdot 10^{-2}$	0.10	2.22
P13	Forstw.	Tone	$1.00 \cdot 10^{-3} - 4.30 \cdot 10^{-2}$	0.13	9.46
P14	Forstw.	Tone	$4.00 \cdot 10^{-3} - 2.10 \cdot 10^{-2}$	0.04	3.38

Tabelle D.7.: Labordaten der Lagerungsdichte für Bodenarten

Bodenart	Bodenarten-hauptgruppen	N	ρ_b $[gcm^{-3}]$	ρ_s $[gcm^{-3}]$
fS	Sande	2	1.27-1.32	2.45-2.51
mS	Sande	6	1.32-1.55	2.28-2.77
gS	Sande	3	1.30-1.60	2.44-2.55
Su3	Sande	1	1.43	2.54
Sl2	Sande	4	1.21-1.50	1.92-2.33
St2	Sande	2	1.37-1.46	2.27-2.39
Ls4	Lehme	2	1.34-1.37	2.21-2.31
Us	Schluffe	2	1.30-1.36	1.57-3.1
Ut3	Schluffe	1	1.24	2.25
Ut4	Schluffe	2	1.40-1.47	1.79-1.94
Lu	Schluffe	2	1.30-1.41	2.10-2.94
Tu3	Tone	1	1.31	2.14
Tu4	Tone	3	1.26-1.29	2.01-2.21
Tu2	Tone	1	1.30	2.1

E. Daten der Simulationseinheiten

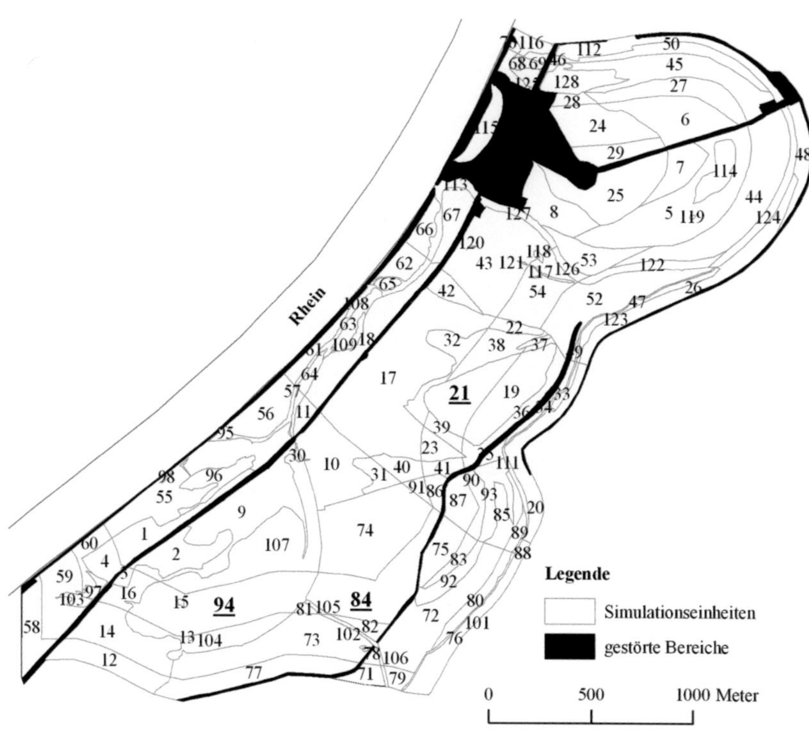

Abbildung E.1.: Lage der Simulationseinheiten im Untersuchungsgebiet

Tabelle E.1.: Eingabeparameter der Simulationseinheiten

SE	Nutzung	BE	FB	Fläche	L_{gok} $\bar{x}$	L_{gok} sa	L_{gok} min	L_{gok} max	x_{deich} $\bar{x}$	x_{deich} sa	x_{deich} min	x_{deich} max	x_{fluss}	M_{sed}
				$[m^2]$	$[m$ ü.NN$]$	$[m$ ü.NN$]$	$[m$ ü.NN$]$	$[m$ ü.NN$]$	$[m]$	$[m]$	$[m]$	$[m]$	$[m]$	$[kgm^{-2}]$
1	Forstw.	1	1	49072	107.45	0.61	104.90	108.50	695.44	138.77	493.36	986.56	195.85	0.18
2	Forstw.	1	1	52963	107.73	0.46	104.80	108.50	638.87	59.47	492.44	791.58	363.44	0.78
3	Forstw.	1	1	5407	108.38	0.42	105.65	108.50	435.49	26.83	392.17	488.47	280.14	0.37
4	Forstw.	1	1	23759	107.87	0.39	105.79	108.50	428.75	43.89	332.42	504.48	157.71	0.31
5	Forstw.	1	3	166390	106.43	0.83	103.69	108.50	374.53	67.70	246.98	494.07	1103.18	0.46
6	Forstw.	1	3	86217	106.02	0.51	104.44	108.11	381.84	60.02	296.82	540.00	901.84	0.39
7	Forstw.	1	3	38804	106.70	0.31	105.65	108.52	537.10	33.44	487.65	618.47	1028.17	0.73
8	Forstw.	1	3	59306	105.78	0.46	103.41	108.38	630.68	69.02	487.55	749.67	562.23	0.15
9	Forstw.	2	1	135639	106.03	0.97	100.98	108.50	789.16	123.42	491.93	1100.00	400.11	0.93
10	Forstw.	2	1	97632	107.12	0.64	103.77	108.50	913.33	78.64	743.30	1100.73	496.61	0.12
11	Forstw.	2	1	10977	107.94	0.61	105.94	108.50	1076.37	24.19	1017.89	1114.50	231.15	0.21
12	Forstw.	2	1	56750	106.93	0.80	104.58	108.50	43.69	27.85	25.00	94.34	557.28	0.29
13	Forstw.	2	1	528	104.79	0.54	103.85	106.34	280.85	7.00	271.66	291.20	705.79	1.10
14	Forstw.	2	1	83689	106.24	0.74	100.96	108.50	176.36	53.04	92.20	294.11	513.34	0.22
15	Forstw.	2	1	785	105.32	1.11	103.82	107.41	447.27	5.85	438.29	456.18	538.27	0.21
16	Forstw.	2	1	25209	105.51	0.81	103.86	108.78	383.51	58.22	291.20	490.41	342.30	0.48
17	Forstw.	2	2	290375	106.65	0.45	104.85	108.86	721.10	111.22	490.00	986.56	438.97	0.28
18	Forstw.	2	2	75942	107.24	0.71	103.94	108.50	956.09	51.06	854.75	1081.71	182.52	0.43
19	Forstw.	2	2	85215	106.46	0.40	104.46	108.05	231.62	44.37	141.42	332.87	884.93	0.17
20	Forstw.	2	2	57813	107.08	1.03	103.86	108.50	28.70	18.94	25.00	80.62	1182.18	0.22
21	Forstw.	2	2	75839	106.86	0.67	104.10	108.50	388.50	58.57	288.44	537.12	722.37	0.13
22	Forstw.	2	2	12133	106.21	0.34	104.38	107.19	395.34	67.97	256.32	512.45	701.04	0.22
23	Forstw.	2	2	19429	106.39	0.37	104.94	107.77	413.94	51.30	281.60	488.36	800.78	0.20
24	Forstw.	2	3	74721	105.45	0.53	101.95	107.04	410.96	56.07	300.17	501.60	581.91	0.53
25	Forstw.	2	3	103613	106.21	0.39	105.06	108.67	601.37	54.39	470.11	715.54	776.28	0.51
26	Forstw.	2	3	80934	106.22	0.91	103.25	108.92	35.43	18.64	25.00	78.10	1342.81	0.36
27	Forstw.	2	3	64221	105.36	0.49	103.45	107.60	257.45	26.42	192.09	300.67	878.83	0.35

Tabelle E1: Eingabeparameter der Simulationseinheiten (Fortsetzung)

SE	Nutzung	BE	FB	Fläche	L_{gok} $\bar{x}$	L_{gok} sa	L_{gok} min	L_{gok} max	x_{deich} $\bar{x}$	x_{deich} sa	x_{deich} min	x_{deich} max	x_{fluss}	M_{sed}
				$[m^2]$	$[m$ ü.NN$]$	$[m$ ü.NN$]$	$[m$ ü.NN$]$	$[m$ ü.NN$]$	$[m]$	$[m]$	$[m]$	$[m]$	$[m]$	$[kgm^{-2}]$
28	Forstw.	2	3	10534	105.30	0.40	103.58	106.89	275.59	16.13	243.31	300.17	411.31	0.43
29	Forstw.	2	3	33097	105.75	0.42	104.23	107.21	540.59	23.88	500.90	600.00	710.89	0.61
30	Forstw.	3	1	1575	104.66	0.29	103.85	105.72	1041.76	16.17	1020.00	1070.00	359.01	0.16
31	Forstw.	3	1	18627	105.87	0.46	104.39	107.91	722.76	47.45	608.28	822.19	679.78	0.29
32	Forstw.	3	2	39639	105.60	0.54	103.77	108.28	568.76	53.42	487.03	707.67	547.31	0.20
33	Forstw.	3	2	5389	104.58	0.35	103.95	107.78	51.07	8.29	36.06	70.71	1077.09	0.09
34	Forstw.	3	2	10692	104.38	0.40	103.40	108.06	77.06	8.21	58.31	92.20	1040.57	0.01
35	Forstw.	3	2	6539	104.70	0.35	103.95	106.59	139.08	32.83	89.44	210.95	1020.25	0.06
36	Forstw.	3	2	34596	105.70	0.52	104.37	108.71	168.20	52.41	106.30	290.17	965.90	0.10
37	Forstw.	3	2	3707	105.76	0.90	103.75	107.89	252.14	34.98	186.82	313.85	848.81	0.40
38	Forstw.	3	2	40476	105.37	0.62	102.45	107.82	432.94	59.83	237.70	531.41	684.25	0.22
39	Forstw.	3	2	12756	105.44	0.47	104.25	106.79	391.34	59.47	290.69	485.08	770.82	0.42
40	Forstw.	3	2	20632	105.65	0.43	104.43	108.29	595.12	58.65	492.44	730.62	735.78	0.31
41	Forstw.	3	2	13812	105.33	0.59	104.40	107.97	392.75	55.98	291.20	490.31	881.63	0.27
42	Forstw.	3	2	20923	105.68	0.41	104.15	107.90	745.79	69.32	572.45	857.96	350.20	0.45
43	Forstw.	3	3	152181	105.39	0.51	103.47	107.77	654.95	98.17	471.70	848.65	435.06	0.52
44	Forstw.	3	3	151566	104.72	0.36	103.38	107.48	194.30	48.76	98.49	298.33	1349.20	0.35
45	Forstw.	3	3	104485	104.32	0.33	103.31	107.14	158.79	38.70	94.34	260.00	864.19	0.29
46	Forstw.	3	3	2936	104.82	1.01	103.23	107.83	76.33	19.70	25.00	100.00	266.29	0.33
47	Forstw.	3	3	21156	104.30	0.60	99.97	107.40	68.89	11.00	44.72	98.49	1155.66	0.09
48	Forstw.	3	3	31561	105.08	0.56	103.34	108.27	35.03	18.88	25.00	76.16	1539.67	0.53
49	Forstw.	3	3	1522	104.09	0.23	103.40	105.12	79.17	5.60	67.08	85.44	1007.72	0.01
50	Forstw.	3	3	43483	104.54	0.43	103.23	106.21	78.37	15.02	50.00	101.98	839.64	0.19
51	Forstw.	3	3	1748	104.98	1.00	103.59	107.08	125.66	27.08	100.00	206.15	256.03	0.60
52	Forstw.	3	3	112204	105.00	0.61	99.90	108.74	170.36	52.54	76.16	286.53	1005.54	0.17
53	Forstw.	3	3	44857	104.89	0.50	103.31	106.63	384.57	74.97	286.36	609.02	826.12	0.31
54	Forstw.	3	3	69325	105.23	0.60	103.41	107.61	388.14	60.33	272.03	502.10	698.09	0.40

Tabelle E1: Eingabeparameter der Simulationseinheiten (Fortsetzung)

SE	Nutzung	BE	FB	Fläche	L_{gok} $\bar{x}$	L_{gok} sa	L_{gok} min	L_{gok} max	x_{deich} $\bar{x}$	x_{deich} sa	x_{deich} min	x_{deich} max	x_{fluss}	M_{sed}
				$[m^2]$	[m ü.NN]	[m ü.NN]	[m ü.NN]	[m ü.NN]	$[m]$	$[m]$	$[m]$	$[m]$	$[m]$	$[kgm^{-2}]$
55	Forstw.	4	1	127520	106.31	0.59	101.19	108.50	920.13	178.22	504.78	1189.62	119.69	0.15
56	Forstw.	4	1	52133	105.98	0.79	101.60	107.95	1211.81	39.49	1136.35	1310.34	94.17	0.02
57	Forstw.	4	1	4643	105.76	0.74	104.19	108.50	1117.97	9.43	1089.08	1130.31	183.34	0.02
58	Forstw.	4	1	41636	106.98	0.40	105.24	108.84	51.85	27.70	25.00	104.40	218.60	0.01
59	Forstw.	4	1	62806	106.75	0.54	105.13	108.91	191.80	57.14	90.00	388.33	158.21	0.02
60	Forstw.	4	1	20503	106.73	0.46	105.05	108.50	383.83	60.68	304.14	502.49	83.24	0.05
61	Forstw.	4	2	18977	105.09	0.85	101.86	107.47	1118.26	38.80	1056.88	1205.03	49.84	0.01
62	Forstw.	4	2	23204	105.75	0.73	101.85	107.41	1010.05	40.83	925.74	1079.35	87.02	0.18
63	Forstw.	4	2	19003	105.21	0.57	103.65	107.05	1015.33	17.06	968.97	1046.61	95.99	0.04
64	Forstw.	4	2	9333	105.39	0.67	101.32	107.34	1087.00	17.73	1053.09	1130.53	115.27	0.01
65	Forstw.	4	2	5768	105.03	0.92	100.13	106.76	1016.22	22.92	973.09	1061.04	87.53	0.00
66	Forstw.	4	3	20913	105.45	0.64	103.58	107.02	981.74	34.06	898.94	1044.46	77.68	0.36
67	Forstw.	4	3	35069	105.83	0.76	103.50	108.65	877.95	34.02	792.02	957.08	161.75	0.42
68	Forstw.	4	3	16410	104.49	0.63	103.23	107.57	158.42	41.29	98.49	237.70	104.51	0.27
69	Forstw.	4	3	4241	104.17	0.48	103.25	106.29	74.84	18.58	25.00	98.49	172.06	0.28
70	Forstw.	4	3	2153	104.55	0.33	103.27	105.89	77.78	10.61	58.31	94.34	52.97	0.28
71	Landw.	5	1	15221	106.77	0.25	104.52	107.95	35.89	27.39	25.00	90.55	1371.83	0.19
72	Landw.	5	1	112778	107.11	0.45	104.31	108.75	163.60	51.32	85.44	302.32	1369.70	0.26
73	Landw.	5	1	136904	107.50	0.51	103.96	108.50	166.42	48.26	89.44	290.00	1001.66	0.50
74	Landw.	5	1	171682	107.04	0.51	103.73	108.50	625.21	89.85	487.55	841.49	859.48	0.10
75	Landw.	5	1	36396	107.22	0.32	106.57	108.50	345.92	37.24	288.44	424.85	1156.93	0.34
76	Landw.	5	1	52667	107.07	0.96	104.34	108.50	24.79	23.95	25.00	98.49	1526.13	0.22
77	Landw.	5	1	81847	107.28	0.52	105.31	108.50	48.42	25.20	25.00	92.20	1032.04	0.37
78	Landw.	5	1	3986	106.86	0.49	104.46	108.00	123.82	21.72	92.20	177.20	1328.41	0.43
79	Landw.	5	1	11080	106.75	0.37	104.49	107.99	50.52	27.56	25.00	92.20	1474.95	0.31
80	Landw.	5	1	25804	106.64	1.28	104.21	108.50	64.55	14.12	36.06	89.44	1444.07	0.25
81	Landw.	5	1	3830	107.33	0.40	104.74	108.47	309.95	13.04	290.00	340.00	943.54	0.08

Tabelle E1: Eingabeparameter der Simulationseinheiten (Fortsetzung)

SE	Nutzung	BE	FB	Fläche	L_{gok} $\bar{x}$	L_{gok} sa	L_{gok} min	L_{gok} max	x_{deich} $\bar{x}$	x_{deich} sa	x_{deich} min	x_{deich} max	x_{fluss}	M_{sed}
				$[m^2]$	$[m$ ü.NN$]$	$[m$ ü.NN$]$	$[m$ ü.NN$]$	$[m$ ü.NN$]$	$[m]$	$[m]$	$[m]$	$[m]$	$[m]$	$[kgm^{-2}]$
82	Landw.	5	1	12648	106.89	1.01	104.25	108.50	263.36	21.41	206.15	292.75	1190.89	0.15
83	Landw.	5	1	14755	106.72	0.37	105.66	107.42	263.63	15.07	228.25	286.53	1237.57	0.16
84	Landw.	5	1	126094	107.19	0.72	103.68	108.50	399.54	54.54	291.55	490.92	1067.59	0.33
85	Landw.	5	2	29894	106.98	0.33	104.75	108.64	139.43	34.31	85.44	210.24	1258.61	0.23
86	Landw.	5	2	12008	106.36	0.45	105.24	107.91	451.27	24.44	388.33	490.41	932.02	0.11
87	Landw.	5	2	30730	106.97	0.26	106.14	108.22	348.53	38.04	290.69	433.82	1059.89	0.20
88	Landw.	5	2	3235	106.69	1.18	104.63	108.50	13.51	10.98	25.00	31.62	1429.22	0.37
89	Landw.	5	2	8575	106.64	1.26	104.38	108.50	67.14	12.85	44.72	89.44	1361.80	0.30
90	Landw.	5	2	17541	106.35	0.47	105.33	107.35	262.58	16.80	223.61	290.69	1122.91	0.14
91	Landw.	5	2	8123	106.63	0.48	105.76	108.58	526.02	25.73	490.31	590.34	872.09	0.16
92	Landw.	6	1	25628	105.87	0.34	105.13	108.12	224.52	25.16	183.58	296.98	1285.44	0.14
93	Landw.	6	2	35247	106.12	0.55	104.91	107.87	178.43	44.48	85.44	254.95	1153.00	0.10
94	Gew.	7	1	170569	103.20	0.25	102.45	103.95	389.61	57.62	287.92	491.93	669.53	0.48
95	Gew.	7	1	13114	104.24	0.10	103.99	104.49	1156.50	23.58	1115.44	1215.11	122.62	0.10
96	Gew.	7	1	30431	105.11	0.10	104.86	105.36	981.80	48.13	827.34	1052.24	177.49	0.15
97	Gew.	7	1	7194	105.36	0.10	105.11	105.61	344.92	29.22	292.75	400.25	225.18	0.02
98	Gew.	7	1	530	106.84	0.10	106.59	107.09	882.33	19.71	854.46	910.22	30.51	0.00
99	Gew.	7	1	432	105.45	0.10	105.20	105.70	159.74	6.47	150.00	170.29	1272.70	0.61
100	Gew.	7	1	286	105.88	0.10	105.63	106.13	166.28	1.35	164.92	167.63	1254.17	0.60
101	Gew.	7	1	7037	104.80	0.10	104.55	105.05	48.65	22.32	25.00	102.96	1480.69	0.19
102	Gew.	7	1	5922	104.83	0.10	104.58	105.08	220.33	52.56	100.00	290.00	1194.84	0.32
103	Gew.	7	1	6726	105.45	0.10	105.20	105.70	260.79	24.78	180.00	300.00	218.34	0.01
104	Gew.	7	1	60073	103.26	0.25	102.51	104.01	248.50	27.03	177.20	291.55	747.08	0.88
105	Gew.	7	1	2209	105.03	0.10	104.78	105.28	320.57	17.49	294.28	350.00	964.20	0.02
106	Gew.	7	1	1568	104.56	0.10	104.31	104.81	45.88	29.28	25.00	90.00	1428.34	0.52
107	Gew.	7	1	152501	103.23	0.25	102.48	103.98	642.28	131.31	487.65	1100.00	587.71	0.82
108	Gew.	7	2	22804	104.24	0.10	103.99	104.49	1022.26	62.60	898.94	1142.85	98.08	0.01

Tabelle E1: Eingabeparameter der Simulationseinheiten (Fortsetzung)

SE	Nutzung	BE	FB	Fläche	L_{gok} $\bar{x}$	L_{gok} sa	L_{gok} min	L_{gok} max	x_{deich} $\bar{x}$	x_{deich} sa	x_{deich} min	x_{deich} max	x_{fluss}	M_{sed}
				$[m^2]$	$[m$ ü.NN$]$	$[m$ ü.NN$]$	$[m$ ü.NN$]$	$[m$ ü.NN$]$	$[m]$	$[m]$	$[m]$	$[m]$	$[m]$	$[kgm^{-2}]$
109	Gew.	7	2	5305	104.11	0.10	103.86	104.36	971.59	14.84	943.40	1002.10	141.94	0.20
110	Gew.	7	2	3391	103.78	0.10	103.53	104.03	283.50	34.71	221.36	345.40	817.88	0.37
111	Gew.	7	2	13006	104.29	0.10	104.04	104.54	67.02	14.04	36.06	90.55	1172.35	0.09
112	Gew.	7	3	53713	103.43	0.10	103.18	103.68	42.27	19.92	25.00	106.30	733.20	0.23
113	Gew.	7	3	18876	104.01	0.10	103.76	104.26	867.43	69.48	751.33	983.87	113.05	0.31
114	Gew.	7	3	30738	103.36	0.25	102.61	104.11	398.26	29.09	336.01	468.72	1203.87	0.75
115	Gew.	7	3	28731	103.14	0.10	102.89	103.39	488.23	107.19	286.36	693.18	87.01	0.15
116	Gew.	7	3	12834	103.28	0.10	103.03	103.53	33.75	21.91	25.00	94.34	118.03	0.24
117	Gew.	7	3	2455	103.68	0.10	103.43	103.93	373.12	49.52	300.17	473.81	727.37	0.45
118	Gew.	7	3	1516	104.02	0.10	103.77	104.27	498.80	17.45	468.61	526.31	609.80	0.45
119	Gew.	7	3	428	104.64	0.10	104.39	104.89	339.08	4.71	332.87	346.70	1185.13	0.69
120	Gew.	7	3	331	104.18	0.10	103.93	104.43	764.02	6.52	756.04	772.01	313.72	0.65
121	Gew.	7	3	261	103.66	0.10	103.41	103.91	519.75	3.51	516.24	523.26	570.29	0.60
122	Gew.	7	3	27038	103.60	0.10	103.35	103.85	200.63	57.45	98.49	286.36	1122.26	0.05
123	Gew.	7	3	5867	103.61	0.10	103.36	103.86	81.35	10.91	58.31	101.98	1125.60	0.06
124	Gew.	7	3	33129	103.56	0.10	103.31	103.81	91.45	11.31	67.08	114.02	1480.61	0.18
125	Gew.	7	3	8097	103.57	0.10	103.32	103.82	169.28	27.78	98.49	221.36	155.72	0.56
126	Gew.	7	3	8070	103.48	0.10	103.23	103.73	376.03	59.78	290.69	488.77	761.16	0.57
127	Gew.	7	3	14430	103.78	0.10	103.53	104.03	693.16	103.70	492.44	835.22	443.50	0.85
128	Gew.	7	3	37287	103.37	0.10	103.12	103.62	185.26	30.92	110.00	250.00	394.84	0.67

Tabelle E.2.: Massenausträge und Risikowerte der Simulationseinheiten

SE	M_{aqu} (kon.) $[mgm^{-2}]$	M_{aqu} (Carb.) $[mgm^{-2}]$	M_{aqu} (Benz.) $[mgm^{-2}]$	Ri (kon.) $[-]$	Ri (Carb.) $[-]$	Ri (Benz.) $[-]$
1	0.00	0.00	0.00	0.01	0.00	0.00
2	0.00	0.00	0.00	0.04	0.00	0.00
3	0.00	0.00	0.00	0.04	0.00	0.00
4	0.00	0.00	0.00	0.03	0.00	0.00
5	0.00	0.00	0.00	0.41	0.20	0.00
6	0.00	0.00	0.00	0.40	0.21	0.00
7	0.00	0.00	0.00	0.20	0.00	0.00
8	0.00	0.00	0.00	0.23	0.00	0.00
9	0.00	0.00	0.00	0.02	0.00	0.00
10	0.00	0.00	0.00	0.01	0.00	0.00
11	0.00	0.00	0.00	0.00	0.00	0.00
12	1.48	0.90	0.00	0.76	0.66	0.00
13	0.65	0.47	0.00	0.77	0.67	0.00
14	0.50	0.12	0.00	0.65	0.53	0.00
15	0.00	0.00	0.00	0.31	0.20	0.00
16	0.00	0.00	0.00	0.35	0.25	0.00
17	0.00	0.00	0.00	0.01	0.00	0.00
18	0.00	0.00	0.00	0.00	0.00	0.00
19	0.01	0.00	0.00	0.51	0.30	0.00
20	1.14	0.58	0.00	0.70	0.59	0.00
21	0.00	0.00	0.00	0.08	0.03	0.00
22	0.00	0.00	0.00	0.12	0.05	0.00
23	0.00	0.00	0.00	0.07	0.01	0.00
24	0.00	0.00	0.00	0.33	0.19	0.00
25	0.00	0.00	0.00	0.02	0.00	0.00
26	4.16	3.39	0.00	0.91	0.82	0.01
27	0.50	0.25	0.00	0.73	0.61	0.00
28	0.40	0.16	0.00	0.72	0.61	0.00
29	0.00	0.00	0.00	0.03	0.01	0.00
30	0.00	0.00	0.00	0.00	0.00	0.00
31	0.00	0.00	0.00	0.00	0.00	0.00
32	0.00	0.00	0.00	0.04	0.02	0.00
33	17.50	15.94	0.00	0.99	0.99	0.05
34	21.85	20.80	0.00	0.99	0.98	0.06
35	5.20	4.38	0.00	0.97	0.93	0.01

Tabelle E2: Massenausträge und Risikowerte der Simulationseinheiten (Fortsetzung)

SE	M_{aqu} (kon.) $[mgm^{-2}]$	M_{aqu} (Carb.) $[mgm^{-2}]$	M_{aqu} (Benz.) $[mgm^{-2}]$	Ri (kon.) $[-]$	Ri (Carb.) $[-]$	Ri (Benz.) $[-]$
36	0.78	0.49	0.00	0.75	0.63	0.00
37	0.11	0.00	0.00	0.55	0.42	0.00
38	0.00	0.00	0.00	0.26	0.17	0.00
39	0.00	0.00	0.00	0.29	0.18	0.00
40	0.00	0.00	0.00	0.02	0.01	0.00
41	0.00	0.00	0.00	0.32	0.22	0.00
42	0.00	0.00	0.00	0.00	0.00	0.00
43	0.00	0.00	0.00	0.05	0.02	0.00
44	2.47	2.05	0.00	0.92	0.86	0.00
45	8.33	7.54	0.00	0.99	0.95	0.02
46	11.81	10.50	0.00	0.97	0.94	0.03
47	24.50	23.38	0.00	0.99	0.98	0.07
48	10.61	9.55	0.00	0.98	0.96	0.03
49	33.08	31.26	0.00	1.00	0.99	0.07
50	14.27	13.26	0.00	0.99	0.97	0.03
51	4.79	3.89	0.00	0.93	0.87	0.01
52	2.19	1.87	0.00	0.88	0.80	0.00
53	0.04	0.00	0.00	0.54	0.41	0.00
54	0.00	0.00	0.00	0.38	0.27	0.00
55	0.00	0.00	0.00	0.00	0.00	0.00
56	0.00	0.00	0.00	0.00	0.00	0.00
57	0.00	0.00	0.00	0.00	0.00	0.00
58	0.02	0.00	0.00	0.51	0.39	0.00
59	0.00	0.00	0.00	0.32	0.22	0.00
60	0.00	0.00	0.00	0.05	0.02	0.00
61	0.00	0.00	0.00	0.00	0.00	0.00
62	0.00	0.00	0.00	0.00	0.00	0.00
63	0.00	0.00	0.00	0.00	0.00	0.00
64	0.00	0.00	0.00	0.00	0.00	0.00
65	0.00	0.00	0.00	0.01	0.00	0.00
66	0.00	0.00	0.00	0.00	0.00	0.00
67	0.00	0.00	0.00	0.02	0.00	0.00
68	4.34	3.58	0.00	0.90	0.85	0.01
69	21.04	19.79	0.00	0.99	0.97	0.05
70	9.70	9.18	0.00	0.95	0.95	0.03

Tabelle E2: Massenausträge und Risikowerte der Simulationseinheiten (Fortsetzung)

SE	M_{aqu} (kon.) $[mgm^{-2}]$	M_{aqu} (Carb.) $[mgm^{-2}]$	M_{aqu} (Benz.) $[mgm^{-2}]$	Ri (kon.) $[-]$	Ri (Carb.) $[-]$	Ri (Benz.) $[-]$
71	2.13	1.34	0.00	0.92	0.75	0.00
72	0.01	0.00	0.00	0.50	0.31	0.00
73	0.00	0.00	0.00	0.35	0.18	0.00
74	0.00	0.00	0.00	0.01	0.00	0.00
75	0.00	0.00	0.00	0.04	0.01	0.00
76	1.37	0.72	0.00	0.79	0.65	0.00
77	0.89	0.30	0.00	0.71	0.57	0.00
78	0.41	0.00	0.00	0.64	0.48	0.00
79	1.85	1.32	0.00	0.89	0.73	0.00
80	1.70	1.18	0.00	0.77	0.66	0.00
81	0.00	0.00	0.00	0.05	0.01	0.00
82	0.00	0.00	0.00	0.29	0.15	0.00
83	0.00	0.00	0.00	0.31	0.11	0.00
84	0.00	0.00	0.00	0.04	0.01	0.00
85	0.24	0.00	0.00	0.61	0.43	0.00
86	0.00	0.00	0.00	0.05	0.01	0.00
87	0.00	0.00	0.00	0.09	0.01	0.00
88	3.05	2.30	0.00	0.86	0.76	0.00
89	1.15	0.69	0.00	0.74	0.63	0.00
90	0.02	0.00	0.00	0.51	0.26	0.00
91	0.00	0.00	0.00	0.04	0.00	0.00
92	0.23	0.00	0.00	0.61	0.47	0.00
93	0.58	0.21	0.00	0.75	0.58	0.00
94	0.47	0.31	0.00	0.90	0.75	0.00
95	0.00	0.00	0.00	0.00	0.00	0.00
96	0.00	0.00	0.00	0.00	0.00	0.00
97	0.00	0.00	0.00	0.14	0.08	0.00
98	0.00	0.00	0.00	0.00	0.00	0.00
99	0.02	0.00	0.00	0.44	0.31	0.00
100	0.00	0.00	0.00	0.30	0.27	0.00
101	3.12	2.63	0.00	0.94	0.88	0.01
102	0.08	0.00	0.00	0.51	0.39	0.00
103	0.00	0.00	0.00	0.26	0.21	0.00
104	2.68	2.20	0.00	1.00	0.90	0.01
105	0.00	0.00	0.00	0.25	0.20	0.00

Tabelle E2: Massenausträge und Risikowerte der Simulationseinheiten (Fortsetzung)

SE	M_{aqu} (kon.) $[mgm^{-2}]$	M_{aqu} (Carb.) $[mgm^{-2}]$	M_{aqu} (Benz.) $[mgm^{-2}]$	Ri (kon.) $[-]$	Ri (Carb.) $[-]$	Ri (Benz.) $[-]$
106	5.50	4.87	0.00	0.97	0.92	0.03
107	0.00	0.00	0.00	0.39	0.24	0.00
108	0.00	0.00	0.00	0.00	0.00	0.00
109	0.00	0.00	0.00	0.00	0.00	0.00
110	1.87	1.53	0.00	0.99	0.85	0.00
111	12.86	11.44	0.00	0.99	0.96	0.11
112	34.41	32.77	0.00	1.00	1.00	0.24
113	0.00	0.00	0.00	0.02	0.01	0.00
114	0.47	0.38	0.00	0.92	0.80	0.00
115	0.15	0.07	0.00	0.76	0.59	0.00
116	37.16	35.29	0.00	1.00	1.00	0.25
117	0.68	0.52	0.00	0.94	0.81	0.00
118	0.09	0.03	0.00	0.71	0.57	0.00
119	0.00	0.00	0.00	0.33	0.29	0.00
120	0.00	0.00	0.00	0.06	0.03	0.00
121	0.08	0.01	0.00	0.76	0.49	0.00
122	6.02	5.44	0.00	1.00	0.96	0.06
123	22.70	21.17	0.00	1.00	1.00	0.24
124	20.42	18.83	0.00	1.00	1.00	0.21
125	7.77	7.05	0.00	1.00	1.00	0.09
126	0.72	0.56	0.00	0.93	0.80	0.00
127	0.00	0.00	0.00	0.34	0.21	0.00
128	6.74	6.10	0.00	1.00	0.99	0.06